国家出版基金项目
NATIONAL PUBLICATION FOUNDATION

无人机系统特征技术系列

总主编 孙 聪

无人机
起飞与回收技术

Take-off and
Recovery Technology for UAV

何 敏 张 斌 梁 爽 等 编著

上海交通大学出版社
SHANGHAI JIAO TONG UNIVERSITY PRESS

内容提要

本书是论述无人机起飞与回收技术的专著。全书从实用角度出发,首先对常见的无人机起飞与回收方式进行了分类和概述,并介绍了无人机起飞与回收的适航要求和相关标准;其次逐一对各种起飞与回收方式的流程、动力学和控制律模型、传感器的配置、应急处置、安全性设计和关键技术等进行了详细的阐述;最后对各种起飞与回收方式的优缺点及适用范围进行了归纳总结,供设计人员选择起降方式时参考。

本书内容全面、专业面广,可供无人机起飞与回收系统研制领域的专业工程技术人员参考,也可供军队、工业部门、科研院所、高等院校、科研咨询机构的专业读者阅读。

图书在版编目(CIP)数据

无人机起飞与回收技术/ 何敏等编著. —上海:
上海交通大学出版社,2023.11
(无人机系统特征技术系列)
ISBN 978-7-313-28083-1

Ⅰ.①无… Ⅱ.①何… Ⅲ.①无人驾驶飞机 Ⅳ.
①V279

中国版本图书馆 CIP 数据核字(2022)第 224313 号

无人机起飞与回收技术
WURENJI QIFEI YU HUISHOU JISHU

编 著 者:何 敏 张 斌 梁 爽 等
出版发行:上海交通大学出版社   地   址:上海市番禺路 951 号
邮政编码:200030   电   话:021-64071208
印   制:上海文浩包装科技有限公司   经   销:全国新华书店
开   本:710 mm×1000 mm 1/16   印   张:21.25
字   数:366 千字
版   次:2023 年 11 月第 1 版   印   次:2023 年 11 月第 1 次印刷
书   号:ISBN 978-7-313-28083-1
定   价:168.00 元

无人机系统特征技术系列编委会

总　序

无人机作为信息时代多学科、高技术驱动的创新性成果之一，已成为世界各国加强国防建设和加快信息化建设的重要标志。众多发达国家和新兴工业国家，均十分重视无人机的研究、发展和应用。《"十三五"国家战略性新兴产业发展规划》及我国航空工业发展规划中都明确提出要促进专业级无人机研制应用，推动无人机产业化。

无人机是我国具有自主知识产权的制造名片之一。我国自从20世纪50年代就开始自主开展无人机研究工作，迄今积累了厚实的技术和经验，为无人机产业的后续发展奠定了良好的基础。近年来，我国无人机产业规模更是呈现爆发式增长，我国无人机产品种类齐全、功能多样，具备了自主研发和设计低、中、高端无人机的能力，基本形成了配套齐全的研发、制造、销售和服务体系，部分技术已达到国际先进水平，成为我国科技和经济发展的新亮点，而且也必将成为我国航空工业发展的重要突破口。

虽然我国无人机产业快速崛起，部分技术赶超国际，部分产品出口海外，但我国整体上仍未进入无人机强国之列，在精准化、制空技术、协作协同、微型化、智能化等特征/关键技术方面尚需努力，为了迎接无人机大发展时代，迫切需要及时总结我国无人机领域的研究成果，迫切需要培养无人机研发高端人才。因此，助力我国成为无人机研发、生产和应用强国是"无人机系统特征技术系列"丛书策划的初衷。

"无人机系统特征技术系列"丛书的撰写目的是建立我国无人机的知识体系，助力无人机领域人才培养，推动无人机产业发展；丛书定位为科学研究和工程技术参考，不纳入科普和教材；丛书内容聚焦在表征无人机系统特征的、重要的、密切的相关技术;丛书覆盖无人机系统特征技术的基础研究、应用基础研究、应用研究、工程实现。丛书注重创新性、先进性、实用性、系统性、技术前瞻性;丛书突出智能化、信息化、体系化。

无人机系统特征技术的内涵如下:明显区别于有人机,体现出无人机高能化、智能化、体系化的特征技术;无人机特有的人机关系、机械特性、试飞验证等特征技术;既包括现有的特征技术的总结,也包括未来特征技术的演绎;包括与有人机比较的,无人机与有人机的共性、差异和拓宽的特征技术。

本丛书邀请中国工程院院士、舰载机歼-15型号总设计师孙聪院士担任总主编,由国内无人机学界和工业界的顶级专家担任编委及作者,既包括国家无人机重大型号的总设计师,如翼龙无人机总设计师李屹东、云影无人机总设计师何敏、反辐射无人机总设计师祝小平、中国飞行试验研究院无人机试飞总师赵永杰等,也包括高校从事无人机基础研究的资深专家,如飞行器控制一体化技术国防重点实验室名誉主任陈宗基、北京航空航天大学无人系统研究院院长王英勋、清华大学控制理论与技术研究所所长钟宜生、国防科技大学智能科学学院院长沈林成、西北工业大学自动化学院院长潘泉等。

本丛书的出版有以下几点意义:一是紧紧围绕具有我国自主研发特色的无人机成果展开,积极为我国无人机产业的发展提供方向性支持和技术性思考;二是整套图书全部采用原创的形式,记录了我国无人机系统特征技术的自主研究取得的丰硕成果,助力我国科研人员和青年学者以国际先进水平为起点,开展我国无人机系统特征技术的自主研究、开发和原始创新;三是汇集了有价值的研究资源,将从事无人机研发的技术专家、教授、学者等广博的学识见解和丰富的实践经验以及科研成果进一步理论化、科学化,形成具有我国特色的无人机系统理论与实践相结合的知识体系,有利于高层次无人机科技人才的培养,提升我国无人机研制能力;四是部分图书已经确定将版权输出至爱思唯尔、施普林格等国外知名出版集团,这将大大提高我国在无人机研发领域的国际话语权。

上海交通大学出版社以他们成熟的学术出版保障制度和同行评审制度,组织和调动了丛书编委会和丛书作者的积极性和创作热情,本系列丛书先后组织召开了4轮同行评议,针对丛书顶层设计、图书框架搭建以及内容撰写进行了广泛而充分的讨论,以保证丛书的品质。在大家的不懈努力下,本丛书终于完整地呈现在读者的面前。

　　我们衷心感谢参与本系列丛书编撰工作的所有编著者,以及所有直接或间接参与本丛书审校工作的专家、学者的辛勤工作。

　　真切地希望这套书的出版能促进无人机自主控制技术、自主导航技术、协同交互技术、管控技术、试验技术和应用技术的创新,积极促进无人机领域产学研用结合,加快无人机领域内法规和标准制定,切实解决目前无人机产业发展迫切需要解决的问题,真正助力我国无人机领域人才培养,推动我国无人机产业发展!

无人机系统特征技术系列编委会

2020 年 3 月

序

　　无人机是一种人不在机上直接操作,可按程序自动飞行或依赖各种感知设备和智能策略自主飞行的飞行器。无人机的起飞与回收是飞行任务的起点和终点,是飞行成功与否的关键阶段。据统计,70%的无人机事故发生在起飞与回收阶段。起飞与回收过程中,飞行器受地表高度、温度和风场的影响,飞行的速度、姿态和位置交叉耦合,控制必须准确、快速、稳定,技术要求高,控制难度大。在各种复杂条件下,如何自主、成功地完成起飞与回收是无人机首先必须解决的技术难题。起飞与回收技术既是无人机工程研制中关注的重点,也是需要精细设计和反复验证的关键技术。

　　本书深入浅出地阐述了无人机起飞与回收的理论、方法和相关的工程应用技术,涉及飞行器总体气动、结构强度、飞行控制、机械电气、地面保障等多个学科专业。可谓理论结合实际,实践亦出真知。

　　书中对无人机起飞与回收方式的论述类别清晰、全而不乱,涵盖了无人机从诞生到现在几乎所有的起飞与回收方式;尤为可贵的是宽而精,对每种起飞与回收方式,不仅阐述其优缺点及适用的场景,还对其涉及的动力学模型、常见参数的选择、控制律模型以及传感器的选择均有详细的阐述;再就是"新",对近年来新兴的一些无人机起飞与回收方式(如尾座起飞、弹射起飞、"侧臂"共轨式发射回收等)均有涉猎;最后就是实际且实用,何敏博士现任航空工业集团特级技术专家、军科委领域专家、无人机型号总设计师,具备深厚的理论功底和丰富的型号研制经验,其他作者都是来自无人机型号研发一线的技术人员,参与过多个无人机型号的系统研制,书中的理论和技术是他们经验的总结和升华,很多算法和技术都在工程实践中得到了充实和验证。

　　近年来有关无人机领域的书籍如雨后春笋,但是来自工程一线的著述尚不多见,本书是难得的讨论无人机起飞与回收的专业著作,理论与技术并重,技术与工程结合,作为案头书籍,简洁实用。

前　言

　　无人机系统是由飞行平台、有效载荷、数据链路和地面站组成的航空器系统。由于飞行员不在飞机上，因此无人机特别适合执行时间长、环境恶劣、危险性大的空中任务。也正是由于机上无人，因此无人机的起飞与回收过程必须依赖地面设施和机上自主感知与控制系统来实现。无人机的大小、成本、种类不同，其采用的起飞与回收方式各不相同。

　　本书介绍无人机起飞与回收的理论与方法，阐述相关的核心技术以及工程应用。本书的特点如下：一是"全"，涵盖了无人机从诞生到现在几乎所有的起飞与回收方式；二是"精"，对每种起飞与回收方式，不仅阐述其优缺点及适用的场景，还对其涉及的动力学模型、常见参数的选择、控制律模型以及传感器的选择均有详细的阐述；三是"新"，对近年来新兴的一些无人机起飞与回收方式(如尾座起飞、弹射起飞、"侧臂"共轨式发射回收等)均有相关的阐述；四是"实"，本书的作者都是来自无人机系统研发一线的技术人员，历经过多个型号的无人机系统研制，书中的内容是他们经验的积累和升华，是集体智慧的结晶，书中各种图表、公式可供从事无人机起飞与回收专业设计的技术人员直接参考，简单实用。

　　本书主要内容包括无人机起飞与回收方式概述、地面滑跑起飞着陆、舰面弹射起飞与拦阻回收、垂直起飞与降落、空中投放、动能弹射起飞、车载起飞、伞降回收、挂接回收和"侧臂"共轨式发射/回收一体化系统等。

　　本书由何敏研究员主持编写工作。全书大纲的提出与编制、前言、第 1 章大部分由何敏完成，第 1 章的"质量与适航"部分由周琴撰写，第 2 章由梁爽、杨述星、张喜、杨文撰写，第 3 章由何世伟、李锐、黄坤山、徐伊达、郭强、章进东、胡沛撰写，第 4 章由赵创新、王庆琥撰写，第 5 章由闫林明撰写，第 6 章由聂暾、邹宁、李陟、章进东撰写,第 7 章由唐茂华撰写,第 8 章由任杰、牟钋、张喜、陈玉红撰写,第 9 章由高鹏、郭强、王兴虎撰写,第 10 章由何胜杰撰写,第 11 章由张斌、梁爽撰写,各章的安全性设计部分由李涛撰写,何敏对全书进行了统稿、修改、校稿和终审。

本书理论分析力求深入浅出,工程方法力求简洁实用,可作为从事无人机总体设计、起飞与回收系统设计等相关领域研究人员与管理人员的参考书,也可作为高等院校无人机设计相关专业研究生的参考用书。

受作者水平所限,且无人机起飞与回收技术日新月异,书中难免存在不足、疏漏甚至错误,恳请广大读者给予批评指正。

编著者

2020 年 5 月 8 日

全书主要符号

B 主轮至飞机对称面距离

c_A 平均气动弦长

C_D 无人机阻力系数

C_{Lbu} 失速特性所限制的升力系数,一般取抖振升力系数

$C_{L\delta max}$ 操纵效率所限制的升力系数,取升降舵或全动平尾最大偏度对应的升力系数

C_{LMU} 最小离地速度所对应的升力系数

C_{LTG} 受几何特性限制的升力系数,取飞机擦地角所对应的升力系数(主起落架减震支柱处于静止状态)

C_L 无人机升力系数

E_K 动能

E_P 势能

F_y 法向合力

G 无人机重量

g 重力加速度

H 机场海拔高度

h 前轮与主轮松弛时飞机重心至主轮轴的铅垂距离

k_1 主轮减震支柱弹性系数

k_2 主轮轮胎弹性系数

L_A 离地到达安全高度的空中段水平距离

L_{BO} 中断起飞总滑跑距离

L_g 无人机地面滑跑距离

L_{mA} 单发(临界发动机)起飞至安全高度后空中段的水平距离

L_{mG} 单发(临界发动机)停车起飞地面滑跑距离

L_{moG} 中断起飞前滑跑距离

L_{mTO} 单发(临界发动机)停车起飞至安全高度后总水平距离

L_{oG} 中断起飞后滑跑距离

L_{TOR} 起飞至离地时地面滑跑距离

L_{TO} 起飞距离

L 前轮至主轮距离

M_z 气动俯仰力矩

N_b 主轮支反力

N_f 前轮支反力

P_F 全发工作推力

P 无人机推力

q_R 前轮离地速压

q 速压

r 主轮轮胎松弛时的半径

T_e 环境温度

t_{mG} 单发(临界发动机)停车起飞地面滑跑时间

t_{TOR} 起飞至离地时地面滑跑时间

V_1 发动机失效认定速度

V_2 起飞安全速度

V_{EF} 发动机失效速度

V_{IAS} 指示空速

V_{LOF} 离地速度

V_{MBE} 刹车能量限制速度

V_{MU} 最小起飞速度

V_R 抬前轮速度

V_S 无人机失速速度

V_{TL} 轮胎限制速度

V_X	风速
$W_{Recovery}$	回收重量
W_{TO}	起飞重量
x_m	飞机滑跑时重心到主轮轴连线的水平距离,主轮在后为正
x_n	飞机滑跑时重心到前轮轴的水平距离,前轮在前为正
x_P	发动机作用位置距重心水平距离
x_s	前轮与主轮松弛时飞机重心至主轮轴的水平距离,重心在前为正
x	飞机滑跑时重心至主轮轴的水平距离
y_g	飞机滑跑时重心离地面高度
Y_{PN}	螺旋桨法向力及力矩产生的纵向分量
y_P	发动机作用位置离地面高度
Y	无人机升力
α_G	停机迎角
α_{Lbu}	抖振升力系数对应的迎角
α_{LOF}	起飞离地迎角
α_R	前轮离地迎角
α_s	前轮与主轮松弛时的迎角
α	无人机迎角
β	侧滑角
δ_N	前轮偏转角度
δ_P	油门开度
δ_r	方向舵偏转角度
δ_x	舵偏角分量
δ_y	舵偏角分量
δ_z	舵偏角分量
θ	俯仰角
μ	摩擦系数
ρ	空气密度
φ_P	推力作用线与飞机迎角基准线之间的夹角

目　　录

4　垂直起飞与降落 ·················· 111

1 无人机起飞与回收方式概述

起飞与回收是无人机使用过程中约束条件最多的重要阶段,直接影响到无人机系统使用过程中的机动灵活性、地域适应性、重复使用率等关键性能指标。无人机起飞指为无人机提供能量并采用一定的加速方式使无人机脱离地面,且在空中迅速达到一定高度和速度的过程。无人机回收是指吸收无人机的能量并采用一定的减速方式使得无人机减速且降落在指定区域的过程。从学科角度讲,无人机起飞与回收过程涉及空气动力学、机械设计、自动控制等多个学科。

1.1 起飞方式

无人机的起飞过程一般指无人机从相对静止状态向飞行状态过渡的过程。相对静止状态指无人机在跑道上等待起飞的状态,或无人机在发射载具上等待起飞的状态。

在起飞结束时无人机动能与势能的变化分别为

$$\Delta E_{\mathrm{K}} = \frac{W_{\mathrm{TO}}}{2g} \mid \Delta V \mid^2$$

$$\Delta E_{\mathrm{P}} = W_{\mathrm{TO}} \Delta h$$

$(1-1)$

式中,ΔE_{K} 为动能的变化量;ΔE_{P} 为势能的变化量;W_{TO} 为起飞重量;g 为重力加速度;ΔV 为速度的变化量;Δh 为高度的变化量。

不考虑摩擦、能量转化过程中的损失,无人机总能量的变化为

$$\Delta E_{\mathrm{AV}} = \Delta E_{\mathrm{K}} + \Delta E_{\mathrm{P}} = \frac{W_{\mathrm{TO}}}{2g} \mid \Delta V \mid^2 + W_{\mathrm{TO}} \Delta h = W_{\mathrm{TO}} \left(\frac{\mid \Delta V \mid^2}{2g} + \Delta h \right)$$

$(1-2)$

式中，ΔE_{AV} 为总能量的变化量。

一般情况下，可用功 ΔE_{Launch} 包含弹射器对无人机所做的功 $\Delta E_{Launcher}$ 和无人机自身动力系统所做的功 $\Delta E_{Propulsion}$，根据起飞时对无人机所做的功等于无人机能量的改变，可得

$$\Delta E_{Launcher} + \Delta E_{Propulsion} = W_{TO}\left(\frac{|\Delta V|^2}{2g} + \Delta h\right) \tag{1-3}$$

式中，$\Delta E_{Launcher}$ 为弹射器对无人机所做的功；$\Delta E_{Propulsion}$ 为无人机自身动力系统所做的功。

从式(1-3)可看出，无人机起飞时所需能量大小正比于无人机的起飞总重量。

无人机起飞方式分类如图 1-1 所示。

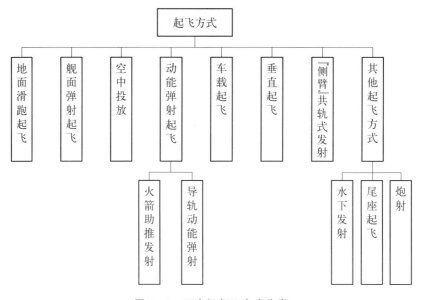

图 1-1　无人机起飞方式分类

1.1.1　地面滑跑起飞

地面滑跑起飞一般是利用无人机自身发动机的推力（或拉力）对无人机做功，驱动无人机在跑道上加速，使之达到预定的起飞速度后离地。地面滑跑起飞方式的优点是起飞系统简单可靠、起飞时过载小，该起飞方式一般适用于起飞重量大于 500 kg 的无人机；其主要缺点是对跑道的依赖性较高。采用地面滑跑起飞的无人机主要有"全球鹰"(Global Hawk)（见图 1-2）等中大型无人机。

图 1-2 "全球鹰"无人机(图片源自网络)

1.1.2 舰面弹射起飞

舰面弹射起飞是指利用蒸汽/电磁弹射器,由弹射牵引车直接拉着舰载机前起落架加速起飞,是舰载大中型固定翼无人机普遍采用的起飞方式。当前美国舰载机全部采用这种起飞方式。舰上空间狭小,跑道长度有限,固定翼无人机必须利用弹射装置的辅助加速能力才能在长度有限的跑道上快速达到安全起飞速度。与滑跑起飞相比,弹射起飞具有对舰载机起飞重量约束小、所需跑道长度较短、可保证多架舰载机以较短的时间间隔起飞作战等优点。图 1-3 所示为 X-47B 首次舰上弹射起飞。

1.1.3 空中投放

空中投放是将无人机挂载于载机的机翼、机身下或内部舱室,通过载机将无人机携带至空中,以相对于地面较高的初始速度在载机上释放无人机(见图 1-4)。空中投放的优点如下:当空中发射方式与伞降回收相结合时,空中发射无人机可按其巡航阶段设计并优化机翼参数。同时相较于地面发射的各种方式,空中发射无人机由于在发射的初始阶段已经处于较高的初始高度和具有较大的初始速度,从而大大降低了无人机在起降阶段所需要的燃油,进一步扩大了无人机的飞行包线。其主要缺点如下:对载机的要求较高,依赖于机场保障,使用成本也较高,灵活性不足。

空中投放有两种发射方式:滑轨式发射和投放式发射。滑轨式发射是通过在

图 1-3 X-47B 首次舰上弹射起飞（图片源自网络）

图 1-4 "火蜂"无人机空中投放（图片源自网络）

载机上安装滑轨并将无人机安装在滑轨上，通过载机将无人机带到高空，无人机通过自身发动机的动力滑出轨道，脱离载机。投放式发射是通过在载机上安装悬挂系统，无人机通过悬挂系统被载机携带至空中，无人机在投放前或投放后启动自身的动力，无人机脱离载机后依靠自身的动力飞行。投放式发射是使用较多的发射方式。

　　在进行空中发射方案设计时，要对载机和无人机之间进行适应性设计：载机的飞行包线要覆盖无人机发动机的启动包线,需研究载机与无人机分离时的姿态与运动轨迹,确保无人机与载机安全分离。

1.1.4　动能弹射起飞

动能弹射起飞是将化学能、液压能、气压能或势能在较短的时间内转化为无人机的动能,使无人机达到安全起飞速度。动能弹射先于地面滑跑起飞技术在无人机上得到广泛的应用。该起飞方式的优点包括不依赖于跑道,机动灵活,可操作性强;其缺点包括对发射重量有限制,滑轨也不能太长,一般只限于中小型无人机。

动能弹射按是否使用导轨分为火箭助推发射和导轨动能弹射两种方式。

1.1.4.1　火箭助推发射

火箭助推发射是小型无人机最常用的发射方式之一。它利用火箭助推器释放的能量,在较短的时间内将无人机加速到一定的高度和速度。火箭助推发射方式的优点包括机动灵活、通用性好,火箭发射结合伞降回收时,机翼面积、升阻比等参数可完全按照巡航性能进行优化设计,而不用考虑低速(如起降阶段)对机翼参数的约束;其缺点包括存在火工品的贮存、运输和使用管理问题,在军事上应用时应遮蔽发射时所产生的声音和光等,以免暴露目标。

根据无人机使用的火箭助推器数量,火箭助推发射可分为单发火箭助推弹射和多发火箭助推弹射两种发射方式,一般单发火箭助推弹射方式较为常用(见图1-5);根据火箭助推器的推力线与无人机机身纵轴线的相对位置,可分为夹角

图1-5　单发火箭助推弹射(图片源自网络)

式助推弹射和共轴式助推弹射两种方式。

1.1.4.2 导轨动能弹射

导轨动能弹射通过布置倾斜的滑轨,在滑轨上布置弹射小车,无人机连接在小车上,以外界能源驱动小车加速,从而带动无人机完成弹射起飞。

导轨动能弹射按照发射动力源的不同可分为液压弹射、气压弹射(见图1-6)、橡筋弹射(见图1-7),三种弹射方式分别将液压能、气压能、橡筋势能等转换成

图1-6 "扫描鹰"气压弹射无人机(图片源自网络)

图1-7 超光速粒子橡筋弹射无人机(图片源自网络)

动能来作为发射无人机的动力。对起飞速度小于 25 m/s、重量小于 30 kg 的无人机,通常选择橡筋弹射方式;对起飞速度为 25～45 m/s、重量小于 300 kg 的无人机,通常选择气压或液压弹射起飞方式。

1.1.5 车载起飞

车载起飞是指将无人机架于车辆上,使无人机随车辆加速到起飞速度而升空的起飞方式。

车载起飞使无人机摆脱对跑道的依赖,只要有一段平直的道路即可起飞,极大地提高了无人机起飞的灵活性。由于车载加速过程中无人机随车辆被动加速,无人机可省去复杂的滑跑机构和复杂的滑跑控制过程,但车载起飞的车辆与无人机的适配性和车辆释放无人机的过程需仔细设计才能使无人机成功起飞。无人机车载起飞示意图如图 1-8 所示。

图 1-8 车 载 起 飞

1.1.6 垂直起飞

垂直起飞是指无人机驱动旋翼转动产生升力,从而实现可控的垂直升空。垂直起飞的优点是无人机摆脱了对跑道的依赖,缺点是采用这种起飞方式的无人机的航程、航时以及飞行速度相比于固定翼无人机均较低。

直升机是最为成功的垂直起降无人机构型,直升机使用一个或两个绕着垂直轴旋转的升力桨产生升力,其所产生的反扭矩需靠尾桨或其他沿相反方向旋转的主桨来抵消,如图 1-9 所示。

图 1-9　单旋翼+尾桨直升机(图片源自网络)

除直升机之外,其他一些构型也能实现垂直起降,如图 1-10 所示。这些构型都使用了一个或多个产生垂直升力的设备,包括涵道风扇、升力风扇等。涵道风扇、升力风扇可由电机、涡轮、活塞发动机、桨尖喷气或其他方式驱动。

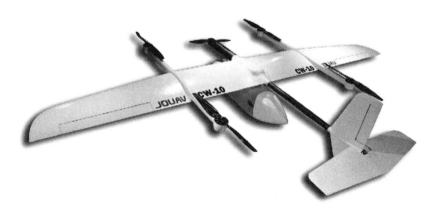

图 1-10　其他垂直起降构型

1.1.7　"侧臂"共轨式发射

"侧臂"共轨式发射采用发射/回收一体化系统。发射时,动力系统驱动滑轨,牵引无人机加速,无人机获得起飞速度后与滑轨解锁继续向前飞。其中,动力系统可采用液压、气动、电力、弹簧等多种动力源。"侧臂"共轨式发射/回收装置具有可折叠、结构紧凑的特点,适合部署于舰船或岛礁、山区等起降空间狭小的地方。"侧臂"共轨式发射/回收无人机试验场景如图1-11所示。

图1-11　"侧臂"共轨式发射/回收无人机试验场景(图片源自网络)

1.1.8　其他起飞方式

除了上述应用较多的起飞方式之外,水下发射、尾座式起飞、炮射等起飞方式也在一定范围内得到了应用。

1.1.8.1　水下发射

水下发射是无人机由水下载具携带和释放,利用载具提供的能量或自身动力跃出水面升空飞行。进行水下发射时无人机一般采用折叠机翼,在发射管中贮存时将机翼折叠,发射后利用火箭助推器加速出水升空,在空中展开机翼,启动发动机(见图1-12)。

无人机在进行水下发射时要跨越水和空气两种不同的介质,因此要求无人机必须适应两种介质环境,这对飞行器的外形、结构强度、动力系统等提出更高的要求。潜射无人机按照出水方式和作业区域的不同可分为水面潜射无人机、水下潜射无人机、潜航潜射无人机三大类别。

潜艇具有续航时间长、作战半径大、隐蔽性高的优点,可弥补潜射无人机滞空和航程短的缺点;潜射无人机巡航速度快、机动性好,可弥补潜艇水下航

图 1-12　"鸬鹚"水下发射无人机（图片源自网络）

行速度慢、机动能力较差的不足。两者协同可提升潜艇的态势感知能力，增强作战时效。

1.1.8.2　尾座式起飞

可垂直起降的固定翼无人机的气动特性复杂，飞行状态改变时尤为明显，因此需要有良好的气动布局及飞行控制系统。传统的可垂直起降固定翼无人机主要采用倾转发动机或者倾转动力装置涵道这两种方式来改变动力方向。但是这两种方式都会造成动力系统性能损失，在倾转的过程中还会伴随强大的力矩作用，增加了结构重量与复杂度，系统可靠性也会相应下降。

为克服上述问题，尾座式起降应运而生。采用尾座式起降的无人机（见图 1-13）在起降时机身轴线垂直于地平面，发动机产生的推力平衡重力，达到安全高度后飞机缓慢摆平，以固定姿态平飞，平飞时发动机产生的推力克服阻力。尾座式起飞的无人机一般也采用尾座式降落，降落过程与起飞过程正好相反。

1.1.8.3　炮射

炮射无人机主要包括侦察型炮射无人机和攻击型炮射无人机两种类型。侦察型炮射无人机携带光电传感器、电荷耦合器件（CCD）摄像机等侦察器材，这些器材用于监视战场目标。攻击型炮射无人机不仅可对目标进行侦察监视，更可利用自身携带的战斗部直接对目标开展精确打击。

炮射无人机发射时装在火箭炮里，跟火箭弹一起发射并同时到达目标上空，遂行任务。与其他发射方式相比，炮射无人机能随炮弹一同到达目标上空，及时

图 1‒13 采用尾座式起降的无人机(图片源自网络)

获得当地的态势信息,不会被敌方在炮弹到达之前击落或发现,具有较高的生存力。由于无人机发射时要装载于炮管里,因此多采用折叠翼布局(见图 1‒14)。

图 1‒14 炮射无人机(图片源自网络)

1.2　回收方式

无人机的回收过程定义为无人机完成飞行任务返回降落区域后,减速降高直至停在降落点的过程。轮式起降无人机在跑道降落的过程中通常借用有人机的术语,称为着陆。与起飞过程相比,无人机的回收过程更具挑战性和危险性。因为起飞过程通常需要将能量传导到无人机上,对其做功,使其获得一定的速度和高度,以越过一定的障碍物,回收过程需要无人机沿着精确的进近轨迹减速降高,直至平稳降落在预定的位置。回收阶段飞行器速度较低、舵面效率降低、飞机抗风能力变差,在舰面降落的无人机还要考虑动平台效应。此阶段对无人机的轨迹控制能力要求较高。

无人机回收时,需要被回收系统吸收的能量为

$$E_{\text{Recovery}} = W_{\text{Recovery}} \left(\frac{|\Delta V|^2}{2g} + \Delta h \right) \tag{1-4}$$

式中, E_{Recovery} 为回收系统吸收的能量; W_{Recovery} 为回收时无人机的重量。

回收距离为

$$L_{\text{Recovery}} = -\frac{|\Delta V|^2}{2a} \tag{1-5}$$

式中, a 为回收时无人机的减速度。

由式(1-4)可看出,无人机回收时所需吸收能量大小正比于无人机的回收总重量。回收时无人机具有的能量越大,回收系统在短时间内所需吸收的能量越多,对回收系统的要求也越高。由式(1-5)可知,无人机回收过程中的减速度 a 越大,所需的回收距离越短。

无人机回收方式分类如图1-15所示。

1.2.1　地面滑跑着陆

地面滑跑着陆是指无人机沿下滑线接地以后,启动主机轮刹车降速,采用差动刹车纠偏或前轮纠偏保持航向,使无人机沿跑道中线减速滑行直至停止的过程。地面滑跑着陆的优点是着陆过载小、无人机无损伤、再次出动准备时间短,缺点是对跑道的依赖性强。

中大型无人机一般都采用地面滑跑着陆这一方式,进场时沿着导航指令进

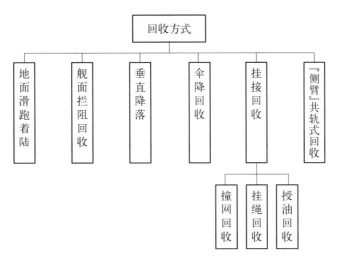

图 1‑15　无人机回收方式分类

近,初始定位会使用全球卫星定位系统(global positioning system,GPS),接近跑道时切换更为精确的差分 GPS,起飞与着陆过程多采用全程自主控制方式。

1.2.2　舰面拦阻回收

现代舰载机的着舰速度普遍在 200 km/h 以上,必须采用拦阻装置,实现舰载机在有限甲板长度下的安全拦停。曾为航母拦阻系统研究并发展过多种形式的拦阻装置,包括重力式、摩擦刹车式、液力式、液压缓冲式和电磁拦阻式等。与舰载有人机不同,舰载无人机由于"机上无人"而无法采用仪表或目视着舰方式,必须依靠全自动着舰系统完成着舰。无人机自主着舰是在无人为控制、干扰的情况下,系统在线对环境态势进行感知、信息处理、控制决策并执行的过程。无人机自主着舰还要满足动平台环境和复飞逃逸能力的要求,比陆上定点着陆难度更大。舰载无人机拦阻回收关键技术主要包括进舰引导技术、进场动力补偿技术以及着舰拦阻技术等。图 1‑16 为 X‑47B 首次海上拦阻着舰示意图。

1.2.3　垂直降落

垂直降落是以发动机驱动旋翼旋转作为升力来源,进行垂直降落的技术。能够实现垂直起飞与降落的飞行器有直升机类、多旋翼类、倾转旋翼类、复合旋翼类、复合倾转旋翼类五种类型的航空器。与其他回收方式相比,垂直降落具有着陆下沉速度低、对机体冲击小、不依赖跑道、着陆场地受限小等优点。

图1-16 X-47B首次海上拦阻着舰(图片源自网络)

1.2.4 伞降回收

伞降回收技术是小型低成本无人机较为普遍使用的回收方式,如图1-17所示。伞降回收方式要重点克服无人机难以实现精确定点着陆、着陆冲击速度大、机体易损伤等问题。

图1-17 伞降回收(图片源自网络)

为减缓着陆时的冲击效应,无人机可采用缓冲装置。缓冲装置分为气囊减震缓冲和火箭缓冲两种形式。前者是利用气囊触地后的排气过程,吸收无人机着陆时的冲击过载,从而吸收冲击载荷,减小着陆时对无人机的损伤。火箭缓冲利用火箭发动机产生的推力部分平衡无人机的重力,降低无人机的下沉速度。

1.2.5　挂接回收

挂接回收指采用吸能及捕获装置,在较短的距离内吸收无人机的动能,从而达到无人机回收的目的。大中型无人机较常采用舰面拦阻回收方式,小型无人机多采用撞网、挂绳以及授油式三种回收方式。

1.2.5.1　撞网回收

撞网回收是一种定点回收方式,是指无人机在地面系统的引导下降高、降速并直接飞入拦阻网被捕获拦停的过程,特别适合小型无人机在狭窄的回收场地或舰船上使用(见图1-18)。撞网回收的难点在于回收阶段无人机撞向拦阻网全过程的精确轨迹控制。撞网回收的优点包括可靠性高、对回收场地空间的要求低、费用低、适用范围广(不仅适用于陆上也适用于舰船上的无人机回收)。

图 1-18　撞网回收(图片源自网络)

1.2.5.2　挂绳回收

挂绳回收是一种精确的定点零距离回收方式。其过程如下:无人机在导引装置的指引下钩到吊杆上的拦阻绳,拦阻绳吸收能量使无人机减速,实现拦阻回收。挂绳回收系统结构紧凑、维护方便并可实现双向拦阻,当在舰船上布置该系统时可固定于船舷,不占用舰船甲板空间。图 1-19 所示为"扫描鹰"无人机挂绳回收。

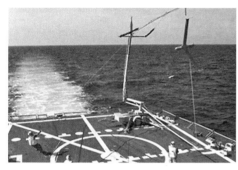

图 1-19　"扫描鹰"无人机挂绳回收(图片源自网络)

1.2.5.3　授油回收

授油回收技术主要适用于集群小型无人机空中回收。授油回收系统类似于空中加油锥形管的回收系统,对回收无人机的尺寸和重量均有较大限制。据公开的报道,目前授油空中回收方式仅在"小精灵"(Gremlins)项目上得到应用。图 1-20 所示为 C-130 运输机首次发射并成功回收一架 X-61A"小精灵"无人机。

图 1-20　授油回收(图片源自网络)

1.2.6　"侧臂"共轨式回收

"侧臂"共轨式回收采用发射/回收一体化系统,回收时无人机背部安装的拦阻钩被小车上的拦阻绳捕获,无人机机头安装的倒刺迅速刺入柔性材料制成的拦阻网,实现无人机制动(见图1-21)。

图1-21　无人机"侧臂"共轨式回收示意图(图片源自网络)

1.3　质量与适航

1.3.1　概述

传统观念认为无人机体积小、成本低、无人驾驶、事故损失小等,其安全性往往不被重视。随着技术进步,无人机逐步向多功能、大型化、智能化方向发展。无人机应用领域也不断拓展,其飞行空域不再局限于低空及地面无人区域,而是逐步进入有人机及民用航空运行空域。无人机的安全性、可靠性要求日渐成为行业的重要关注点。

无人机设计规范和行业标准是保证设计、制造及运行质量的重要手段。无人机兴起时间较短且发展迅速,针对无人机系统的军用标准及行业标准还不健全,部分标准及规范仍沿用或参照有人机标准。但因无人机系统有其自身特点和特殊性,有人机的标准对不同用途和构型的无人机系统不一定适用。目前,我国军用标准正在逐步完善无人机系统的专用标准及规范,以便用于指导军用无人机系统研制。

随着无人机系统安全性要求的逐步提高,各国已逐步将适航引入无人机的研制及生产过程中。美国从海湾战争第一次将无人机应用于侦察任务开始,就根据现有的军用适航标准着手研究无人机系统适航性。在民用航空领域,美国、北约、国际民航组织、法国、英国、澳大利亚等组织和国家都公开发布了无人机系统适航相关要求,旨在确保航空器在空域中的飞行安全,同时保证航空器在飞行中不对空中其他飞行器或地面人员造成危害。

起飞及回收是无人机系统飞行过程中最关键的阶段,统计资料表明,无人机系统的损毁事故绝大多数发生在起飞和回收阶段。根据无人机不同平台性能和应用场景采用的起飞及回收方式多种多样,大多数无人机起降为自主控制方式,可靠性、安全性是无人机起飞与回收设计的重点。

1.3.2　国内现有无人机起飞与回收相关标准介绍

随着无人机在军事及民用航空领域的广泛应用,我国的国军标体系和军工航空行业针对无人机的特点制定了多个无人机专用标准。与无人机起飞与回收有关的国军标如下:《无人机发射系统通用要求》(GJB 2018A—2006)、《无人机回收系统通用要求》(GJB 2019—1994)、《无人机通用规范》(GJB 2347—1995)、《无人机强度和刚度规范第 4 部分:发射及回收载荷》(GJB 5435.4—2005)等。目前,军工航空行业中对各种发射系统的设计要求已制定相关标准,但还未正式发布。民用无人机在发射与回收方面的标准也尚在规划之中。

GJB 2018A—2006 中根据不同的无人机发射方式,对不同的无人机发射系统做出了具体的技术要求。主要包括如下内容:

1) 火箭助推发射系统

火箭助推是指借助火箭助推器的动力,将无人机由静止状态加速到规定的安全飞行速度和高度。此标准对火箭助推发射系统的功能、助推火箭类型及数目选择、发射架、控制装置、辅助设备及意外情况的预防等做出了具体要求。

2) 地面滑跑发射系统

地面滑跑发射系统可分为车载滑跑发射系统和起落架滑跑发射系统。此标准对起飞车滑跑系统的车架、机轮装置、释放装置、控制系统等做出了具体规定;同时对起落架滑跑系统的起落架收放装置、液压系统、控制系统等做出了具体的要求。

3) 空中发射系统

空中发射系统由载机携带无人机到空中进行投放,使其获得规定的安全飞行速度和高度。此标准对空中投放系统的载机、载机携带无人机的方式、无人机与载机分离及无人机发动机启动等提出了具体要求。

4) 导轨动能发射系统

导轨动能发射指借助外部装置所提供的机械动能,使无人机在规定长度的导轨上加速到规定的安全飞行速度和高度。此标准对发射过载、发射速度、动力源、导轨安装及长度、无人机托架、控制系统、锁紧与释放机构等提出了具体要求。

GJB 2019—1994 根据无人机不同的回收方式,对无人机回收形式的选择及各种方式的无人机回收系统提出了具体技术要求。主要包括如下内容:

1) 伞降回收系统

伞降回收系统由回收伞系统、开伞装置、伞舱、释放和控制分系统、着陆减震装置等组成。GJB 2019—1994 对伞降回收系统中的伞舱位置、开伞过程、减速伞设计、释放和控制系统、着陆减震装置等提出了具体的要求。

2) 空中回收系统

空中回收系统由回收机及机载回收系统和降落伞系统组成。GJB 2019—1994 对回收程序、回收机选型和改装、回收启动、降落伞系统的回收分级、伞舱、挂钩、机载回收系统、降落系统等做了具体的要求。

3) 着陆滑跑回收系统

着陆滑跑回收系统由着陆装置和辅助减速装置组成。GJB 2019—1994 对着陆装置的性能、着陆装置的结构、刹车控制系统、辅助减速装置(如阻力伞等)做了具体要求。

4) 撞网回收系统

撞网回收系统由拦阻网系统、阻尼系统、导引系统以及其他辅助系统组成。GJB 2019—1994 对无人机平台的撞网要求、拦阻网和阻尼系统的设计、系统综合性能分析等做出了具体要求。

GJB 5435.4—2005 根据无人机系统不同的发射及回收方式,提出了无人机在发射及回收过程中作用在机体上的载荷及相应的质量保证规定。标准中对起飞车式地面滑跑起飞、沿导轨滑跑起飞、火箭助推发射起飞、伞降回收、水上回收、拦网回收等发射及回收方式提出了无人机需承受的过载定义及试验测试方法。

1.3.3 无人机系统适航

1.3.3.1 无人机发射及回收相关适航要求研究

随着无人机系统在军用和民用领域的广泛使用,世界航空组织和国家正致力于制定无人机的适航规章和申请批复程序。其中北约和美国在制定无人机系统相关标准方面一直走在前列。本节将围绕北约和美国的适航标准对无人机发射及回收适航要求进行说明。

1.3.3.2　北约无人机系统适航要求

2007 年,北约发布了标准化规范《无人机系统适航性要求》(NATO STANAG 4671),该标准覆盖了性能、结构、推进系统、分系统、地面站、无人机系统操作员、数据链等几乎所有与适航性验证相关的方面,旨在确保航空器在空域中的飞行安全,同时保证航空器在飞行过程中不对空中其他飞行器或地面人员造成危害,其只针对重量在 150 kg 到 20 000 kg 之间的固定翼无人机。根据无人机起飞与回收方式的不同,对无人机的起飞和着陆做了相关的适航性要求。

(1) 在“性能”章节中,对无人机的起飞速度、起飞性能、关键场地长度、着陆距离等起飞性能提出了明确的设计和计算要求。例如:

USAR.51 起飞速度

如下规定不适用于采用弹射辅助起飞或火箭辅助起飞的无人机。

a. 抬前轮速度 V_R(若适用)是这样一种速度: 在此速度下,无人机机组成员或飞行控制系统输入了一个控制指令,该指令的目的是想要使无人机起飞,脱离与跑道的接触。

a) 对多发无人机,V_R 必须小于以下数据中的较大者:

(a) $1.05V_{MC}$。

(b) $1.10V_{S1}$;除非可以证明较低的速度在任何环境条件下都不会因无人机系统的性能而影响起飞安全。

b) 对单发无人机,V_R 必须不小于 V_{S1}。

b. 无人机到达 15 m(50 ft)高度时的速度必须不小于:

a) 多发无人机的以下数据中的最大者:

(a) 在所有预想的条件下,包括涡旋颠簸和关键发动机完全失效的情况下,已经证明能够安全地继续飞行(或着陆回来,若适用)的速度,而且该速度还符合 USAR.63 中的要求。

(b) $1.10V_{MC}$。

(c) $1.20V_{S1}$。

b) 单发无人机的以下数据中的较大者:

(a) 在所有预想到的条件下,包括涡旋颠簸和关键发动机完全失效的情况下,已经被证明为安全的速度,而且该速度还符合 USAR.63 中的要求。

(b) $1.20V_{S1}$。

(2) 在“地面操纵特性”章节中,对无人机的地面稳定性和操纵性、无铺面道面上的使用特性等做了适航性要求。例如:

USAR.231 纵向稳定性和操纵性

在任何可能的运行条件下,无人机都不能出现不可控制的飞机颠覆(倒立)趋势,还包括着陆和起飞时的弹起(除了降落伞操作外)现象。机轮刹车器的操作必须平稳,不能引起任何不当的趋势而导致飞机颠覆。

(3)在"弹射助推起飞和火箭助推起飞的无人机"章节中,对与弹射助推及火箭助推起飞的无人机相关的发射性能、姿态转换、无人机主动控制及发射安全轨迹等提出了明确的适航性要求。

(4)在"降落伞着陆系统"章节中,对采用伞降的无人机的着陆前性能、降落伞着陆特性、降落伞着陆安全轨迹等做了明确的适航要求。例如:

USAR.U292 降落伞着陆性能

a. 正常的降落伞着陆必须按如下要求进行设计:在各种综合性环境或有计划地安排在各种综合性环境条件下,能够借助无人机系统飞行手册中介绍的CEP 来实现精确的地面着陆。

b. 必须证明降落伞着陆顺序在如下条件下是一种可靠、可重复和可预测的安全操作过程:

a)在每一个审查要求的无人机重量和平衡组合状态下。

b)在需要批准的最恶劣天气条件(风、雨和冰雪等)下。

c)在无人机系统的整个寿命周期中。

c. 必须在无人机系统飞行手册中对正常情况下降落伞着陆可以实施的地形特征做出说明,尤其是地形的可接受坡度。

(5)在"地面载荷"章节中,根据不同着陆情况对飞机所应承受的地面载荷、起落架布局、侧向载荷等做出了明确的适航性要求。例如:

USAR.483 单轮着陆情况

对单轮着陆的情况,假设无人机处于水平姿态,并且一侧的主起落架与地面接触。在这种姿态下,地面反作用力必须与 USAR.479 条件下那一侧所获得的力相同。

(6)在与载荷相关的"弹射助推和火箭助推起飞的无人机"章节和"降落伞着陆系统"章节中,对弹射助推和火箭助推起飞的无人机相关载荷的设计及验证提出了明确的要求,也对降落伞系统的极限载荷系数、牺牲件、牵引装置等提出了明确的适航性要求。例如:

USAR.U585 发射载荷系数

由发射系统施加到无人机系统相关零部件上的最大力必须与无人机的结构

性加速限制条件相一致,因此有如下要求:

a. 所设计的无人机系统相关零部件必须能够承受纵向载荷,该载荷与由发射系统施加的最大连续载荷系数相符合,并组合了 USAR.303 所规定的系数。在最大和最小起飞重量下,本要求必须被满足。

b. 发射器的设计必须保证加速度和加速度变化率是受控的,以确保无人机系统在发射期间不会受到损伤。

c. 对发射系统,应考虑重复性发射对其造成的疲劳影响;对含有有效载荷的航空器,也应按照 USAR.570 的要求来考虑重复性发射对其造成的疲劳影响。

(7) "自动起飞系统和自动着陆系统"章节针对在跑道上进行常规起飞与着陆的无人机,当其配备了自动起飞或自动着陆系统时,对自动起飞/着陆系统的设计原则、手动中止功能等做出了适航性要求。例如:

USAR.U1492 手动中止功能

当无人机系统被设计用于在跑道上进行常规起飞与着陆时,其必须包含如下功能:

a. 自动化系统必须包含手动中止功能。无人机机组成员必须能够轻易地实施对该功能的控制,以便于:

a) 在起飞滑跑的任何速度(决断速度 V_1 或抬前轮速度 V_R 中的较小者)下都能使无人机停止在跑道上。

b) 在着陆阶段,在每一个高度(直到降低到决断点)上启动都能够安全实施复飞。

b. 具体的复飞程序应按照 USAR.1585(j)的规定在无人机系统飞行手册中提供。

1.3.3.3　美军无人机适航要求

美国国防部于 2014 年颁布了《军用航空器适航性审查标准》(MIL - HDBK - 516C)修订版,该标准可同时用于载人飞行器和无人机系统的适航性验证。

在 MIL - HDBK - 516C 中包含无人机发射/回收相关准则要求,但主要是针对被设计用于跑道滑跑起降及舰载拦阻着陆的无人机。该准则对其安全特性、起飞着陆的控制性能、起落架设计、刹车及减速装置设计、地面纠偏操纵等方面提出了适航性要求。

MIL - HDBK - 516C 中无人机发射/回收相关条款举例如下:

(1) 第 5 章"结构"中从载荷、结构强度等方面对发射与回收装置提出了适航性要求。如:

5.1.1 飞行和地面设计载荷

准则(陆军、海军和空军):验证航空器设计载荷,包括批准的地面和飞行装载情况的最大、最小和最关键的载荷组合情况。这包括操控和自动控制机动、失控机动、阵风、增压、湍流、起飞、着陆、弹射(适用时)、舰载和陆基拦阻(适用时)、地面操作、维修活动、能恢复的系统失效(包括快速释压)等情况下的载荷,以及在特定的使用时段可以预计的载荷。

(2) 第 6 章"飞行技术"中对起飞、着陆提出了适航性要求。如:

6.1.10.2 节验证舰载机的弹射起飞是安全的。

6.1.5.12 节验证提出的舰上起飞/返回包线和舰上俯仰及滚动极限是安全的。

(3) 第 8 章"航空器子系统"中对起落架、辅助减速装置等系统提出了适航性要求。如:

8.5.11.1 节验证拦阻系统能在所有规定的设计状态[拒绝起飞(RTO)、拦阻咬合、制动超限等]下停住航空器,不损坏任何航空器或拦阻系统。

其他在第 10 章"诊断系统"、第 12 章"电气系统"、第 13 章"电磁环境效应"、第 14 章"系统安全性"、第 15 章"计算机资源"、第 16 章"维修"等章节中还有要求。

从上述组织和国家的无人机适航标准和运行管理现状分析可以看出,不管是标准数量和内容,还是运行管理的方法和要求,我国无人机适航体系与之相比还有一定差距。随着我国无人机系统应用的推广和技术的发展,跟踪分析欧美国家的无人机适航体系的发展,借鉴先进经验,制定适合我国无人机系统发展的适航标准及体系,能有效指导和规范我国无人机设计、制造、试验等方面,提升安全性,促进无人机产业成熟发展。

参|考|文|献 ••••••••••••••••••••••••••••••••••

[1] Shook G W. Design assembly, and test of the launch and flight support and deployment system for a gun launched reconnaissance vehicle [D]. Boston: Massachusetts Institude of Technology, 1998.

[2] Casiez T D. Compact, high‐g, efficient folding wing for a cannon‐launched reconnaissance vehicle [D]. Boston: Massachusetts Institude of Technology, 1998.

[3] Gundlach J. Designing Unmanned Aircraft Systems: A Comprehensive Approach [M]. Washington D C: AIAA, 2014.

［4］Fahlstrom P G，Gleason T J，Sadraey M H. Introduction to UAV systems［M］. 5th ed. New Jersey：Wiley，2022.

［5］盛怀洁.无人机发射回收方式面面观［J］.无人机,2004(3)：42－44.

［6］张晓东,孙碧娇.美军潜射无人机的发展与关键技术［J］.鱼雷技术,2005,13(3)：6－10.

［7］余勇.无人机是如何起飞和回收的［J］.兵工科技,2006(10)：60－61.

［8］余勇.无人机起飞和着陆方式简介［J］.无人机,2006(5)：40－42.

［9］陈学义,何庆,姜勇,等.无人机回收技术及其发展［J］.飞航导弹,2011(4)：79－82.

［10］鲍传美,刘长亮,孙烨,等.无人机发射技术及其发展［J］.飞航导弹,2012(2)：56－60.

［11］洪达,郑震山,周磊.美国侧边吊臂发射回收无人机的特点及应用前景［J］.科技导报, 2022,40(5):132－137.

2　地面滑跑起飞着陆

地面滑跑起飞着陆是大中型无人机广泛应用的起飞着陆方式。相比于其他起飞着陆方式,地面滑跑起飞着陆的优点包括起飞速度逐渐增加,加速度小,对动力系统的能量释放要求低,对机体和机载设备冲击小,单次使用成本低。其缺点包括需要跑道或必要的地面支持条件,机动灵活性较差,起落架需要占用机内一定空间和重量。

2.1　起飞/着陆距离分析

起飞/着陆距离是衡量无人机地面滑跑起飞/着陆性能的主要指标。影响起飞距离及时间的主要参数有发动机的推力、起飞最大升力系数、机场海拔高度与温度、起飞重量、风向。影响着陆距离及时间的主要参数有减速装置的能力、着陆最大升力系数、着陆重量、风向。

发动机的推力及推进效率是决定起飞过程中加速度大小以及起飞滑跑距离的关键性因素,对使用螺旋桨的发动机来说,螺旋桨飞机的功率转化为推力的效率基本上取决于螺旋桨的直径,推力随最大功率达 50 kW 的发动机功率的变化如图 2-1 所示。合理的假设是发动机功率的 85% 转化为推力,剩余的功率损失为螺旋桨叶片的型阻所致。

无人机安全离地的速度是翼载和升力系数的函数。图 2-2 示出了机翼升力系数为 1.0 时最小飞行速度随翼载的变化。

图 2-3 示出了不同翼载的无人机可能达到的最短的起飞滑跑距离。

飞机设计包含许多权衡研究,其中包括在短距起飞性能和巡航效率之间的权衡。良好的起飞性能需要大的机翼面积(小翼载),而良好的巡航性能需要小

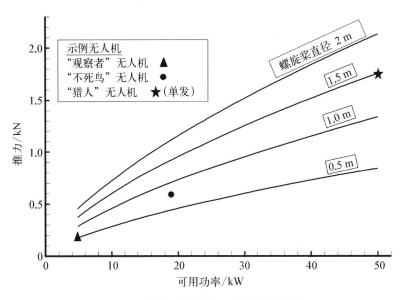

图 2-1　推力随发动机可用功率的变化

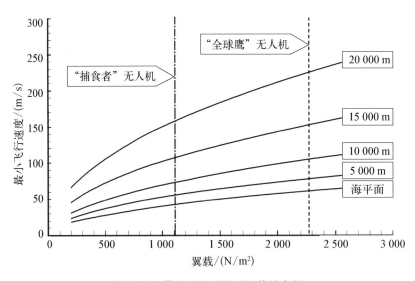

图 2-2　最小飞行速度随翼载的变化

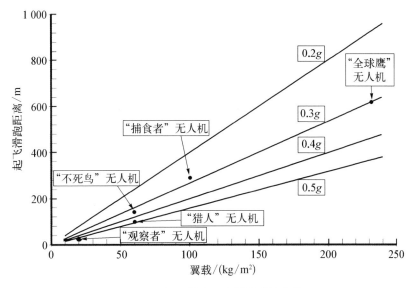

图 2-3 起飞滑跑距离随翼载的变化

的机翼面积(大翼载)以减小机翼型阻。

"全球鹰"无人机作为典型的高空长航时无人机,追求高空巡航效率,翼载大,起飞离地速度大,它配装一台推力为 40 kN 的涡轮风扇发动机,起飞时能获得大约 0.3g 的加速度,需要 600 m 以上的起飞滑跑距离。

"捕食者"无人机采用变距螺旋桨,低速推进效率高,采用较低的翼载(100 kg/m²),其起飞滑跑距离可缩短至大约 300 m。

2.2 传感器与余度配置

传感器是航空测试中必不可少的设备,是无人机获取控制信号的直接来源。机载传感器安装在机体上不同的位置,以准确获取无人机的实时信息。准确、可靠的参数测量是无人机进行自主控制的基本前提,为实现无人机安全、可靠的飞行控制,需要对部分信号传感器进行余度配置。

2.2.1 传感器介绍

据统计,一架现代飞机上装备着 200 多个传感器,分别对飞机飞行特性、飞行状态、导航定位参数、动力系统、武器系统以及飞控、液压、起落架、电源、环控等机载设备的工作参数进行测量。这些传感器中一部分数据通过座舱显示给飞行员,另一部分数据则记录在飞行参数记录器中,供飞行完成后分析飞行过程使用。而无人机的传感器数据则直接用于飞行控制和任务执行,传感器的精度和灵敏度直接影响飞行品质和任务执行情况,因此传感器的配置至关重要。

根据功能,机载传感器可分为以下五类:

(1)飞行姿态信息及舵机参数传感器,该类传感器数据主要用于无人机自主飞行控制。

(2)导航、定位传感器,主要用于无人机导航和通信等。

(3)动力、燃油及滑油传感器,主要用于控制无人机动力装置。

(4)火控系统传感器,其测量参数用于机载火控系统和目标探测系统。

(5)其他机载设备工作参数传感器,如液压系统、电气系统、起落架系统及环控系统等。

机载传感器存在于飞机的各个系统中,起着至关重要的作用。对无人机来说,由于飞行员这一环节的缺失,传感器成为保证无人机安全飞行必不可少的环节,传感器必须替代飞行员观测整个飞行过程中的状态参数,完成飞行任务。传感器的准确、可靠程度决定了无人机的安全性,因此传感器余度配置成为无人机架构的显著特征。本节主要介绍与飞控系统直接相关的传感器及其余度配置,包括姿态传感器、位置传感器、大气数据传感器等。

1) 姿态传感器

对无人机来说,姿态传感器是无人机飞行控制系统中的重要环节,既是控制信号的来源,也是控制效果的展现者。姿态传感器采集的参数主要包括绕机体轴系三个坐标轴的角度和角速率。该参数作为无人机飞行姿态控制回路的输入,经相应控制器解算后,最终通过无人机各个舵面的输出来控制无人机飞行姿态。目前无人机上所用的姿态传感器都是基于陀螺仪开发的各类产品,早期运用的都是基于牛顿力学原理的机械式转子陀螺,动量矩定理是分析陀螺动力学特性的基础。陀螺与一般刚体的根本区别在于陀螺具有角动量,而角动量的产生靠机械旋转,机械旋转必须依靠支撑,所以支撑技术是机械式转子陀螺的关键技术,陀螺的性能指标越高,支撑技术就越复杂,相应的成本也就越高,这就大大限制了机械式转子陀螺的应用。随着控制系统对控制精度的提高又产生了激光陀螺和光纤陀螺等。激光陀螺是建立在量子力学基础上的,结构没有机械式转子陀螺复杂,具有误差小、启动快、耐冲击、工作可靠及寿命长等优势。由于光纤陀螺光纤长度较长,因此在测量其角速度时具有很高的灵敏度。随着光学技术的发展,国际上也出现了多种光纤陀螺,如低漂移光纤陀螺、零相位光纤陀螺等。

2）位置传感器

陀螺用于测量机体的角运动信息,而加速度计则用来测量机体的线运动信息,理论基础为牛顿第二定律。加速度计可测量沿着机体坐标系三轴的加速度,积分后得到沿着三轴的速度信息,再次积分后可得到无人机的位置信息。

陀螺和加速度计与其他组件共同构成惯性导航系统(简称"惯导系统"),该系统根据陀螺的输出建立起导航坐标系,根据加速度计的输出解算出机体的速度和位置。根据构建导航坐标系方法的不同可将惯导系统分为两类:平台式惯导系统和捷联式惯导系统。平台式惯导系统采用物理平台模拟导航坐标系,而捷联式惯导系统采用数学算法确定导航坐标系。两者各有优缺点,随着构成惯导平台元器件的不断迭代更新,捷联式惯导平台的优越性日益显现。目前应用较多的有激光捷联惯导、光纤捷联惯导等。此外,可为无人机提供导航作用的除了惯导系统,还有卫星导航系统、无线电导航系统、视觉导航系统和地形导航系统等。随着对无人机安全性要求越来越高,机载导航系统也出现了多余度配置,以便在单一导航系统失效的情况下为无人机安全飞行保驾护航。

3）大气数据传感器

无人机飞行时,需要靠传感器获取机体周围的大气信息,这些信息参数包括压力(静压、动压、总压),温度(总温、静温),迎角,侧滑角,空速,高度,升降速度,马赫数等。这些参数需要通过多个压力和温度传感器间接或直接测量获得,这些传感器包括静压传感器、总压传感器、总温传感器、迎角传感器及侧滑角传感器等,它们与大气数据计算机共同组成了大气数据系统,如图 2-4 所示。

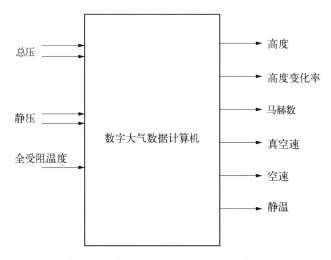

图 2-4 数字大气数据计算机输入输出

压力和温度数据分别靠压力传感器和温度传感器获得,目前应用极为成熟。而迎角的测量较为特殊,它往往通过修正迎角传感器测得的局部迎角获得,下面对迎角传感器进行简单介绍。

迎角传感器只能测量出传感器所在的"局部迎角",它与"真实迎角"之间有"迎角位置误差"。如图 2-5 所示为两种迎角传感器,左侧为翼形式,右侧为锥形式。

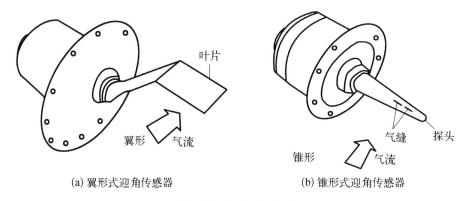

(a) 翼形式迎角传感器　　　　　(b) 锥形式迎角传感器

图 2-5　迎 角 传 感 器

翼形式传感器即旋转风标式传感器,它由一个经过静力平衡的风标(叶片)、传动机构、信号变换器(自整角机或电位计)及固定连接部分等组成。锥形式传感器是差动式传感器,它的探测部分主要是一个圆锥形管,在管的对称面(中性面)上开有一条缝隙,以接收迎面来的气流。当气流不在缝隙(气缝)所在的对称面上时,传感器便输出一个角度信号。

目前大气数据系统主要有两大类:传统大气数据系统和嵌入式大气数据系统。

传统大气数据系统的传感器主要由空速管、总温传感器、迎角传感器等构成,空速管安装在机头或机身位置。图 2-6 展示了两种不同形式的集成大气数据传感器。

嵌入式大气数据传感(flush air data sensing, FADS)系统(见图 2-7)是采用嵌入飞行器头部或者机翼前端周线不同位置处的压力传感器阵列,来测量飞行器表面的压力分布,然后通过模数转换将压力值传送给计算机。计算机根据压力分布数值,通过特定的算法就可以推算大气数据,最后将其传送给飞行器的控制系统。其优点在于便于隐身,在大马赫数、大迎角下依然能够较好地工作。FADS 系统的压力传感器更容易集成到机身上,且不需要移动部件,性价比较高。FADS 系统还具有很好的硬件和软件容错能力,可靠性高,稳定性好。

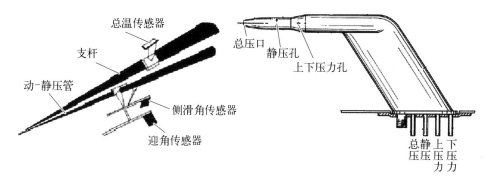

图 2-6　两种集成大气数据传感器

图 2-7　嵌入式大气数据传感器(图片源自网络)

　　当然,通过大气数据系统测得的部分参数也可通过其他传感器测量获得。比如,通过大气数据系统获得的高度信息也可通过无线电高度表测量得到,还可通过惯导平台测量得到。同一信息的不同来源相互对比、验证使无人机传感器余度配置成为可能。

　　4)无人机起降引导所需传感器

　　在无人机起飞和着陆阶段,控制飞行的主要参数有飞行高度、起降时的姿态及飞行速度等。测量飞行高度的传感器主要有惯性导航传感器、卫星导航传感器、无线电高度表及气压高度表等;测量姿态的主要为惯性导航系统;测量飞行速度的有大气数据系统、惯性导航系统及卫星导航系统等。针对以上信号,飞控系统选用何种传感器作为信号源主要取决于传感器的精度和可靠性。

　　舰载无人机从甲板上起飞相比于陆基起飞相差无几,所用传感器也基本相同。其区别之处在于：从甲板上起飞时，作为其起降场地的航母甲板并不是静止不动的。航母在非平静的海面上行驶时，将会产生沿船体三轴线的线位移及绕船体三轴线的角位移扰动，包括纵摇、横摇、沉浮、滚转、俯仰及偏摆，这些扰动将会对从甲板上起飞的无人机位置及姿态产生影响。这种影响是客观存在的，只能从控制的角度考虑，使无人机适应这些变化。

相比于陆基着陆，无人机在甲板上着陆时对其速度及姿态的要求则要高很多。一是因为在甲板上着陆时场地有限，需要在很短距离内停止滑行；二是因为航母随海浪的运动对着舰时的无人机与航母相对位置及姿态产生了较大影响。为此配置高精度的引导和助降系统是着舰成功的重要技术支撑。

对有人舰载机而言，目前进场方式主要有目视、塔康/空中监视雷达（tactical air navigation system/air surveillance radar，TACAN/ASR）、仪表着舰系统（instrument carrier landing system，ICLS）及微波着舰系统（microwave carrier landing system，MCLS）等；着舰方式主要有仪表/微波着舰系统、自动着舰系统（automatic carrier landing system，ACLS）、菲涅耳透镜光学着舰系统（Fresnel lens optical landing system，FLOLS）及人工光学可视助降系统（manual optical visual landing aid system，MOVLAS）等。

对舰载无人机而言，必须自主进场着舰，因此需要精度更高、可靠性更好的传感器所构成的引导系统来满足着舰要求。目前正在尝试的技术有精密雷达引导系统、激光引导系统、光电引导系统及差分卫星引导系统等。

2.2.2　传感器余度技术

2.2.2.1　余度技术

目前无人机不断向高集成、高自主及高效能方向发展，这对无人机的安全性和可靠性提出了更高的要求，余度技术是解决此类问题的有效方法之一。所谓余度技术，实质上是利用冗余资源来降低故障对系统的影响，从而提高系统的安全性和可靠性。在进行余度设计时，一般是通过两套或两套以上的设备或子系统互为备份，提供系统所需的某项参数，以便在某一设备（或子系统）发生故障时，其他设备仍然能保障系统最基本的功能。

按照余度系统冗余资源形式的不同，余度系统可分为硬件冗余、软件冗余、信息冗余等。

（1）硬件冗余。通过安装两个以上相同功能的硬件设备，来完成余度配置。

（2）软件冗余。由不同设计人员开发的两套以上相同功能的软件同时运行、互为冗余,来规避某一软件运行故障。

(3) 信息冗余。在原始数据中加入冗余信息来检测或恢复故障。

按照余度系统运行方式,余度技术可分为主动并列运行和备用转换运行。

(1) 主动并列运行。该余度技术要求多个余度系统同步运行并输出结果,输出结果由信号表决模块最终确定。

(2) 备用转换运行。这种运行要求余度系统以运行一套或部分设备为主线,"空闲"备份处于等待状态,一旦当前运行系统出现故障,备份系统就介入工作。备份转换运行又可分为冷备份、温备份和热备份。

根据余度实现方式,又将余度技术划分为相似余度、非相似余度和解析余度。

(1) 相似余度。采用相同或相似的系统达到冗余目的。共性故障成为这种余度技术所面临的主要瓶颈。

(2) 非相似余度。与相似余度相反,在完成相同功能的基础上以不同的思路方法设计余度系统,可靠性极高,但成本也相应较高。

(3) 解析余度。通过数学解析建立余度模型,在真实设备故障后,由余度模型代替其工作,是一种低成本的余度技术。

2.2.2.2 传感器余度配置

余度技术是保证无人机安全性和可靠性的重要技术。在无人机设计中,会根据无人机飞行所需信号的重要程度对提供该信号的传感器进行余度配置。传感器余度配置贯穿整个飞机的设计阶段。按照设计流程,在无人机总体需求梳理、系统功能分析、系统方案设计、详细设计等过程中都应该对无人机余度结构和余度管理进行设计,主要参考以下几方面。

1) 系统功能需求

无人机系统的总体需求和指标是无人机研制的总输入,设计人员根据输入,自顶向下分解得到各个子系统的需求,进而论证且制订各系统方案。系统功能需求是余度设计的基础,例如研制某型靶机,其用途决定了对该无人机系统进行较高的余度设计是没有必要的。

2) 子系统重要程度

无人机上各子系统在整机所占的重要程度是进行余度配置时首先要考虑的因素,尤其是与无人机飞行安全相关的系统,如大气数据系统、惯性导航系统等,更是有必要进行余度配置,以确保无人机平台飞行安全。

3) 系统成本

无人机的余度配置多采用相似余度或非相似余度的方式,关键系统采用多套设备来提高故障处置能力。余度配置会增加经济成本，因此对同一信号采用高、低成本的传感器搭配便成为余度配置和余度管理的通用方法。其他因素如研制周期、控制方式等也是进行余度配置时需要考虑的因素。

表2-1所示是某无人机传感器余度配置实例。从表中可以看出，同一控制信号存在多个信号来源。飞控系统根据各传感器提供信号的精度和使用条件制订信号使用策略。

表2-1 飞行控制信号余度配置

信号名称	信 号 来 源			
	信号来源1	信号来源2	信号来源3	信号来源4
位置	激光捷联惯性导航系统	差分卫星导航系统	光纤捷联惯性导航系统	—
姿态角	激光捷联惯性导航系统	光纤捷联惯性导航系统	—	—
高度	差分卫星导航系统	无线电高度表	大气机1	激光捷联惯性导航系统
迎角、侧滑角	大气机1	大气机2	—	—
空速	大气机1	大气机2	激光捷联惯性导航系统	—

2.3 控制律设计

飞行控制律设计是根据无人机性能、环境因素及使用要求等设计出满足无人机安全起飞、巡航、执行任务及成功回收的一整套控制方式与策略的过程。

本节重点针对无人机自主滑跑起飞和自主着陆回收方式，介绍相应的控制方案和控制律设计。

2.3.1 地面非线性模型设计

地面滑跑是无人机安全起降过程的一个重要阶段，建立正确的无人机地面阶段的数学模型是设计滑跑阶段控制律、实现起降过程自主控制的基础。无人机在地面滑跑时的运动特性与在空中飞行时的运动特性有所不同，除了存在地面效应的影响，还要考虑它们的相互耦合。

2.3.2　无人机地面模型简介

建模时将无人机视为刚体,根据无人机在地面滑跑阶段的运动特性,结合机体的几何和运动关系,建立无人机在该阶段较为精确的数学模型。

以某无人机为例,无人机数学模型可采用式(2-1)所示的微分方程进行描述:

$$\dot{\boldsymbol{x}} = \boldsymbol{f}(\boldsymbol{x}, \boldsymbol{u}, t) \qquad\qquad (2-1)$$

式中,$\boldsymbol{x}$ 为 n 维系统状态向量;$\boldsymbol{u}$ 为 m 维控制向量输入;t 为时间;$\boldsymbol{f}$ 为 n 维向量函数。

无人机的输入 $\boldsymbol{u}$ 与状态向量 $\boldsymbol{x}$ 的非线性关系决定了无人机的数学模型也是非线性的。

通常采用分段建模的思路来完成固定翼无人机轮式滑跑起飞、着陆的建模工作,根据无人机在起飞过程中所处阶段的不同,将无人机非线性模型分为三轮着地滑跑、两轮着地滑跑和空中飞行三个模型。每一个模型都与气动、重量和推力数据库相耦合。模型分为刚体六自由度运动与合力及合力矩计算两大模块,仅在后者中调用相应的数据库,从而实现刚体运动方程与气动、重量和推力数据库的解耦,该数学模型结构如图 2-8 所示。

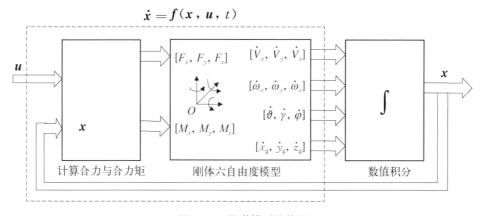

图 2-8　数学模型结构图

建立了无人机的非线性模型后,需要通过配平和小扰动线性化得到相应的线性模型,以进行控制律的设计。配平通常选取定常直线无侧滑飞行为基准运动,此时,无人机所受到的合力与合力矩均为零,其飞行速度与姿态均保持不变,从而可以实现运动方程的解耦,得到纵向和横侧向的线性运动方程。

得到无人机的线性运动方程后,需要对其稳定性和操纵性进行分析。目的是深入了解被控对象的运动特性和规律,为控制律设计奠定基础。稳定性分析包括静稳定性分析和运动稳定性分析。静稳定性是指当外界扰动作用停止时,无人机具有恢复到原来飞行状态的趋势,可以根据各通道的静稳定性导数来判断;运动稳定性分析主要研究小扰动运动的稳定性。操纵性分析的目的则是研究操纵舵面为脉冲输入时无人机的运动特性。

2.3.3   无人机起飞过程受力分析

对无人机在地面滑跑起飞、着陆时所受的力和力矩进行分析是建模的基础。为了简化模型,做如下假设:

(1) 机轮不产生横侧向的力和力矩,且前轮和主轮的摩擦系数相同,均为 f_x。

(2) 在地面滑跑阶段,无人机的速度方向与跑道平面平行。

(3) 在三轮滑跑时无人机受到的法向合力和俯仰力矩为零,在两轮滑跑时法向合力为零。

轮式固定翼无人机在起飞和回收的过程中必将经历三轮接地滑跑阶段。由于机轮紧贴地面,因此其必然受到地面摩擦力和支反力的作用。该阶段无人机纵向受力情况如图 2-9 所示。

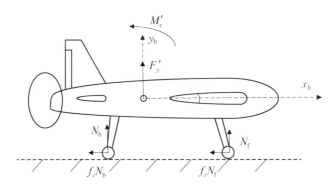

图 2-9   三轮接地滑跑阶段无人机的纵向受力图

在图 2-9 中,F_y' 表示气动力、发动机推力以及重力产生的法向合力;M_z' 表示气动力和发动机推力产生的俯仰力矩。N_f、N_b 分别为前轮和主轮的支反力。根据假设条件(3),在三轮滑跑阶段满足式(2-2)中的关系,即法向力平衡和俯仰力矩平衡。

$$F_y' + (N_f + N_b) = 0$$
$$M_z' + (N_f X_{fgear} + N_b X_{bgear}) - (N_f + N_b) f_x Y_{gear} = 0$$

$$(2-2)$$

式中，X_{fgear}、X_{bgear} 分别为前轮和主轮距支反力力臂；Y_{gear} 为前轮和主轮摩擦力力臂。

由式(2-2)可得三轮滑跑阶段前轮和主轮支反力的表达式如下：

$$N_{\text{f}} = \frac{-M'_z + F'_y(X_{\text{bgear}} - f_x Y_{\text{gear}})}{X_{\text{fgear}} - X_{\text{bgear}}} \qquad (2-3)$$

$$N_{\text{b}} = -F'_y - N_{\text{f}}$$

随着滑跑速度的增加，无人机前轮抬起进入两轮滑跑阶段，此时前轮和主轮的支反力如式(2-4)所示。

$$N_{\text{f}} = 0, \ N_{\text{b}} = -F'_y \qquad (2-4)$$

在两轮滑跑阶段，无人机所受升力逐渐加大，地面对主轮的支反力逐渐减小。当主轮离地时，无人机离地进入空中飞行阶段。此时有

$$N_{\text{f}} = 0, \ N_{\text{b}} = 0 \qquad (2-5)$$

综上，机轮产生的力和力矩在机体坐标系中分量的输出如式(2-6)所示。

$$\begin{cases} F_{x\_\text{wheel}} = -(N_{\text{f}} + N_{\text{b}})f_x \\ F_{y\_\text{wheel}} = -(N_{\text{f}} + N_{\text{b}}) \\ F_{z\_\text{wheel}} = 0 \\ M_{z\_\text{wheel}} = -N_{\text{f}} X_{\text{fgear}} + N_{\text{b}} X_{\text{bgear}} + (N_{\text{f}} + N_{\text{b}})f_x Y_{\text{gear}} \\ M_{x\_\text{wheel}} = M_{y\_\text{wheel}} = 0 \end{cases} \qquad (2-6)$$

式中，F_{x_wheel}、F_{y_wheel} 及 F_{z_wheel} 分别为机轮产生的力在机体坐标系三个轴上的分量；M_{x_wheel}、M_{y_wheel} 及 M_{z_wheel} 分别为机轮产生的力矩在机体坐标系三个轴上的分量。

2.3.4　自主起飞控制方案设计

无人机起飞分为起飞滑跑、起飞拉起和起飞爬升三个阶段。对轮式滑跑起飞的无人机，在起飞滑跑阶段升降舵通常为一个固定的值，称为初始升降舵面，有时该过程也采取将俯仰角控制在一定值的控制方式。飞行控制系统将发动机调整至额定或最大状态，然后松开刹车，无人机开始在跑道上加速滑跑。当滑跑速度达到抬前轮速度时，总的俯仰力矩将大于零，无人机前轮抬起，进入起飞拉起阶段。随着速度和迎角的增加，当升力足够大时，无人机的主轮离地，进入爬升阶段。爬升到安全高度后，起飞过程结束。在地面滑跑过程中需要控制无人

机沿着跑道中心线滑行,防止滑出跑道。

自主起飞过程纵向控制对象主要有升降舵和油门。由于起飞阶段无人机的飞行速度变化比较大,不需要精确的速度控制,因此,在自主起飞过程中不对油门进行调节。升降舵控制俯仰角,使无人机能够以合适的速度和姿态离地,并顺利地爬升到安全高度。自主起飞阶段俯仰角控制回路可采用俯仰角比例加积分的控制形式。

无人机在地面滑跑时,可以认为俯仰角为零,比例回路将产生一定的升降舵面(δ_{e_P})。引入俯仰角积分后,积分回路一直处于饱和状态,在比例环节产生的升降舵面的基础上多了一个升降舵面(δ_{e_I}),用于提供足够的抬头力矩,以克服地效等因素产生的低头力矩,保证无人机能够"起得来"。积分项和比例项解算出的升降舵面共同组成了初始升降舵面,如图 2-10 所示。

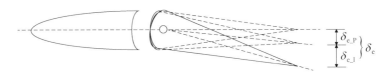

图 2-10   初始升降舵面的组成

通过合理地设计无人机的初始升降舵面,可以保证无人机的安全起飞。主轮离地后,支反力产生的低头力矩突然消失,抬头力矩突然增大;在飞离地效区后,地面效应的消失也会使得抬头力矩增加。若俯仰角增加过快,则爬升速度会立刻减小,这对无人机安全起飞是不利的。引入积分可以抑制俯仰干扰力矩的影响,将俯仰角稳定在积分项的指令上,防止俯仰角变得过大或过小,使无人机以合适的飞行速度爬升到安全高度。

自动起飞段横侧向控制机构主要有副翼和方向舵。副翼用于滚转控制,以控制机翼在滑行过程中保持水平;方向舵、前轮及主轮差动刹车系统用于纠正地面滑跑过程中的侧向偏差,保证无人机沿着跑道中心线滑行。当滑行速度较小时,方向舵的效率较低,可采用前轮或主轮差动刹车系统控制无人机的航向和侧偏;当达到一定滑行速度后,方向舵在航向和侧偏控制中开始起主导作用。由于无人机在地面滑跑时横侧向的受力比较复杂,很难准确建模,因此横侧向的控制参数大部分情况下是通过滑跑试验获得的。

2.3.5   自主起飞控制律设计

自主起飞过程的控制律设计与无人机性能紧密相关,主要关注的性能参数有抬前轮速度、离地速度及滑跑距离等，在计算得到起飞需要的关键参数后才可对无人机控制律进行详细设计。

2.3.5.1 起飞性能计算

1) 抬前轮速度的计算

在地面滑跑阶段，前轮支反力为零时的速度称为抬前轮速度(也称为起飞拉起速度)。忽略无人机的停机角，无人机在抬前轮时必须满足式(2-7)中的力矩平衡条件。

$$(G - Y - P_{ky}\sin\alpha_T)X_{bgear} - Nf_xY_{gear} - M_z^{aero} + M_z^{eng} = 0 \qquad (2-7)$$

式中，α_T 为发动机安装角；P_{ky} 为可用推力；M_z^{aero} 与 M_z^{eng} 分别为气动力和发动机推力绕俯仰轴的力矩。

令 $K = 1/(X_{bgear} + f_xY_{gear})$，则有

$$V_{front} = \sqrt{\frac{2(G - P_{ky}\sin\alpha_T + KM_z^{eng})}{\rho S(C_y\mid_{\alpha=0} - KC_{m2}\mid_{\alpha=0})}} = f(H, Mass, \delta_e, Flap, \delta_p) \qquad (2-8)$$

式中，V_{front} 为抬前轮时的速度；H 为机场海拔高度；Mass 为无人机质量；δ_e 为升降舵偏转角；Flap 和 δ_p 分别为襟翼偏转角和油门开度。

由式(2-8)可以看出，抬前轮速度是场高、飞机重量、初始升降舵面、襟翼、发动机工作状态等变量的函数。若换算成指示空速，则抬前轮速度与场高无关；自动起飞阶段发动机工作在额定状态，可用推力大致为一个常值。推力对重心的力臂比较小，在 K 很小的情况下，发动机推力产生的俯仰力矩对抬前轮速度的影响不大。因此抬前轮时的指示空速主要是飞机重量、初始升降舵面和襟翼的函数，即有 $V_{i\_front} \approx f(Mass, \delta_e, Flap)$。以某无人机为例，重量和襟翼开度一定，迎角为 2.5°时的抬前轮速度与升降舵面关系曲线如图 2-11 所示。

2) 离地速度的计算

主轮离地时的速度称为离地速度。离地速度主要是受纵向力平衡的限制。在离地瞬间无人机的法向平衡方程可以写为

$$\begin{cases} P_{ky}\sin(\alpha_{ld} + \alpha_T) + Y = G \\ Y = 0.5\rho V_{ld}^2 SC_{yld} \end{cases} \qquad (2-9)$$

式中，α_{ld} 为离地迎角；C_{yld} 为 α_{ld} 对应的升力系数；V_{ld} 为离地速度。

从而可得

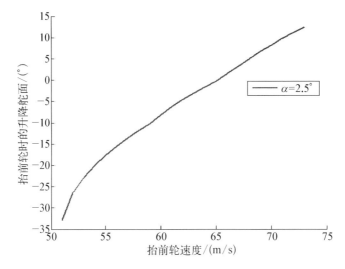

图 2-11　抬前轮速度与升降舵面关系曲线

$$V_{\mathrm{ld}} = \sqrt{\frac{2\left[G - P_{\mathrm{ky}}\sin(\alpha_{\mathrm{ld}} + \alpha_{\mathrm{T}})\right]}{\rho S C_{\mathrm{yld}}}} = f(H,\ \alpha,\ \mathrm{Mass},\ \delta_{\mathrm{e}},\ \mathrm{Flap},\ \delta_{\mathrm{p}})\quad(2-10)$$

可以看出,离地速度是场高、离地迎角、无人机重量、襟翼、发动机工作状态等变量的函数。在自主起飞阶段发动机工作在额定状态,可用推力基本为一个常值。因此离地时的指示空速主要是离地迎角、飞机重量与襟翼的函数,即有 $V_{\mathrm{i\,ld}} \approx f(\alpha,\ \mathrm{Mass},\ \mathrm{Flap})$。以某无人机为例,迎角与离地速度之间的关系曲线如图 2-12 所示。

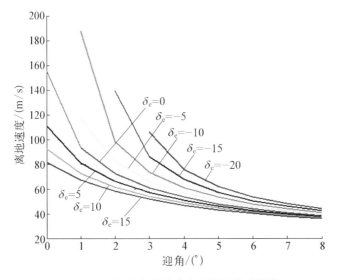

图 2-12　迎角与离地速度之间的关系曲线

2.3.5.2 无人机典型控制结构

典型无人机飞行控制系统一般由舵回路(即伺服回路)、稳定回路(即姿态回路)和制导回路三个反馈回路构成,其控制结构如图 2-13 所示。

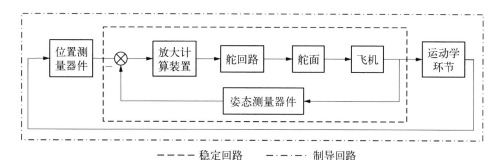

—— —— 稳定回路　—— —— 制导回路

图 2-13　典型无人机飞行控制系统结构图

在建立了无人机非线性模型后,通过小扰动方程将无人机模型线性化,并解耦为纵向和横侧向通道,以便对无人机纵向和横侧向通道分别进行控制律设计。一般地,稳定回路作为控制的内回路,制导回路作为控制的外回路,设计控制律时应先对内回路控制律进行设计。

纵向通道内回路主要为俯仰角控制回路,以某俯仰角控制为内回路的结构如图 2-14 所示。

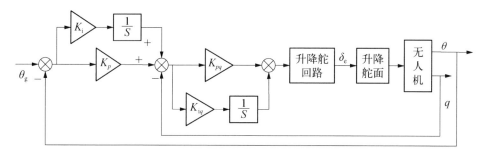

图 2-14　俯仰角控制系统

从图 2-14 中可以看到,整个俯仰角控制系统包含两个回路,即由俯仰角反馈回路构成的外回路和由俯仰角速率反馈回路构成的内回路。俯仰角速率信号由角速率陀螺提供,俯仰角信号从惯性导航传感器处得到,内回路中俯仰角速率反馈的引入相当于改变了无人机的纵向阻尼导数,增加了它的纵向阻尼,从而可改善短周期模态的阻尼特性;外回路则构成了俯仰角稳定回路,可以改善无人机长周期模态的阻尼特性。有时也会加入俯仰速率限幅或直接引入过载信号以限制过载。

无人机速度控制模式主要包括俯仰角-表速控制模式和发动机-表速控制模式,两种控制模式分别如图 2-15 和图 2-16 所示。前者发动机处于开环控制状态,起飞过程中多使用该控制方式。在着陆阶段主要使用发动机-表速控制模式。

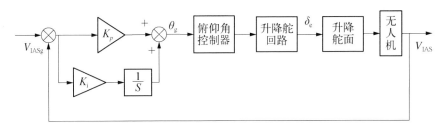

图 2-15　俯仰角-表速控制模式

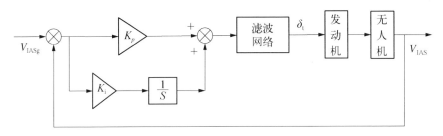

图 2-16　发动机-表速控制模式

对常规布局的无人机而言,横侧向姿态的稳定与控制一般通过操纵副翼和方向舵来实现,基本控制方式主要有三种。

方式一:通过方向舵实现水平转弯的侧向控制系统。该种控制方式主要是将滚转角信号引入副翼通道,使飞机机翼保持水平;将航向角偏差引入方向舵通道,构成稳定和控制回路,使无人机按预定航向飞行,控制结构如图 2-17 所示。由此可见,此种控制方式的副翼通道和方向舵通道是独立的,简化了控制律的设计,但是该种转弯方式会带来较大的侧滑角。

方式二:用副翼修正航向,方向舵削弱荷兰滚。即在副翼通道中引入航向偏差,使得无人机通过滚转运动来修正航向,如图 2-17 中虚线部分所示。但该种控制方式和方式一都存在飞行过程中出现较大侧滑角的风险,使飞行品质降低。

方式三:协调转弯。为解决控制方式一与方式二所带来的侧滑角的问题,常规飞行时的横侧向通道控制采用协调转弯的方式,该控制方式需要同时协调操纵副翼、方向舵和升降舵。在副翼通道中引入滚转角和滚转角速率信号,而在

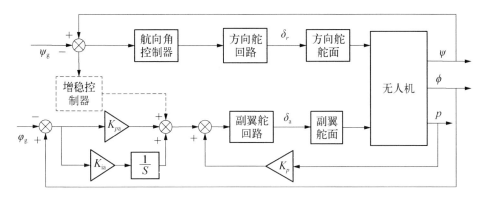

图 2‑17　横侧向控制结构

方向舵通道中引入偏航角和偏航角速率，并在方向舵通道中加入侧滑角信号，以便减小侧滑角，控制结构如图 2‑18 所示。

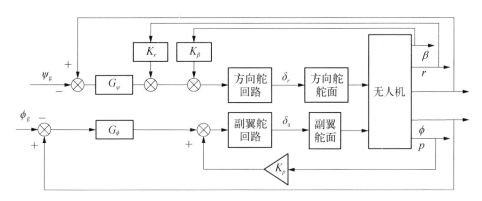

图 2‑18　协调转弯控制结构

2.3.5.3　制导回路控制

如图 2‑13 所示，自动飞行控制系统的外回路是制导回路，其主要作用是生成制导指令。按照无人机在空间中的三维位置，可将制导回路分为高度制导回路和侧偏制导回路。高度制导回路是在垂直剖面内，通过被控量（高度或升降速度）的期望值与实际值的偏差，生成控制无人机爬升、平飞或下降的俯仰指令，如图 2‑19 所示。同理，空中飞行时的侧偏制导回路则是通过计算无人机实际位置与预定航线之间的侧向偏差，生成控制无人机往预定航线偏转的副翼或方向舵指令，如图 2‑20 所示。

但需要注意的是，无论设计内回路控制律还是外回路控制律，都必须紧密联系无人机本身性能，通过限幅、滤波等一系列必要措施，确保生成的制导指令或

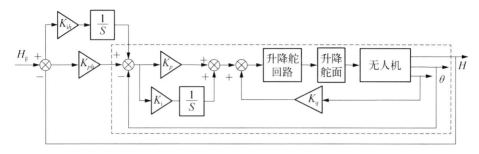

图 2-19   高度制导回路(虚线框外结构)

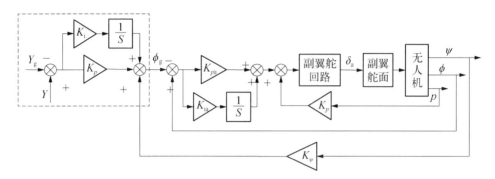

图 2-20   空中侧偏制导回路(虚线框内结构)

舵面输出符合无人机或发动机本身所具有的能力,如舵面输出、姿态限幅及对传感器信息的滤波等。

2.3.5.4   起飞阶段控制律

在无人机起飞过程中,关键阶段为起飞滑跑和起飞拉起阶段。在起飞滑跑阶段,无人机完成滑跑加速,当速度达到抬前轮速度时,无人机建立起飞拉起姿态,随后转入起飞离地并爬高。

起飞滑跑阶段主要有以下控制内容:

(1)控制无人机达到起飞拉起速度,该过程中发动机一般采取大推力的开环控制模式。

(2)控制无人机沿跑道直线滑跑,主要通过前轮、方向舵等对侧偏进行修正,控制律中引入侧偏相关量构成控制律:

$$\delta_n = K_{\mathrm{P}n}^Y \Delta Y + K_{\mathrm{I}n}^Y \int \Delta Y \mathrm{d}t - K_{\mathrm{d}n}^{\dot{Y}} \dot{Y} + K_{\mathrm{P}n}^\psi \Delta \psi + K_{\mathrm{I}n}^\psi \int \Delta \psi \mathrm{d}t \qquad (2-11)$$

$$\delta_r = K_{\mathrm{P}r}^Y \Delta Y + K_{\mathrm{I}r}^Y \int \Delta Y \mathrm{d}t - K_{\mathrm{d}r}^{\dot{Y}} \dot{Y} + K_{\mathrm{P}r}^\psi \Delta \psi + K_{\mathrm{I}r}^\psi \int \Delta \psi \mathrm{d}t \qquad (2-12)$$

上两式中，δ_n 为前轮偏转角度；δ_r 为方向舵偏转角度；K_{Pn}^Y、K_{Pr}^Y 为侧偏比例项增益；K_{In}^Y、K_{Ir}^Y 为侧偏积分项增益；$K_{dn}^{\dot{Y}}$、$K_{dr}^{\dot{Y}}$ 为侧偏移速率增益；K_{Pn}^{ψ}、K_{Pr}^{ψ} 为偏航角差增益；K_{In}^{ψ}、K_{Ir}^{ψ} 为偏航角差积分增益；ΔY 为侧偏距；$\dot{Y}$ 为侧偏移速率；$\Delta \psi$ 为偏航角差。

在部分无人机纠偏控制中，也会通过主轮差动刹车的方式进行滑跑纠偏。纵向与横向通道则可按定角度控制，即给定俯仰角（$\theta_g = 0$），给定滚转角（$\phi_g = 0$）。

达到起飞拉起速度后，需控制无人机拉起跃升。相比于起飞滑跑阶段，其他通道控制内容可不变，为实现短距离起飞，在达到起飞拉起速度时，升降舵需偏转一定角度，控制无人机前轮离地。升降舵偏转指令通过纵向姿态控制回路生成，此时，θ_g 按照无人机性能插值取得。然而对部分气动布局较好的无人机或跑道较长的情况，也可不通过升降舵拉起而直接"飘起"升空。

2.3.6　自主着陆控制方案

无人机着陆过程一般包括进场平飞段、轨迹捕获段、直线下滑段、末端拉起段和地面滑跑段等阶段，如图 2-21 所示。每一个飞行阶段都有其特点，在制订控制方案时要充分考虑到这些特殊的控制需求。

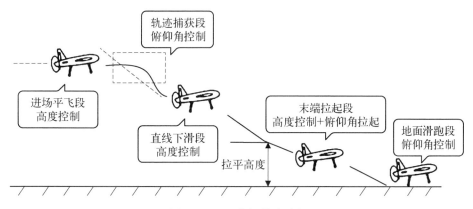

图 2-21　无人机着陆过程

进场平飞段的主要目的是使无人机保持进场高度平飞，直至进入轨迹捕获区。这一阶段的控制需求是纵向要使飞行高度保持稳定，横侧向需要修正无人机与跑道中心线的侧偏差。

随着无人机与着陆点距离的缩短，当飞行高度大于下滑轨迹延长线对应的高度时进入轨迹捕获段。这一阶段的控制需求是使进场平飞段平滑地过渡到直线下滑段。

在直线下滑段,无人机沿着给定的高度轨迹线飞行,进一步减小与机场跑道中心线的侧向偏差,为末端拉起段做准备。直线下滑段的飞行速度在很大程度上决定了无人机的接地速度,因此尤为关键。这一阶段的控制要求如下:纵向需要跟踪预设的下滑轨迹线,并稳定无人机的飞行速度;横侧向需要进一步减小侧风和不对称力矩引起的侧向偏差,保证无人机的地速矢量对准跑道。

末端拉起段的主要目的是通过拉起迎角的方式减小飞行速度,最终使无人机以合适的速度和姿态接地,在此过程中应防止出现拉飘时机尾擦地的现象。这一阶段的控制要求如下:纵向要保证将无人机的姿态平稳拉起,同时还要尽量控制好飞行的高度轨迹;横侧向要进一步减小侧偏;部分无人机在即将接地时还要及时纠正侧风引起的偏航角差,防止无人机在着陆后滑出跑道。

地面滑跑段通过刹车或减速伞等减速措施减小无人机的滑行速度。这一阶段的控制要求是在保证飞机沿跑道中心线直线滑行的基础上,尽快使无人机减速刹停。

大部分无人机在着陆过程中常用的控制方式如下:

1) 纵向控制方案

自动着陆段的纵向控制对象主要有升降舵和油门。升降舵用于控制无人机的飞行高度;油门用于提供维持飞行速度所需的推力。由于着陆过程中各个阶段的控制需求不同,因此纵向控制策略也不尽相同。

进场平飞段纵向采用高度控制,以保持无人机的飞行高度;轨迹捕获段纵向采用俯仰角比例控制,使无人机由平飞转为下滑,进入直线下滑段。

直线下滑段纵向采用高度跟踪控制。相比空中平飞阶段,给定下滑段的高度为斜坡信号,需要采用较高的反馈增益,以提高高度跟踪的精度。

末端拉起段纵向采用高度控制或者升降速度控制,同时不断增大内回路俯仰角,从而减小无人机的飞行速度,同时减小无人机的下沉速率,使无人机以合适的速度和姿态接地。

无人机接地后,纵向改为姿态控制,俯仰角指令为 $0°$。通过减速措施来降低无人机的滑行速度,以减小着陆滑跑距离。

可以看出,纵向的高度控制几乎贯穿整个自动着陆过程,其控制精度直接决定了无人机能否精确地降落在预定的着陆点。可通过两个方面保证自动着陆段的高度跟踪控制精度:一方面,对下滑轨迹线的倾斜角进行合理的设计,以减小着陆重量不确定带来的影响,根据无人机的下滑速度和升阻比,设计下滑轨迹;另一方面,应采用合适的控制结构和控制参数。

2）横侧向控制方案

进场平飞段、轨迹捕获段、直线下滑段这几个阶段横侧向均采用航迹控制，从而将无人机引导至跑道上空，减小无人机与跑道之间的侧向偏差。

进入末端拉起段后，横侧向仍采用航迹控制。当下降至一定高度时，切断航迹控制，通过方向舵控制无人机的航向，进行反偏航机动以纠正侧风等干扰引起的机头相对于跑道中心线的偏航角差，防止无人机在接地后滑出跑道。同时，使用副翼控制滚转角，进行滚转改平，避免接地时无人机的翼尖触地。

当无人机接地后，横向通道控制滚转角为零，保持机翼处于水平状态；方向舵控制航向，并使用前轮或刹车等纠偏方式减小无人机与跑道中心线的侧向偏差。

由上文可见，横侧向的侧偏控制几乎贯穿了无人机自动着陆的整个过程。由于跑道的宽度有限，因此需将侧偏控制在合理的范围内。提高航迹控制精度的常用方法有两种：一种是引入滚转角的积分，另一种是引入侧偏的积分。当存在偏航干扰力矩时，第一种方法不能将侧偏控制在合理的范围内。

2.3.7 自主着陆控制律设计

无人机着陆阶段是整个飞行过程中至关重要的阶段，自主着陆控制律的设计一般也与着陆的各阶段有关，不同着陆阶段采用合适的控制律，才能对该阶段的重要飞行参数进行控制，保证无人机安全着陆。

2.3.7.1 着陆阶段控制内容

根据无人机着陆控制方案进行控制律设计时，要按照着陆各阶段的主要控制目标进行，着陆各阶段的控制品质及各模态间的平滑过渡也是需要考虑的内容。目前大多数无人机在着陆各阶段的主要控制对象如表 2-2 所示。

表 2-2 无人机在着陆各阶段的主要控制对象

着 陆 阶 段	主 要 控 制 对 象
	升降舵
进场平飞段	发动机
直线下滑段	副 翼
末端拉起段	方向舵
	发动机

着 陆 阶 段	主 要 控 制 对 象
地面滑跑段	前　轮
	升降舵、副翼及方向舵等
	刹　车
	发动机

2.3.7.2　进场平飞段

进场平飞段主要是为了使无人机在高度和速度上实现从正常飞行到着陆下滑的衔接,并完成放起落架等着陆前的准备工作。在该阶段主要对飞行高度和飞行速度进行控制,一般升降舵通道采用高度控制模态,发动机通道则采用表速闭环控制,横侧向采用常规的航迹跟踪控制模态即可。

高度控制模态即控制无人机在一定高度飞行,为实现从平飞段到下滑段的平滑过渡,可在下滑点前后适当范围内(即轨迹捕获段),将俯仰角指令软化到下滑时的目标值。以某无人机平飞高度制导为例:

$$\theta_g = \theta^{\mathrm{ref}} + K_P^H \Delta H + K_I^H \int \Delta H \mathrm{d}t - K_d^{\dot H} \dot H + K_P^{\phi} \mid \phi \mid \qquad (2-13)$$

式中,θ_g 为俯仰角指令给定值;θ^{ref} 为俯仰角指令前馈值;K_P^H 为高度差比例项增益;K_I^H 为高度差积分项增益;$K_d^{\dot H}$ 为升降速度增益;K_P^{ϕ} 为滚转补偿项增益;ΔH 为高度差;$\dot H$ 为升降速度;ϕ 为滚转角。

在上述制导结构中,可通过软化指令 θ_g 实现平飞段到下滑段的平滑过渡,轨迹捕获段即从指令软化点开始进入,引入高度差积分可以有效地克服俯仰干扰力矩对高度跟踪控制的影响,将无人机的飞行高度稳定在相应的指令上。假设俯仰干扰力矩体现为一个抬头力矩,最终需要升降舵在平衡舵面的基础上有一个正的增量,产生用于克服干扰所需的低头力矩。高度差积分可以在保持高度跟踪误差为零的同时,通过积分的保持作用提供这一舵面。升降速度的引入起到了增大控制回路阻尼的作用。最后一项作为滚转补偿量,弥补无人机滚转时升力的损失。

发动机通道采用空速闭环控制,控制目标为下滑点的速度。当因纵向力存在一定的不确定性(如发动机推力、升力和阻力的不确定性)而仅使用升降舵作为操纵机构时,只能完成飞行高度的跟踪,不能保证飞行速度不变。空中爬升或下降阶段不同,可以通过升降舵控制无人机的飞行速度,其原理如下:通过升降舵改变无人机的俯仰角,改变重力在速度方向的分量,完成纵向力的重新配平,从而达到控制速度的目的。但在自动着陆阶段,下滑轨迹角是固定的,为精确控制下滑轨迹,只能通过改变发动机的推力来控制无人机的飞行速度。

$$\delta_P = \delta_P^T + K_P^{V_{IAS}}(V_{IAS} - V_{IAS}^g) + K_P^{IV_{IAS}}\int(V_{IAS} - V_{IAS}^g)dt \qquad (2-14)$$

式中,δ_P 为油门开度指令值;δ_P^T 为油门指令前馈值;$K_P^{V_{IAS}}$ 为指示空速差比例项增益;$K_P^{IV_{IAS}}$ 为指示空速差积分项增益;V_{IAS} 为指示空速反馈值;V_{IAS}^g 为指示空速给定值。

在进场平飞段横侧向控制中,副翼采用航迹跟踪控制:

$$\delta_a = K_a^P p + K_a^\emptyset(\emptyset - \emptyset_g) \qquad (2-15)$$

$$\emptyset_g = \emptyset^{ref} + K_P^Y \Delta Y + K_I^Y \int \Delta Y dt - K_t^{\dot{Y}}\dot{Y} \qquad (2-16)$$

上两式中,δ_a 为副翼舵偏角指令值;K_a^P 为滚转角速率增益;$K_a^\emptyset$ 为滚转角差增益;$\emptyset$ 为滚转角反馈值;$\emptyset_g$ 为滚转角指令;$\emptyset^{ref}$ 为滚转角前馈值;K_P^Y 为侧偏比例增益;K_I^Y 为侧偏积分增益;$K_t^{\dot{Y}}$ 为侧偏移速率增益。

引入侧偏积分可以有效地克服横侧向干扰力矩以及侧风的影响,将无人机在着陆阶段的侧偏控制在合理的范围内。若存在一定的滚转力矩干扰,则侧偏积分可以提供克服该干扰力矩所需要的副翼舵偏,从而使滚转角和侧偏误差均在零附近。

方向舵采用协调转弯:

$$\delta_r = K_P^\emptyset \phi + K_P^r r \qquad (2-17)$$

式中,δ_r 为方向舵偏角指令值;$K_P^\emptyset$ 为滚转角增益;K_P^r 为偏航角速率增益;$\emptyset$ 为滚转角反馈值;r 为偏航角速率。

2.3.7.3 直线下滑段

在直线下滑段,控制设计的主要目的是控制无人机按照既定轨迹线下滑着陆,因此在纵向仍然控制无人机跟踪下滑线高度,横侧向控制与下滑线的侧偏距离,发动机依然采用表速闭环控制。直线下滑段控制结构与进场平飞段基本无异,但要根据无人机性能指标和控制品质要求,调整各项的控制参数。在下滑线末端,为避免以大下沉速率着陆,在预定高度对无人机进行拉飘控制。

需要注意的是,无人机着舰控制与着陆控制略有不同,主要体现在着舰阶段并没有拉飘接地的控制需求。原因在于着舰时对无人机的终端状态有很高的要求,这是由目前中大型无人机着舰回收方式决定的。目前,小型固定翼舰载无人机的回收方式主要有天钩回收、拦网回收等,中大型舰载无人机一般采用拦阻着舰的方式,如美国的 X‑47B。拦阻着舰对舰载机在舰船上的落点位置精度有很高的要求,对触舰时的姿态和速度要求也很苛刻。为达到上述着舰条件,对无人机着舰下滑时的轨迹和姿态必须做到精确控制,因此,常规着陆的控制方式已不再适用于着舰无人机。此外,无人机在着舰时,还受到舰尾流、甲板运动及海浪运动的影响,其自动着舰控制远比陆基拉飘着陆复杂,在此不再展开叙述。

2.3.7.4   末端拉起段

在末端拉起段,重点关注无人机下沉速率,可直接通过升降舵控制回路将无人机下滑时的下沉速率减小到易于接地的值,以期待减轻着陆接地时对起落架和整机的损伤。为实现上述控制效果,必须在直线下滑的基础上增大迎角,增加升力从而降低下沉速率。因此,在末端拉起段,无人机的下滑轨迹不再是下滑角固定的一条直线。此时控制结构为

$$\theta_{\mathrm{g}} = \theta^{\mathrm{ref}} - K_{\mathrm{P}}^{\dot{H}}\dot{H} - K_{\mathrm{I}}^{\dot{H}}\int(\dot{H} - \dot{H}_{\mathrm{g}})\mathrm{d}t \qquad (2-18)$$

式中,θ_{g} 为俯仰角指令给定值;θ^{ref} 为俯仰角指令前馈;$K_{\mathrm{P}}^{\dot{H}}$ 为升降速度增益;$K_{\mathrm{I}}^{\dot{H}}$ 为升降速度积分增益;$\dot{H}$ 为升降速度反馈值;$\dot{H}_{\mathrm{g}}$ 为升降速度期望值。$\dot{H}_{\mathrm{g}}$ 的值按直线下滑到接地时的值进行指令软化,驱使无人机平缓抬头拉起至接地俯仰姿态。

在接地前,无人机横侧向采用航迹跟踪与协调转弯的控制方式,当存在大侧风时会使无人机接地时的航向产生较大误差,如图 2‑22 所示,在无人机接地瞬间

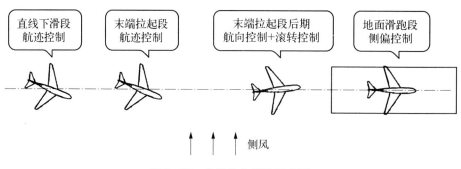

图 2‑22   着陆航向调整示意图

就会存在纠偏不及时而冲出跑道的风险。因此,在即将着陆前,方向舵通道应采用方向舵纠偏控制对无人机航向进行修正[见式(2-19)],以确保无人机在接地前其机头与着陆滑跑航线的偏航角差在可控范围内,避免冲出跑道的现象发生。

方向舵纠偏控制结构为

$$\delta_r = K_{Pr}^Y \Delta Y + K_{Ir}^Y \int \Delta Y dt - K_{dr}^{\dot{Y}} \dot{Y} + K_{Pr}^{\psi} \Delta \psi + K_{Ir}^{\psi} \int \Delta \psi dt \qquad (2-19)$$

式(2-19)中各项含义与式(2-12)中相同。

2.3.7.5 地面滑跑段

无人机进行地面滑跑时,升降舵、副翼均可采用定姿态(0°)控制。用方向舵和前轮进行纠偏控制,运用刹车和减速伞等减速措施使无人机刹停。进行地面滑跑时发动机应处于关车或慢车状态。

在地面滑跑过程中,纠偏控制可与起飞时采用相同的控制结构。无人机在接地瞬间,前轮并没有完全接地,此时无人机滑行速度较高,可通过方向舵控制无人机沿跑道航线进行纠偏滑跑,前轮触地后开始发挥纠偏作用。

通过上述对无人机着陆控制的简单列举可见:在着陆的各个阶段,对无人机在各通道的控制各有要求,同一通道在不同阶段也存在模态切换的问题。为避免模态切换时无人机控制品质降低,必须借助相关参数进行平滑过渡。

2.4 安全性设计

对滑跑起飞的无人机,其安全性主要考虑以下几方面:

(1) 起飞的滑跑距离能否满足安全性要求。

(2) 应急中止距离是否满足要求。

(3) 抗侧风能力如何。

(4) 起飞抬前轮能力是否满足要求。

对无人机起飞安全性设计主要采用数值仿真分析的方式进行,且在地面滑行中设计适宜的方案进行测试验证。

2.4.1 地面滑跑性能

2.4.1.1 基本定义及计算使用的原始参数

对无人机而言,起飞过程与发动机推力密切相关。对配置双发动机的无人机,要求其单发故障停车后也能成功起飞。图 2-23 和图 2-24 分别示出了双发起飞和单发停车起飞过程。相应的起飞距离和起飞滑跑距离如表2-3所示。图2-25表示无人机的中断起飞过程,相应的中断起飞距离如表2-4所示。

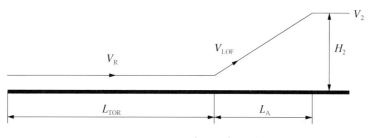

图2-23 双发工作起飞过程

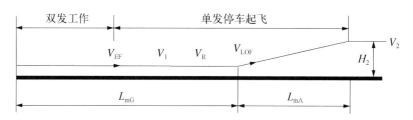

图2-24 单发停车起飞过程

表2-3 起飞距离和起飞滑跑距离

发动机工作情况	安全高度/m	起飞地面滑跑距离	起飞空中段水平距离	起飞距离	起飞滑跑距离	备 注
双发起飞	15	L_{TOR}	L_A	$L_{TO} = L_{TOR} + L_A$	L_{TOR}	$L_{mG} > L_{TOR}$
单发停车起飞		L_{mG}	L_{mA}	$L_{mTO} = L_{mG} + L_{mA}$	L_{mG}	

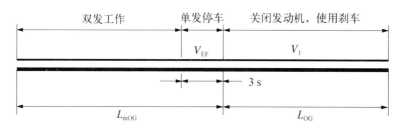

图2-25 无人机的中断起飞过程

表 2 - 4　中断起飞距离

发动机工作情况	加速段距离	停止段距离	中断起飞距离	备注
单发停车	L_{mOG}	L_{OG}	$L_{BO} = L_{mOG} + L_{OG}$	
双发工作	未定义			

1）起飞速度

（1）发动机失效速度 V_{EF} ——临界发动机失效时的无人机速度。

（2）发动机失效认定速度 V_1 ——临界发动机失效时的飞行员决策速度。对某一发动机失效认定速度 V_1，如果在此速度下继续起飞或停止起飞，可用场长正好够长，则称 V_1 为决策速度；对应平衡场长的决策速度为 V_{1B}。决策速度的意义在于：无人机在起飞过程中，在某一速度下判断一台发动机失效，若此速度大于决策速度，则只能继续起飞；若小于决策速度，则必须停止起飞。

（3）对单发无人机，若可用场长一定，则仅存在中断起飞的决策速度。当发觉发动机失效时的无人机速度 V_1 小于决策速度时，可将无人机停止在可用中断起飞距离之内；若大于决策速度，则无人机会冲出可用中断起飞距离，造成事故。

（4）抬前轮速度 V_R ——前轮开始抬起时的无人机速度。

（5）离地速度 V_{LOF} ——主轮开始离地时的无人机速度。

（6）最小起飞速度 V_{MU} ——无人机能安全离地并继续起飞的最小速度。

（7）起飞安全速度 V_2 ——无人机达到安全高度 H_2 时，为保证起飞安全所需达到的速度。

（8）刹车能量限制速度 V_{MBE} ——机轮刹车盘吸收能量极限所限制的无人机可开始使用刹车的速度。

（9）轮胎限制速度 V_{TL} ——轮胎不被离心力甩坏的限制速度。

2）计算地面滑跑性能的原始数据

（1）结构参数：无人机质量 m；机翼面积 S；地面滑跑角（一般取停机迎角 α_G）和无人机擦地角 α_{TG}。

（2）大气和机场条件：机场压力高度 H_P；环境温度 T_e；预报风速 V_w；可用场长 L_{BF}；跑道坡度 ϕ；地面滑跑和刹车摩擦系数 μ、μ'。

（3）在无试验数据的情况下，μ、μ' 可按表 2 - 5 和表 2 - 6 选取。

表2-5　干燥硬跑道表面摩擦系数

地面滑跑摩擦系数 μ	刹车摩擦系数 μ'
0.025	0.20~0.30

表2-6　其他跑道表面地面滑跑摩擦系数

跑道表面状况	μ 最小值	μ 最大值
湿水泥地面	0.03	0.05
干硬土、草地面	0.035	0.07~0.10
湿草地面	0.06	0.10~0.12
覆雪或覆冰机场	0.02	0.10~0.12

2.4.1.2　起飞地面滑跑一般表达式及求解方法

假定无人机沿有风的跑道滑跑，其运动学方程可写为

$$\begin{cases} V = \dfrac{dL_g}{dt} + V_w \\[2mm] a = \dfrac{dL_g^2}{dt^2} = \dfrac{dV}{dt} \end{cases} \tag{2-20}$$

式中，V 为空速；V_w 为风速；a 为滑跑加速度。规定逆风为正。

由式(2-20)得：

$$dL_g = \frac{(V - V_w)dV}{a} \tag{2-21}$$

设无人机滑跑初始空速为 V_0、末端空速为 V_x，则从 V_0 加速至 V_x 所经过的距离为

$$L_{g(V_0-V_x)} = \int_{V_0}^{V_x} \frac{(V - V_w)dV}{a} \tag{2-22}$$

由式(2-20)中第二式得到从 V_0 加速至 V_x 所需时间为

$$t_{(V_0-V_x)} = \int_{V_0}^{V_x} \frac{dV}{a} \tag{2-23}$$

式中，V_0 应取起始计算时所对应的无人机空速，当无人机从静止开始滑跑时，$V_0 = V_w$；V_x 对应于截至计算时的无人机空速，如抬前轮速度、离地速度。

无人机在有坡度的跑道上滑跑时，根据其受力情况，并假定坡度为正且 ϕ 很小，得出加速度为

$$a = \frac{g}{G}\left\{\left[P\cos(\alpha + \varphi_P) - \mu G\right] - (C_D - \mu C_L)\frac{\rho SV^2}{2} - G\phi\right\} \quad (2-24)$$

将 a 代入式(2-22)、式(2-23)得起飞地面滑跑距离和时间的一般表达式：

$$L_{g(V_0 - V_x)} = \frac{1}{g}\int_{V_0}^{V_x}\frac{(V - V_w)\mathrm{d}V}{\left[\dfrac{P\cos(\alpha + \varphi_P)}{G} - \mu - \phi\right] - (C_D - \mu C_L)\dfrac{\rho SV^2}{2G}}$$

$$(2-25)$$

$$t_{(V_0 - V_x)} = \frac{1}{g}\int_{V_0}^{V_x}\frac{\mathrm{d}V}{\left[\dfrac{P\cos(\alpha + \varphi_P)}{G} - \mu - \phi\right] - (C_D - \mu C_L)\dfrac{\rho SV^2}{2G}}$$

$$(2-26)$$

求解起飞地面滑跑方程的方法很多，这里只介绍用龙格-库塔法解微分方程组。

由式(2-24)和式(2-20)得微分方程组：

$$\frac{\mathrm{d}V}{\mathrm{d}t} = \frac{g}{G}\left\{\left[P\cos(\alpha + \varphi_P) - \mu G\right] - (C_D - \mu C_L)\frac{\rho SV^2}{2} - G\phi\right\}$$

$$\frac{\mathrm{d}L_g}{\mathrm{d}t} = V - V_w$$

$$(2-27)$$

初始条件：$t = 0$，$V = V_0$，$L_g = 0$。

终止条件：$V = V_x$。

用数值法(例如龙格-库塔法)求解此微分方程组，即可得到 $V(t)$ 和 $L_g(t)$，从而得到地面滑跑距离和时间。

2.4.1.3　不同地面滑跑情况计算

1) V_R、V_{LOF}、V_{MU} 的确定

(1) V_R。在方案设计初期，V_R 一般取 $0.9V_{LOF}$，对总体设计方案的起飞性能进行评估。在进行具体设计时，V_R 可取 $0.95V_{LOF}$。当无人机的飞控方案确定后，V_R 取飞控的实际设定值。

(2) V_{LOF}。一般情况下，V_{LOF} 取 $1.1V_S$，其中 V_S 为飞机平飞失速速度。为确

保无人机起飞具有足够的安全性,在计算起飞对应的平飞失速速度 V_S 时,一般情况下要保证此时无人机至少具备 $3°$ 的迎角裕度,即计算起飞对应的平飞失速速度 V_S 的迎角 $\alpha = \alpha_{Lbu} - 3$。

(3) V_{MU}。V_{MU} 按如下方法确定:

$$V_{MU} = \frac{\sqrt{2[G - P\sin(\alpha + \varphi_P)]}}{\rho S C_{LMU}} \qquad (2-28)$$

式中,C_{LMU} 取 C_{Lbu}、C_{LTG}、$C_{L\delta_{max}}$ 三者中最小值;由于 P 为对应 V_{MU} 的可用推力,所以式(2-28)需迭代求解,第一次近似取按式(2-29)算出的 V_{MU} 对应的 P 值。

$$V_{MU} = \sqrt{\frac{2G}{\rho S C_{LMU}}} \qquad (2-29)$$

当进行近似计算时,可忽略推力分量的影响,直接由式(2-28)算出 V_{MU}。

2) 全部发动机工作地面滑跑计算

由式(2-25)和式(2-26)分别得到式(2-30)和式(2-31)。

$$L_{TOR} = L_{(V_W-V_R)} + L_{(V_R-V_{LOF})}$$

$$= \frac{1}{g}\left\{ \int_{V_W}^{V_R} \frac{(V-V_W)dV}{\left[\dfrac{P_F\cos(\alpha_1+\varphi_F)}{G} - \mu - \phi\right] - (C_{D_1} - \mu C_{L_1})\dfrac{\rho S V^2}{2G}} + \right.$$

$$\left. \int_{V_R}^{V_{LOF}} \frac{(V-V_W)dV}{\left[\dfrac{P_F\cos(\alpha_2+\varphi_F)}{G} - \mu - \phi\right] - (C_{D_2} - \mu C_{L_2})\dfrac{\rho S V^2}{2G}} \right\}$$

$$(2-30)$$

$$t_{TOR} = t_{(V_W-V_R)} + t_{(V_R-V_{LOF})}$$

$$= \frac{1}{g}\left\{ \int_{V_W}^{V_R} \frac{dV}{\left[\dfrac{P_F\cos(\alpha_1+\varphi_F)}{G} - \mu - \phi\right] - (C_{D_1} - \mu C_{L_1})\dfrac{\rho S V^2}{2G}} + \right.$$

$$\left. \int_{V_R}^{V_{LOF}} \frac{dV}{\left[\dfrac{P_F\cos(\alpha_2+\varphi_F)}{G} - \mu - \phi\right] - (C_{D_2} - \mu C_{L_2})\dfrac{\rho S V^2}{2G}} \right\}$$

$$(2-31)$$

式中,下标"1"和"2"分别表示三轮滑跑段和两轮滑跑段参数;C_{D_1}、C_{L_1} 取对应于停机角 α_G 的值; C_{D_2}、C_{L_2} 取对应于平均迎角 $\dfrac{\alpha_G + \alpha_{LOF}}{2}$ 的值。

3) 单发(临界发动机)停车起飞地面滑跑计算

$$L_{mG} = \frac{1}{g} \left\{ \int_{V_W}^{V_{EF}} \frac{(V - V_W)\,dV}{\left[\dfrac{P\cos(\alpha_1 + \varphi_P)}{G} - \mu - \phi \right] - (C_{D_1} - \mu C_{L_1})\dfrac{\rho S V^2}{2G}} + \right.$$

$$\left. \int_{V_{EF}}^{V_{LOF}} \frac{(V - V_W)\,dV}{\left[\dfrac{P\cos(\alpha_2 + \varphi_P)}{G} - \mu - \phi \right] - (C_{D_2} - \mu C_{L_2})\dfrac{\rho S V^2}{2G}} \right\}$$

$$(2\text{-}32)$$

$$t_{mG} = \frac{1}{g} \left\{ \int_{V_W}^{V_{EF}} \frac{dV}{\left[\dfrac{P\cos(\alpha_1 + \varphi_P)}{G} - \mu - \phi \right] - (C_{D_1} - \mu C_{L_1})\dfrac{\rho S V^2}{2G}} + \right.$$

$$\left. \int_{V_{EF}}^{V_{LOF}} \frac{dV}{\left[\dfrac{P\cos(\alpha_2 + \varphi_P)}{G} - \mu - \phi \right] - (C_{D_2} - \mu C_{L_2})\dfrac{\rho S V^2}{2G}} \right\}$$

$$(2\text{-}33)$$

2.4.2 滑行操纵性能计算

2.4.2.1 起飞时的纵向操纵

确定起飞时最小抬前轮速度,假设使用全上偏升降舵。原始气动数据对应起飞构型,且考虑地效和动力装置影响。

当迎角 α 和速压 q 同时满足式(2-34)时,可满足前轮抬起时的法向力平衡和力矩平衡要求,记为 α_R 和 q_R。

$$\begin{cases} \alpha = \dfrac{\alpha_s + G/kL - (C_L^{\delta_z}\delta_z - C_L^{\alpha}\alpha_0 + P\varphi_P/qS)qS/kL}{1 + (C_L^{\alpha} + P/qS)qS/kL} \\[4mm] q = \dfrac{[G - P\sin(\alpha + \varphi_P)](x + \mu y_g) + P y_P}{S\{c_A[C_{z0} + C_z^{\alpha}(\alpha - \alpha_0) + C_z^{\delta_z}\delta_z] + [C_L^{\alpha}(\alpha - \alpha_0) + C_L^{\delta_z}\delta_z](x + \mu y_g)\}} \end{cases}$$

$$(2\text{-}34)$$

式中, $x = \sqrt{x_s^2 + (h - \Delta h_1)^2}\cos(\theta + \Delta\alpha)$; $y_g = \sqrt{x_s^2 + (h - \Delta h_1)^2}\sin(\theta + $

$\Delta\alpha) + r - \Delta h_2$, $\Delta h_1 = R/k_1$, $\Delta h_2 = R/k_2$, $R = G - qS[C_L^\alpha(\alpha - \alpha_0) + C_L^{\delta_z}\delta_z] - P\sin(\alpha + \varphi_P)$, $\theta = \tan^{-1}[(h - \Delta h_1)/x_s]$, $\Delta\alpha = R/(kL)$。

前轮与主轮松弛时飞机重心至主轮轴的水平距离以重心在前为正,抬前轮速度 $V_R = \sqrt{q_R/\rho}$。

2.4.2.2　侧风中的起飞滑跑

计算飞机在侧风中起飞滑跑时保持直线轨迹的操纵能力,包括抗侧向移动(由侧向摩擦力保证)、横向不倾倒(由主轮两侧地面支反力不对称及副翼操纵保证)、航向保持(由主轮不对称刹车及方向舵操纵保证)等方面。

假定前轮可自由导向。由滑跑时的侧力和横航向力矩的静平衡关系可得所需的侧向摩擦力系数:

$$\begin{cases} f_{zF} = -(f_z^\beta\beta + f_z^{\delta_y}\delta_y + f_{zPN}) \\ \beta = \tan^{-1}(w/V) \end{cases} \qquad (2-35)$$

所需的不对称支反力产生的滚转力矩系数如下:

$$\begin{cases} C_{xN} = -(C_x^\beta\beta + C_x^{\delta_x}\delta_x + C_x^{\delta_y}\delta_y + C_{xF} + C_{xPN}) \\ C_{xF} = -f_{zF}y_g/l \end{cases} \qquad (2-36)$$

所需的机轮不对称刹车产生的偏航力矩系数如下:

$$\begin{cases} C_{ybr} = -(C_y^\beta\beta + C_y^{\delta_x}\delta_x + C_y^{\delta_y}\delta_y + C_{yF} + C_{yPN} + C_{yN}) \\ C_{yF} = f_{zF}x_m/l \\ C_{yN} = \mu C_{xN} \end{cases} \qquad (2-37)$$

对干水泥跑道,取 $\mu = 0.035 \sim 0.05$;对湿水泥跑道,取 $\mu \approx 0.03$;对冰雪跑道,取 $\mu \approx 0.02$。另外,以上舵偏角 δ_x、δ_y 可适当选取。

最大可能的侧向摩擦力系数如下:

$$C_{zF\max} = f_s N_2/(qS) \qquad (2-38)$$

式中,

$$N_2 = \frac{1}{x_n + x_m}\{[G - Y - P\sin(\alpha + \varphi_P) - Y_{PN}\cos(\alpha + \varphi_P)](x_n - \mu y_g) -$$

$$P y_P + M_z + Y_{PN}\cos(\alpha + \varphi_P)x_P\}$$

$$Y = qSC_L^\alpha(\alpha - \alpha_0)$$

$$M_z = qSc_A\big[C_{z0} + C_z^\alpha(\alpha - \alpha_0) + C_z^{\delta_z}\delta_z\big]$$

进行近似估计时,取 $f_s = 0.4 \sim 0.6$,δ_z 则适当选取。

最大不对称支反力产生的滚转力矩系数如下:

$$C_{xN\max} = N_2 B / (qSl) \tag{2-39}$$

最大机轮不对称刹车产生的偏航力矩系数如下:

$$C_{ybr\max} = (N_2/2 + \Delta N)(f_{br} - \mu)B/(qSl)$$

$$\Delta N = qSlC_{xN}/(2B) \tag{2-40}$$

进行近似计算时,对干水泥跑道取 $f_{br} = 0.6 \sim 0.7$;对湿水泥跑道取 $f_{br} = 0.3 \sim 0.4$;对冰雪跑道取 $f_{br} = 0.15 \sim 0.2$。

上述公式不论前轮是否离地均成立。比较 f_{zF} 与 $f_{zF\max}$、C_{xN} 与 $C_{xN\max}$、C_{ybr} 与 $C_{ybr\max}$,可以判定滑跑中飞机对相应侧风值的抵抗能力。

式(2-35)~式(2-40)中,f_s 为机轮侧向滑动摩擦系数;f_{zF} 为侧向摩擦力系数;f_z^β 为侧滑引起的侧向摩擦力系数;$f_z^{\delta_y}$ 为舵偏引起的侧向摩擦力系数分量;f_{zPN} 为螺旋桨法向力及力矩产生的侧向摩擦力系数分量;f_{br} 为机轮刹车时的跑道摩擦系数;$C_L^{\delta_z}$ 为舵偏引起的升力系数分量;C_L^α 为无人机升力系数;w 为侧风风速;N_2 为起落架总侧向力;C_{xTN} 为螺旋桨法向力及力矩产生的滚转力矩系数分量;C_{xF} 为摩擦力产生的滚转力矩系数;C_{xN} 为不对称支反力及摩擦力产生的滚转力矩系数;C_x^β 为侧滑角引起的滚转力矩系数分量;C_y^β 为侧滑角引起的偏航力矩系数分量;$C_x^{\delta_x}$ 为上舵偏角引起的滚转力矩系数分量;$C_x^{\delta_y}$ 为上舵偏角引起的滚转力矩系数分量;$C_y^{\delta_x}$ 为上舵偏角引起的偏航力矩系数分量;$C_y^{\delta_y}$ 为上舵偏角引起的偏航力矩系数分量;C_{yN} 为不对称支反力及摩擦力产生的偏航力矩系数分量;C_{yF} 为摩擦力产生的偏航力矩系数分量;C_{yTN} 为螺旋桨法向力及力矩产生的偏航力矩系数分量;C_{ybr} 为机轮不对称刹车引起的偏航力矩系数分量;C_{z0} 为初始迎角的俯仰力矩系数分量;C_z^α 为迎角变化引起的俯仰力矩系数分量;$C_z^{\delta_z}$ 为上舵偏角引起的俯仰力矩系数分量。

2.4.3　地面滑跑的安全性设计

2.4.3.1　起飞操纵特性评估

对起飞抬前轮速度来说,相关规范要求飞机在达到最小离地速度的90%时就能取得飞机以最小离地速度的起飞姿态。这主要是针对有人驾驶飞机而言的,对无人机可以适当放宽要求,认为在95%离地速度具有抬前轮的能力就可以满足最低安全起飞要求。

无人机的最小起飞抬前轮速度主要受起飞重量、重心与主起落架的间距、升降舵舵面效率、抬前轮时的迎角影响。无人机的总体方案一旦敲定,起飞重量、重心与主起落架的间距、抬前轮时的迎角就可确定,剩下就是确定升降舵的使用策略。

对独立设计的升降舵,在进行起飞抬前轮评估时,一般不应超过使用范围的75%。对"全球鹰"无人机那样的升降/方向复合舵面,应先考虑起飞抗风所需要的舵面,在此基础上至少保留2°的裕量。

2.4.3.2　侧风起飞滑跑能力评估

无人机在起降过程中的抗侧风能力是用户根据使用需求进行明确的。一般来说,民用大型飞机及作战飞机的起降抗侧风能力在10~15 m/s。

无人机在地面滑跑阶段,可综合使用方向舵、刹车、前轮转弯手段来保证滑跑过程中不发生侧偏。在高速滑跑阶段,升力增加很快,刹车和前轮转弯的纠偏效率下降很快,这时主要依靠方向舵进行纠偏。

对使用升降/方向复合舵面的无人机,在起飞抬前轮时,使用单个舵面作为升降舵效率可能不足,因此在抬前轮到离地安全高度前,复合舵面全部或大部分将用作升降舵。这样就失去了方向舵纠偏的功能,当出现侧风时,必然会导致飞机在离地过程中偏离跑道中心,带来安全隐患。为了减少起飞过程中的侧偏距,必须采取必要的纠偏措施:一是采用主动差动刹车作为补偿,二是适当提高抬前轮速度。

2.4.3.3　突风对起降的限制

迎角变化导致飞机失速是起降阶段造成飞机失事最主要的因素。在遭遇轻度突风(强度为1.5 m/s)时,迎角的峰值响应不大于2.5°可以保证飞行安全;在遭遇中度突风(强度为3 m/s)时,迎角响应大于5°不能保证飞行安全。

2.4.3.4　起飞滑跑性能的评估

起飞滑跑性能的主要安全评估参数包括起飞离地速度和起飞滑跑距离。

起飞离地速度主要受起飞最大可用迎角和最小抬前轮速度约束。一般来说,起飞离地速度越大,起降装置的设计负担增加,起飞距离增大,安全性能下降。在设计无人机时,应尽可能降低起降速度。大展弦比无人机的起飞速度一般应控制在表速160~180 km/h之间。

起飞距离主要受起飞离地速度和推重比影响。一般情况下,无人机典型的起飞距离应大于标准跑道的三分之一,在最大重量状态下的起飞距离应不大于标准跑道的三分之二。

在实际使用过程中,机场温度、风速、风向均会影响无人机的起飞性能。机场温度升高会增大无人机的起飞速度,降低发动机推力,导致无人机的滑跑距离增大,严重时直接影响起飞安全。

2.4.3.5　滑跑安全性设计关注重点

进行无人机的起飞安全设计分析时,重点开展如下工作:

(1)确定无人机的最小起飞抬前轮速度。最小起飞抬前轮速度应满足性能、舵面限制等约束。

(2)确定无人机的抗风特性。在满足舵面、起飞抬前轮速度限制条件的情况下,抗侧风能力应满足用户需求,至少应能抗中度突风。

(3)无人机的起飞滑跑距离应不大于使用机场的三分之一,非标状态下应不大于60%。

2.5　起飞与回收过程中的应急处置

2.5.1　人机权限及故障处置原则

由于无人机的飞行员不在飞行器上,难以通过自身观察和感受(如方位、姿态、加减速等特性)来实时综合判定飞行器的状态,及时判定无人机的故障情况,以采取恰当的处置措施;同时,由于测控链路具有易受干扰和易中断的特性,飞行员难以及时通过测控数据来采取应急处置措施。因此,在进行应急处置时需处理好无人机自主故障处置和地面人工处置的权限关系,一般遵循以下原则:对无人机能够自主判定和处置的应急情况,由机载控制系统控制无人机自主完成应急处置;对无人机难以自主判定和处置的应急情况,由飞行员在测控链路的支持下完成应急处置。

(1)在无人机自主应急处置程序飞行过程中,飞行员应密切关注无人机高度、速度、姿态等参数,如果自主处置无效,则应及时进行干预。

(2)飞行员可根据当时的飞行状态和飞行环境,有条件地介入无人机的自主应急处置程序,选择最佳的应急处置方案,最大限度地保证无人机及地面人员和设备的安全。

(3)对不影响飞行安全和任务执行的故障,原则上无人机不进行自主处置,由地面机组人员决策。

（4）在飞行过程中，在确保无人机安全的前提下，应以任务优先的原则决策是否返航。

（5）当发生大于等于三个不影响飞行安全和任务执行的故障时，根据任务重要程度决定是否返航，原则上应指挥无人机返航。

（6）同时出现两个或两个以上需要人工处置的故障时，优先处置对当前安全影响最大的故障。

2.5.2　故障分级原则

为便于无人机对能自主判定的故障进行处置，需按故障发生后的危险严重性对故障的处置层级进行划分。同时需根据无人机故障发生后对后续飞行的影响及危险严重性，针对多个故障同时出现或先后出现的现象，确定故障处置的优先级，明确机载控制系统自主处置的先后次序。

为便于在无人机故障发生后进行处置，需按风险程度和类别确定除只能人工判定外的其他故障的等级。这些故障分为四个等级。

一级故障：该类故障直接危及飞行安全，飞行员需密切关注，随时介入处置，必要时直接控制无人机进行应急飞行。如处置不当，则很可能造成人员死亡或系统报废。

二级故障：该类故障会影响飞行安全，飞行员需密切关注，随时介入处置。如处置不当，则可能造成人员严重受伤或系统严重损坏。

三级故障：该类故障的发生使系统重要功能降级或关键设备余度降级，如果继续飞行则存在潜在的风险，或直接导致作战任务不能完成。如处置不当，则可能造成人员轻度受伤或系统轻度损坏。

四级故障：该类故障的发生对无人机的飞行和任务执行基本无影响，潜在的风险极低。但处置不当可能会持续发展进而影响飞行安全。

2.5.3　起降阶段典型故障及处置

故障处置的设计主要依据三个要素：判据、影响、措施。

判据是指如何根据状态参数和机载监视视频来判定无人机是否发生某种故障。

影响是指故障发生后，无人机的飞行状态会发生什么变化，会产生什么影响。

措施是指根据故障发生的原因和机载设备的工作状态来制订损失最小的处置程序，这些损失包括无人机自身的损失及由此带来的外部损失。

2.5.3.1 起飞加速异常

起飞加速异常一般是由发动机推力异常(如高温天气导致发动机的推力大幅下降、发动机故障导致转速悬挂等)引起的。实际飞行表现为无人机加速慢,起飞需要的跑道长度明显增加。该问题主要是采用速度-距离方法来进行判定,即当飞机滑行到预定距离后,速度明显低于预定值。

对机载控制系统自动处置来讲,可以在正常起飞距离的三分之一处设定预定的地速来判定加速异常:当无人机滑行距离超过三分之一起飞距离时,地速低于预定值时判为加速异常,自动中断起飞。采用地速进行判定的原因是风速受环境影响大,不利于稳定判定。

飞行员可以根据以往经验来判定:当通过机载视频监视到无人机越过某个标志点时,速度明显小于预期,则发送指令中断起飞。

2.5.3.2 侧偏异常

在无人机地面滑行过程中,刹车工作异常、大侧风、控制异常均可能导致发生严重偏离跑道中心线的情况。

对机载控制系统自动处置来讲,可以用飞机的侧偏距与侧偏移速度判定侧偏控制异常:当飞机的侧偏距大于跑道可用宽度的三分之一且侧偏移速度仍向跑道外偏离时,自动中断起飞并采取应急刹车。

飞行员在发现无人机向跑道外持续侧偏超过预定值且继续侧偏时可采取如下措施:

(1) 人工辅助纠偏。

(2) 在起飞加速过程中中断起飞,视情况采取应急刹车。

(3) 在着陆滑跑过程中采取应急刹车。如大侧风时带阻力伞滑行,则抛掉阻力伞。

参|考|文|献 ••••••••••••••••••••••••••••••••

[1] Butler M C, Loney T. Design, development and testing of a recovery system for the predator UAV[C]//13th Aerodynamic Decelerator Systems Technology Conference, 1995.

[2] Liu F, Li J, Liu C, et al. An improved method to integrate low‐cost sensors for the navigation of small UAVs[C]//12th International Conference on Control, Automation and Systems(ICCAS), 2012.

[3] 樊尚春,吕俊芳,张庆荣,等.航空测试系统[M].北京:北京航空航天大学出版社,2005.

［4］陈海.无人机自主控制综述及自主着陆控制系统设计［D］.西安：西北工业大学,2007.

［5］李冠男.旋转调制式激光陀螺惯导系统误差特性研究［D］.长沙：国防科学技术大学,2012.

［6］宁津生,姚宜斌,张小红.全球导航卫星系统发展综述［J］,导航定位学报,2013,1(1)：3-8.

［7］吴森堂,费玉华.飞行控制系统［M］.北京：北京航空航天大学出版社,2005.

［8］程龙,周树道,叶松,等.无人机导航技术及其特点分析［J］,飞航导弹,2011(2)：59-62.

［9］《飞机设计手册》总编委会.飞机设计手册第6册——气动设计［M］.北京：航空工业出版社,2002.

［10］Austin R. Unmanned Air Systems：UAV Design, Development and Deployment［M］. Chichester：Jonh Wiley & Sons Ltd,2010.

3 舰面弹射起飞与拦阻回收

舰面弹射起飞是指舰载机在弹射装置的带动下提高滑行速度,缩短起飞所需的滑行距离的起飞方式。这种起飞方式的优点是舰载机可以满载起飞,增强舰载机的作战效能;缺点是起飞过程的加速度较高,对机体强度的要求十分严苛。拦阻回收是指舰载机着舰时,尾钩钩住拦阻索拉动拦阻机,利用拦阻机吸收舰载机的前冲能量,使其在有限甲板长度下安全停住的过程。

本章主要介绍无人机舰面弹射起飞与拦阻回收技术,内容包括弹射/拦阻适配性设计、弹射起飞控制、着舰引导控制、弹射/回收流程等相关技术,它们均是保障舰载无人机成功起降的重要技术要素。

3.1 舰面弹射起飞

3.1.1 概述

弹射起飞是目前舰载固定翼飞机起飞普遍采用的方式。由于舰上跑道长度有限,利用弹射装置的辅助加速能力,可以使飞机在很短距离内加速到起飞速度,快速离舰升空。有了弹射装置的辅助,使得大重量飞机的舰上使用成为可能。随着无人机技术水平的快速进步,为满足现代化海军发展的需要,推动大型舰载无人机的研制已列入大国海军的发展计划。据公开文献报道,2013年5月14日,美国诺斯罗普·格鲁门公司研制的 X-47B 无人机于"乔治·布什号"航空母舰(CVN-77)上成功进行弹射起飞。这是国际上首例大型无人机舰上起飞,标志着舰载无人机舰面弹射起飞与拦阻回收技术正式进入工程应用阶段。

典型航空母舰舰面总体布局如图 3 - 1 所示。其长约 300 m、宽约 70 m,可搭载各类飞机 90～100 架,飞行甲板上装有 4 台弹射器,1 条斜角着舰甲板,弹射间隔时间为 20 s,着舰间隔时间为 35～40 s。

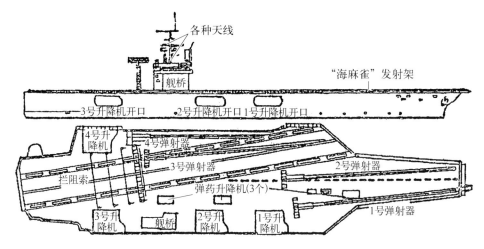

图 3 - 1   典型航空母舰舰面总体布局

航母弹射装置按弹射动力不同可分为蒸汽动力弹射装置、空气动力弹射装置、液压动力弹射装置、气液混合动力弹射装置、电磁动力弹射装置等。随着弹射技术的发展,蒸汽动力弹射和电磁动力弹射最终成为航母采用的两种主要弹射方式。无人机弹射起飞主要涉及的关键部件如图 3 - 2 所示:导轨,弹射装置

1—导轨;2—动子;3—前起落架;4—弹射杆;5—牵制杆;6—缓冲钩。

图 3 - 2   X - 47B 弹射起飞试验(图片源自网络)

部件,动子的运动轨道;动子,也称往复车,弹射装置部件,弹射装置产生的牵引力通过它传递到无人机,无人机在它的牵引下向前加速滑跑;弹射杆,无人机部件,集成在前起落架上,与动子挂接,承受动子的牵引力实现弹射;牵制杆,无人机部件,集成在前起落架上,与弹射装置的缓冲钩挂接,在弹射前牵制无人机使其不致滑出,其上设置有张力销(见图3-3),张力销可在弹射力达到某个规定值时断开,以快速释放无人机;缓冲钩,弹射装置部件,通过与牵制杆挂接牵制无人机。

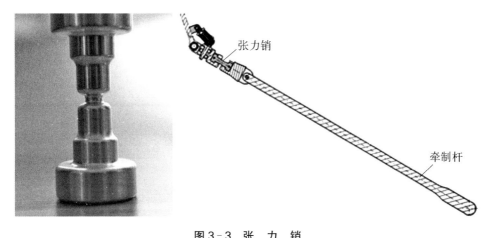

图3-3 张 力 销

3.1.2 弹射适配性

舰机适配性是母舰与舰载机之间所有联系和相互要求的总和,它包括舰机总体适配、勤务保障适配、机务保障适配、起降保障适配和飞行指挥适配。

弹射适配是指为适应舰上弹射起飞而进行的相关适应性设计工作。舰载无人机的弹射适配是舰机总体适配的重要内容之一。舰载无人机的弹射适配主要包括无人机与弹射装置适配(也称接口适配或几何适配)、过载适配和环境因素适配。

3.1.2.1 接口适配

舰载无人机接口适配是指舰载无人机为满足在弹射装置上顺利挂接、弹射与分离的需求,而进行的无人机与弹射装置接口适应性配合设计工作。

狭义的接口是指无人机的弹射杆、牵制杆、机轮等与弹射装置动子直接进行对接的装置的机械物理接口,广义的接口还包括考虑舰载无人机的承受能力、弹射装置的弹射功量等限制而提出的性能匹配接口等。机械物理接口适配的关键是弹射杆、牵制杆与弹射装置。

1）物理接口适配

舰载无人机与弹射装置物理接口适配主要考虑的因数有动子尺寸、无人机机轮尺寸、弹射杆（见图 3-4）与动子啮合中心至牵制杆（见图 3-5）与缓冲钩啮合中心的水平距离、牵制杆杆头与缓冲钩啮合尺寸、弹射杆杆头与动子啮合尺寸、弹射杆引导轨道开槽宽度、弹射杆弹射角、牵制杆牵制角等。

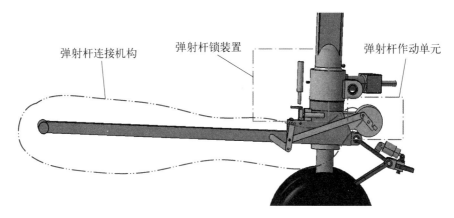

图 3-4　弹射杆装置

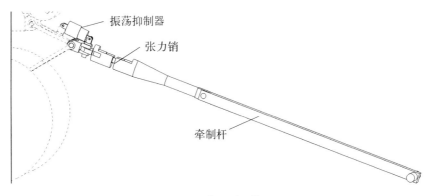

图 3-5　牵制杆装置

（1）动子尺寸。动子尺寸制约舰载无人机的越障性能，是弹射杆挂接适配需考虑的主要因素。

（2）无人机机轮尺寸。无人机机轮的直径、宽度、双轮间距等尺寸决定了无人机的越障能力（主要是跨越动子）。

（3）弹射杆与动子啮合中心至牵制杆与缓冲钩啮合中心的水平距离。该距离直接影响着弹射角、牵制角、弹射杆/牵制杆的长度以及与起落架支柱连接位置的设计。

（4）牵制杆杆头与缓冲钩啮合尺寸。牵制杆杆头应与缓冲钩适配，以保证充分啮合、无间隙，避免发生意外脱开、卡滞。

（5）弹射杆杆头与动子啮合尺寸。弹射杆杆头应与动子适配，以保证充分啮合、无间隙。

（6）弹射杆引导轨道开槽宽度。弹射杆引导轨道在弹射杆与动子接合前发挥引导无人机前行的作用，其开槽宽度应与弹射杆杆头尺寸相适配。

（7）弹射杆弹射角。弹射杆弹射角是指弹射杆与弹射装置动子连接后与地面的夹角，该夹角应在适当的范围内，以确保弹射杆上轴向载荷不会过大，同时确保弹射杆与动子分离后可以在较短的时间内收起，避免与道面发生碰撞/摩擦。

（8）牵制杆牵制角。牵制杆牵制角是指牵制杆与缓冲钩啮合后牵制杆与地面的夹角，该夹角应在适当的范围内，以避免牵制杆头与缓冲钩卡滞。同时，由于角度问题导致牵制杆上的张紧力过大，对牵制杆提出了过高的强度设计要求。

2）性能接口适配

无论是从弹射装置的弹射性能考虑还是从舰载无人机的承载能力考虑，都需要互相适应，形成统一协调的系统进行工作，才能安全、平稳地将弹射力传送至舰载无人机。从系统性能考虑，性能接口适配需要考虑的因素有弹射水平拖拽力/过载、牵制杆与缓冲钩的啮合速度、缓冲过程中无人机发动机推力、牵制杆释放前发动机的推力、牵制杆极限载荷、弹射装置张紧力、弹射重量、弹射允许偏心距离等。

（1）弹射水平拖拽力/过载。拖拽力是弹射装置将无人机加速至起飞速度的动力，为保护无人机机体结构、机载系统不因受弹射过程中的冲击而损坏，需综合考虑弹射装置的弹射功量能力范围与无人机的承载能力，从而得出最大拖拽力/过载限制，以确保在弹射装置水平拖拽力/过载限制内将无人机平稳、安全地加速至起飞速度。

（2）牵制杆与缓冲钩的啮合速度。缓冲钩与牵制杆挂接用于发射前防止无人机运动，无人机牵制杆与缓冲钩啮合速度太大可能导致缓冲钩/缓冲装置受到冲击而损坏。

（3）缓冲过程中无人机发动机推力。无人机牵制杆与缓冲钩挂接后将依靠发动机推力推动无人机带着缓冲钩前行。出于对缓冲钩/缓冲装置安全性的考虑，该情况下无人机发动机推力既要满足无人机前进需求又不宜过大，否则可能损坏缓冲装置。

（4）牵制杆释放前发动机的推力。牵制杆释放前发动机的推力影响着弹射装置张紧力设置和牵制杆断裂载荷。

（5）牵制杆极限载荷。牵制杆上受到的载荷达到某极限限制时，牵制杆将断裂，无人机将会被弹射装置发射出去。这就要求牵制杆极限载荷必须大于发射前弹射装置施加给牵制杆的力并具备一定的裕度，以保证发射前牵制杆不会因张紧作用而发生断裂。

（6）弹射装置张紧力。无人机发射前，弹射装置会进行张紧，以保证各机械装置间无间隙、配合良好，该张紧力应与无人机起落架、机轮、轮胎的承载能力和牵制杆释放载荷相适应。

（7）弹射重量。为保证弹射起飞安全，弹射装置需根据被发射的无人机重量设定相应的弹射能量，以达到设定的弹射起飞条件。弹射装置应具有一定重量设定容差，重量在此容差内的无人机可安全发射。

（8）弹射允许偏心距离。偏心距离是影响弹射安全的重要因素，指动子牵引力从牵制杆头的作用点到飞机对称面的距离。过大的偏心距离对飞机的侧向稳定性和弹射装置控制精度均有不利影响，弹射阶段可能出现的偏心距离应约束在弹射装置允许的范围以内。

3.1.2.2　过载适配

无人机在航母上的弹射起飞与地面滑跑起飞显著不同：地面滑跑起飞主要依靠无人机自身所带动力，加速到离地速度；而弹射起飞则依靠弹射装置提供的额外"弹射力"，将无人机加速到离地速度。弹射加速过程往往较短，无人机在弹射起飞过程中要承受巨大的加速过载，该过载一般与加速距离、时间有关，距离、时间越短，过载越大。

舰载无人机的过载适配一般指在弹射过载作用下无人机系统能稳定工作。舰载无人机过载适配主要包括两方面的内容。

1）系统层级

对弹射装置而言，其弹射能力要最大限度地满足多种舰载机的弹射起飞需求，故在设计装置时其弹射功量是按一个范围来进行设计的，一旦设计定型，其弹射功量只能在最大与最小弹射功量范围内进行选择。对弹射装置来说，在对不同型号的舰载机进行弹射起飞时，需要根据飞机的重量、飞机过载承受能力等条件，选择不同的弹射参数，以满足舰载机的安全弹射起飞需求。

对舰载无人机而言，一般需要根据弹射装置的既定状态对起飞参数进行设计。通过建立无人机动力学、气动、推力、舰船运动、弹射力综合仿真模型，对弹射起飞过程进行仿真，可以获得无人机安全起飞的起飞参数。起飞参数通常包括起飞重量、起飞推力、升降舵预置量、弹射力、弹射末速度。根据大量仿真结果可以获得满足无人机起飞安全要求的参数集合。

舰载无人机应根据弹射装置的既定状态提出无人机的抗过载设计要求。对无人机全机结构来说,抗过载设计是其面临的一大难题。为了使弹射起飞无人机结构满足弹射起飞要求,需特别关注弹射瞬间大过载的传递与衰减设计。应重点开展弹射起飞无人机前机身的前起落架舱及周边的传力结构和前起落架系统细节设计。对结构而言,拦阻着舰时冲击过载更大,同样应关注无人机后体承接结构的抗过载设计问题。

2）机载成品层级

舰载无人机的弹射和拦阻过程都是一个冲击衰减过程。弹射起飞时,张力销断裂瞬间,弹射装置通过牵制杆对无人机施加巨大的牵引冲击载荷;拦阻回收时,在无人机尾钩钩住横置于甲板上的拦阻索瞬间,拦阻索给无人机施加巨大的拦阻冲击载荷。两个过程中无人机结构及机载成品都会承受过量的冲击载荷。通常来说,一架舰载无人机每年有2/3以上的架次会经受弹射起飞和拦阻回收过程。在反复高强度冲击下,需要保证机载设备功能不受影响,这就要求机载系统必须按照满足弹射/拦阻的使用环境进行抗过载设计。当然,弹射装置的弹射/拦阻过载峰值、峰均比也不能太高,否则将使无人机系统的设计付出太高代价。

冲击的破坏机理为瞬时峰值破坏和疲劳破坏效应,其中以峰值破坏为主。主要表现为大加速度,过应力破坏;大速度,激励能量过大;大振幅,过位移,塑性变形;加速度冲击,塑性变形。冲击造成的典型破坏如图3-6所示。

图3-6　冲击破坏示意图

典型的冲击环境效应表现如下：

（1）零件之间摩擦力的增加或减少，或相互干扰而引起的装备失效。

（2）装备绝缘强度变化、绝缘电阻抗下降、磁场和静电场强的变化。

（3）装备电路板故障、损坏和电连接器失效。

（4）装备结构或非结构件的过应力引起装备永久性机械变形。

（5）超过极限强度导致装备机械零件损坏。

（6）材料加速疲劳。

（7）装备潜在的压电效应。

（8）由晶体、陶瓷、环氧树脂或玻璃封装破裂引起的装备失效。

为做到弹射/拦阻环境的过载适配，一般情况下，需在设计舰载无人机时通过仿真或试验方法获取舰载无人机的冲击过载分布和典型冲击响应谱，以此对机载系统/成品提出设计和试验要求。

无人机弹射起飞和拦阻过程通常采用刚柔耦合多体动力学仿真方法获取冲击过载分布。根据飞机结构特点，在关键部位布点（见图 3-7）对弹射起飞和拦阻回收过程中不同工况下的过载进行分析，获得关键点的过载时程曲线（见图 3-8）和峰值，通过整理不同点位的冲击信号获得弹射/拦阻冲击的主要影响区域（见图 3-9）、试验冲击波形（见图 3-10），编制相应控制文件，确保系统成品满足飞机的弹射和拦阻冲击设计要求。

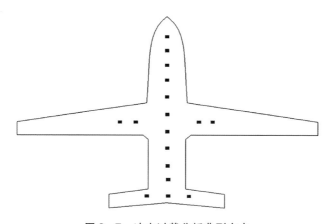

图 3-7　冲击过载分析典型布点

无人机弹射起飞和拦阻过程在舰载无人机设计前期可以通过摸底试验进行模拟，采集试验过程中的测试数据，经数据分析（见图 3-11），提取相应的冲击响应谱（见图 3-12），供后续设计和系统成品环境试验使用。

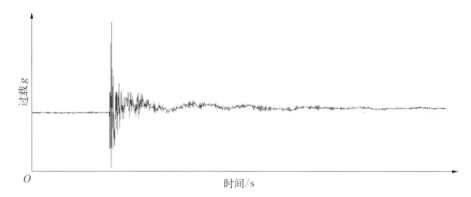

图 3-8　典型冲击过载时程曲线

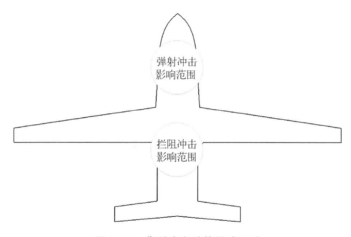

图 3-9　典型冲击过载影响区域

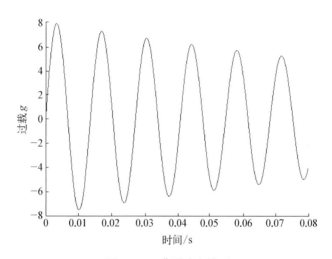

图 3-10　典型冲击波形

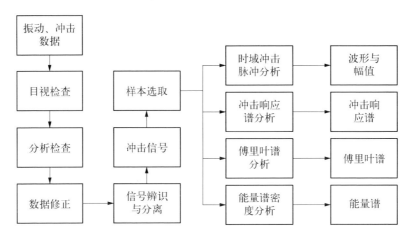

图 3‑11　冲击摸底试验典型数据分析流程

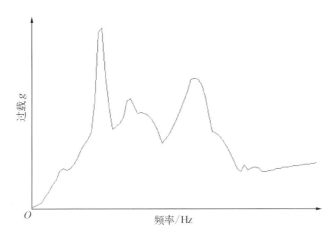

图 3‑12　冲击摸底试验典型冲击响应谱

在获得特定机型的冲击响应谱后,系统成品环境试验可采用此冲击响应谱进行冲击试验;如没有冲击响应谱数据,则可根据《军用设备环境试验方法》(GJB 150A—2009)的要求,采用其推荐的冲击响应谱或用后峰锯齿波经典冲击代替。

3.1.2.3　环境因素适配

如前所述,当前舰载无人机弹射主要采用蒸汽动力弹射装置和电磁动力弹射装置,对不同的弹射装置环境需考虑相应的环境影响因素。

由于蒸汽弹射装置的动力来源为蒸汽,其工作时弹射道面温度较高,同时,弹射起飞过程会释放大量高温蒸汽(见图 3‑13)。因此,蒸汽弹射起飞的无人机弹射起飞过程需要考虑的环境适配因素主要有无人机轮胎与弹射道面温度的适配、无人机进气道的蒸汽吸入影响。

图 3‑13 X‑47B 蒸汽弹射试验(图片源自网络)

电磁弹射装置则不存在道面温度和蒸汽的影响,但需考虑无人机与弹射装置的电磁兼容性。可以通过仿真、试验、现场实测等手段解决电磁兼容性问题,主要参考《系统电磁兼容性要求》(GJB 1389A—2005)、《军用设备和分系统电磁发射和敏感度要求与测量》(GJB 151B—2013)等标准。

3.1.3 弹射起飞控制技术

无人机与有人机最大的区别就是机上没有飞行员,且无人机的绝大部分飞行动作基本靠程序控制执行。这对无人机飞行的控制策略和控制律的设计提出了很高的要求,也间接影响了无人机上传感器的选择和使用。

无人机弹射起飞受到复杂的弹射环境、极短的弹射时间、巨大的冲击过载等影响,使实现飞行控制相关技术的难度更高,主要存在以下技术难点:

(1) 无人机弹射起飞过程中同时受到弹射装置、起落架、地面效应、气动力、甲板风和舰艇力等动态可变因素的共同作用,受力状态非常复杂,因此难以建立非常准确的数学模型。

(2) 弹射起飞过程中,传感器工作环境恶劣,而无人机飞控系统需要准确、及时地判定无人机与弹射动子的分离状态。因为无人机需要在弹射分离后快速起飞离地,一旦判断失误,轻则无人机执行错误操纵导致飞机损坏;重则起飞失败,无人机冲出舰面坠海。

(3) 整个弹射起飞过程时间短暂,通常只有 2~3 s,但是系统受力复杂,致使无人机状态变化剧烈:一是在弹射分离瞬间,无人机瞬间失去弹射装置的作用力,起落架突伸。二是在无人机飞出甲板瞬间,地面效应突然消失,导致无人机升力系数突然变小,无人机有一个短暂的下沉过程。若在此过程中无人机下沉过大,则将威胁无人机起飞安全。而且航母逆风前进,气流遇到航母阻挡必然会在航母边缘处发生切变,从而影响无人机起飞的姿态角与迎角等飞行特性。无人机的状态突变,是无人机弹射起飞控制设计的主要难点。

3.1.3.1　弹射起飞控制设计安全准则

目前衡量舰载机是否安全弹射,基本上均是以卢卡斯提出的判断舰载机弹射安全起飞的三条适用准则为标准的,简要叙述如下:

(1) 航迹下沉量。舰载机起飞离舰时,出于地效消失或速度不够等原因,无人机的航迹会出现下沉。对该航迹下沉量的限定如下:相对于飞机在离舰瞬时的重心位置,飞机的重心下沉量最大为 3.048 m。

(2) 迎角。在舰载机弹射起飞离舰后,当航迹出现最大下沉量时舰载机的迎角最大,该最大迎角不能超过 0.9 倍最大升力系数(无动力)对应的迎角。

(3) 爬升率。在舰载机离舰后出现最大下沉量后的 3 s 内,飞机的爬升速率需达到 3.048 m/s。如果离舰后飞机不下沉,则可以不对爬升速率做限制。

设计过程中可以根据实际情况调整以上参数。

3.1.3.2　舰载无人机弹射分离判据

舰载无人机弹射起飞一般分为准备阶段、弹射阶段、分离阶段、起飞拉起阶段等。典型的飞行控制策略如下:分离前,无人机飞控系统不对无人机的姿态等进行控制;分离后,飞控系统接手,控制无人机按程序起飞与爬升。这使得无人机与弹射装置的分离判据设计显得尤为重要和关键。

设计弹射分离判据的要求如下:

(1) 考虑传感器的精度、时延、可靠性等特点,选择合适的传感器和参数。

(2) 考虑无人机动力学特性和传感器误差,确定飞控软件判据生效的时刻。

机载传感器能反映的弹射分离状态的信号如表 3-1 所示。

表 3-1　机载传感器能反映的弹射分离状态的信号

序　号	信　号	特　性
1	弹射杆分离信号	低延时、精度高、可靠性高
2	弹射杆收上到位信号	可靠性高,高延时
3	位置信号	低延时、精度高、弹射冲程精度高

序　　号	信　　号	特　　性
4	速度信号	低延时、精度高、弹射末速度精度高
5	加速度信号	低延时、精度高、弹射过程中变化明显
6	俯仰角信号	低延时、有扰动、弹射分离特征不明显
7	俯仰角速率信号	低延时、有扰动、弹射分离特征不明显

选择合适的信号并设计多信号、多传感器融合算法,可用于舰载无人机弹射分离的综合表决策略,如图 3-14 所示。

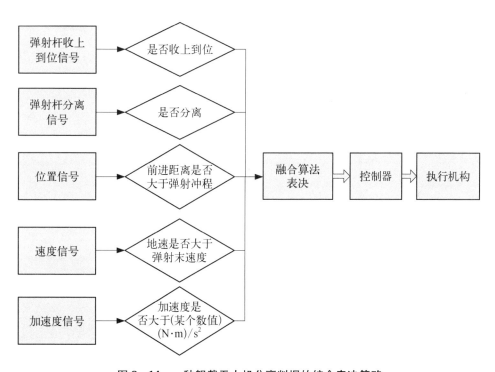

图 3-14　一种舰载无人机分离判据的综合表决策略

该策略具有以下优点:

(1)可靠性高。能有效避免飞机与弹射动子未分离时发生误判,防止飞机在大速度、大过载情况下进行刹车纠偏、起飞拉起等危险动作。

(2)通用性好。采用装订弹射冲程和弹射末速度的方式,可以根据不同的弹射系统、机型、试验科目等要求进行装订,适用于各种舰载机和弹射系统。

（3）实时性好。采用的信号延时低，表决过程时间短，能够在 0.1 s 内完成舰载无人机的弹射分离判断。

3.1.3.3　舰载无人机快速离舰技术

舰载无人机在与弹射装置分离后，需要快速离舰、安全起飞。此任务通常通过飞控的以下策略设计来实现。

1）舵面预置

在无人机弹射起飞准备阶段，可预置一个升降舵偏角，在弹射滑跑时，无人机一直压舵滑行，一旦与弹射装置分离，无人机就在该抬头力矩的作用下迅速建立起飞迎角并快速离舰起飞。值得注意的是，舵面预置量应合适，过小则达不到快速离舰的目的，过大则容易造成姿态波动。

2）弹射滑跑阶段纵向控制律设计

在弹射滑跑阶段，纵向通道采用基于俯仰角速率的阻尼增稳系统（见图 3-15），有助于消除由弹射杆分离引起的俯仰角大幅震荡。根据性能计算，应用自适应控制理论对无人机纵向短周期运动模态参数进行实时监测和误差控制，使得阻尼增稳系统的相关控制参数自动适应不同的状况。

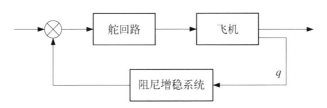

图 3-15　一种弹射滑跑阶段纵向控制律

其他通道参考正常滑跑起降设计：

（1）油门保持最大连续可用转速。

（2）横向副翼通道控制滚转角为 0°。

（3）方向舵通道接入纠偏模态。

（4）主轮纠偏和前轮纠偏均不接入控制。

基于俯仰角速率的阻尼增稳系统有助于消除由弹射杆分离引起的俯仰角大幅震荡。根据性能计算，应用自适应控制理论对无人机纵向短周期运动模态参数进行实时监测和误差控制，使得阻尼增稳系统的相关控制参数自动适应不同的状况。

3）起飞拉起阶段控制律设计

一种起飞拉起阶段纵向控制律如图 3-16 所示。

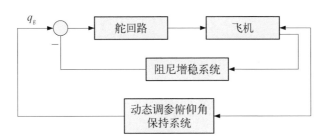

图 3-16 一种起飞拉起阶段纵向控制律

在起飞拉起阶段,纵向通道采用动态调参的俯仰角保持系统,这种控制参数模糊调度的控制器切换机制可确保无人机能够在不同弹射末速度、风速条件下快速拉起,安全离舰。

其他通道参考正常滑跑起飞拉起设计:

(1) 油门保持最大连续可用转速。

(2) 横向副翼通道控制为航迹跟踪。

(3) 方向舵通道保持纠偏控制。

(4) 主轮纠偏和前轮纠偏自由随动。

控制参数模糊调度的控制器切换机制可确保无人机能够在不同弹射末速度和风速条件下快速拉起并安全离舰。

3.1.4 弹射流程

舰载无人机要在陆基无人机跑道长度的 1/10 以内完成弹射,必须要有一套严谨的弹射流程作为保障。

弹射流程的设计必须充分考虑舰载无人机的使用环境,包括机库位置、准备区域位置、舰桥位置、弹射控制舱室位置等母舰的总体布局情况,母舰的通信指挥体系,母舰的保障救援体系等。基于以上考虑,舰载无人机弹射流程一般分为以下 4 个阶段。

1) 就位阶段

在就位阶段,各工位人员、装备等到达预定位置。此阶段的主要工作如下:无人机转运(见图 3-17)至甲板准备区预定位置并完成无人机弹射前检查(见图 3-18),完成弹射装置启动前检查(见图 3-19),完成甲板异物清查,救援保障人员和装备就位。

甲板安全警戒人员未到位之前,不得开始弹射装置机动测试,防止甲板作业人员未经许可穿越弹射轨道,给自身和弹射装置造成不必要的伤害。

图 3‑17　X‑47B 从机库转运至甲板(图片源自网络)

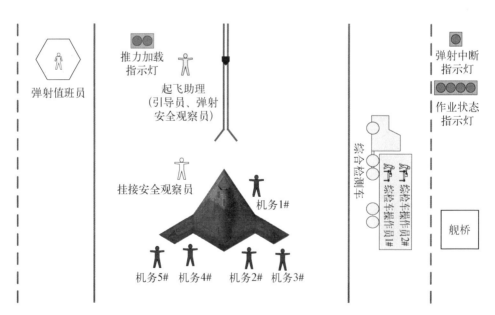

图 3‑18　无 人 机 就 位

图 3‑19 弹射装置准备工作(图片源自网络)

2) 准备阶段

准备阶段指各工位完成无人机弹射前的准备工作(见图 3‑20)。此阶段的主要工作如下:解除无人机系留,无人机进入弹射区,无人机与弹射装置挂接

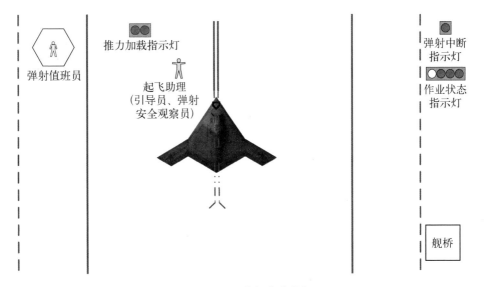

图 3‑20 无人机完成准备

[包括弹射杆挂接动子、安装牵制杆(见图 3-21)],启动弹射装置,道面人员撤离至安全区域。

图 3-21 安装牵制杆(图片源自网络)

3) 张紧阶段

在张紧阶段,无人机与弹射装置挂接,弹射装置完成张紧。主要工作如下:弹射工况核对及参数注入,弹射装置张紧(见图 3-22),无人机调整到弹射状态(见图 3-23)。

图 3-22 弹射装置张紧(图片源自网络)

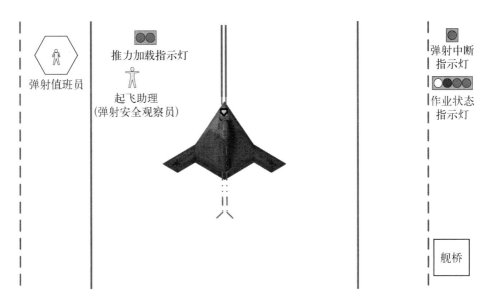

图 3‒23   弹射装置完成张紧

4）起飞阶段

在起飞阶段，弹射指令发出后弹射装置加载，牵制杆上张力销断裂，动子拖动无人机加速滑跑（见图 3‒24）并释放，无人机与弹射装置分离，飞控介入控制，无人机拉起爬升离舰。

图 3‒24   无人机进行弹射起飞

3.2　着舰引导及拦阻回收

3.2.1　概述

大型舰载固定翼飞机的着舰速度普遍为 200～300 km/h,靠飞机自身制动装置自由滑行的滑跑距离为 1 km 左右。而一般的航空母舰的飞行甲板长度仅有 200～300 m,因此必须采用拦阻装置,实现舰载机在有限甲板长度下的安全拦停。

现代航母常采用液压缓冲式(见图 3-25)和电磁拦阻式两种拦阻装置。液压缓冲式在近 90 年的发展历程中产生了 Mark1～Mark7 等多型拦阻装置,大量用于现役航母上,技术成熟;电磁拦阻式因其拦阻效率高、体积小、重量轻、经济性好、维护保障简单、安全性高而更受青睐。

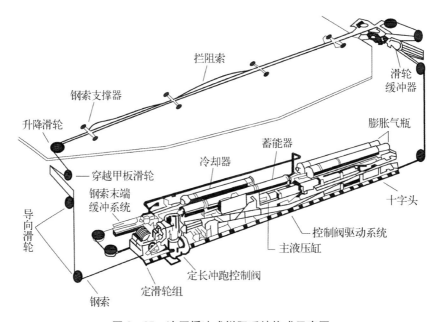

图 3-25　液压缓冲式拦阻系统构成示意图

舰载无人机着舰是一个多因素作用的动态过程。为有效、准确地引导无人机到达着陆点,一种全自动着舰引导系统应运而生。根据定位手段的不同,该系统可分为雷达引导全自动着舰系统、卫星引导全自动着舰系统、光电引导全自动着舰系统和机器视觉全自动着舰系统等。

1) 雷达引导全自动着舰系统

在雷达引导全自动着舰过程中,通过雷达获取舰载机空间位置、速度等信息,经过全自动着舰引导控制设备解算,生成着舰偏差、引导指令等着舰引导信息,并通过数据传输系统发送给无人机,如图 3-26 所示。同时,实时进行雷达、光电校验,确保全自动着舰安全可靠。在着舰飞行末段,舰面站基于着舰引导信息、电视监视设备信息等对着舰无人机发送控制指令,飞控系统控制无人机着舰过程,舰面站通过光学助降装置提供的光学下滑道监视着舰过程。

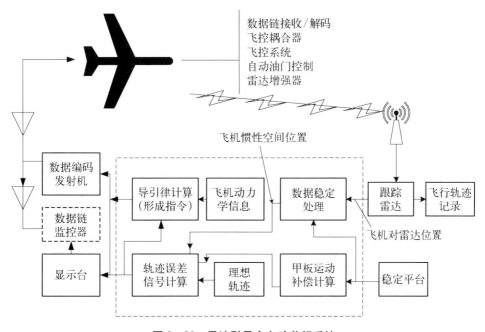

图 3-26　雷达引导全自动着舰系统

2) 卫星引导全自动着舰系统

卫星引导系统通过卫星导航相对定位解算舰载机相对于母舰的位置信息。差分卫星地面站利用多路卫星导航天线与接收机,进行系统完好性和一致性监测,生成差分增强信息、完好性参数,再通过数据传输系统发送给无人机。机载设备利用卫星导航天线和卫星导航处理模块,处理本机卫星数据和获取的差分增强信息、完好性参数,经解算生成舰-机相对位置信息。同时,卫星导航处理模块监控当前的系统运行完好性状态,在卫星引导系统完好性等不满足着舰引导要求时提示告警;机载设备通过数据传输设备下传偏差量、完好性监测等信息,辅助着舰引导员进行着舰指挥。X-47B 于 2013 年 7 月 10 日在"乔治·布什"号航母上实现拦阻着舰,成为世界上第一架成功实现全自动着舰的舰载固定翼无人机。

3）光电引导全自动着舰系统

在光电引导全自动着舰过程中，通过激光测距、可见光/红外测角及监视获取舰载机空间位置、速度等信息，经过全自动着舰引导控制设备解算，生成着舰偏差、引导指令等着舰引导信息，并通过数据传输系统发送给无人机。同时，辅助着舰引导员进行着舰指挥控制。法国的甲板进场着陆激光系统（deck approach and landing laser system，DALLAS）如图 3-27 所示。

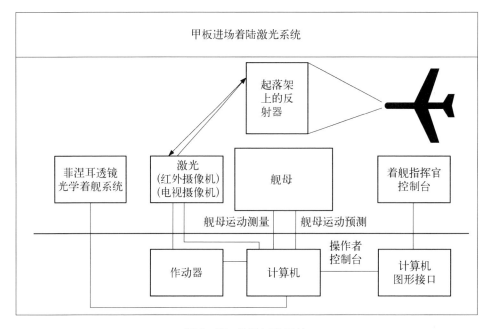

图 3-27 DALLAS 系统

4）机器视觉全自动着舰系统

机器视觉自主着舰是依靠机载视觉图像识别与处理技术完成机舰相对精密定位、航母甲板运动信息解算。视觉测量相机实时拍摄航母甲板跑道图像信息，通过视频接口传输给视觉图像处理机，视觉图像处理机根据拍摄的甲板跑道图像信息解算出舰载机相对理想的着舰点的位置和姿态数据以及航母甲板运动信息，据此生成无人机自主着舰的引导指令，由机载系统控制无人机按给定的下滑航迹完成着舰。

3.2.2 拦阻适配性

本节主要介绍总体适配中着舰参数适配和拦阻钩适配两项与拦阻密切相关

的设计要求。拦阻过程同样需要进行过载适配,只是其过载方向与弹射方向相反,过载适配内容见 3.1.2.2 节。

3.2.2.1 着舰参数适配

着舰参数主要包括着舰点、速度、高度、夹角等。

图 3-28 是航母典型舰面尺寸。图中,着舰跑道位于一条与航母前进方向有一定夹角的倾斜甲板上,倾斜角一般为 8°~15°,跑道长约 200 m,宽为 20~25 m。在甲板尾部距舰尾约 50 m 处布置 4 条拦阻索,2 条拦阻索之间的间距是 12 m。理想着舰点在第 2 条与第 3 条拦阻索之间,美国的自动着舰引导系统规范要求实际着舰点离理想着舰点的平均误差在 ±7.62 m 以内,相对于平均值的离散误差小于 17.3 m。着舰点侧向误差在 ±1.52 m 以内。

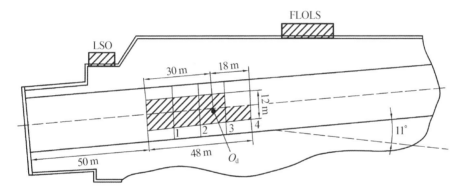

LSO—着舰指挥官;FLOLS—菲涅耳透镜光学着舰系统;O_d—理想着舰点。

图 3-28 典型舰面尺寸

陆基无人机着陆时,先是等下滑角下滑,在接地前会拉起以降低接地时的下沉速度,达到"飘落"的效果。舰载无人机着舰时,为保证其准确地降落在理想着舰点附近,无人机将保持下滑角直至"撞击"在甲板上。陆基无人机的着陆设计重量对应的使用下沉速度为 2~3 m/s,而舰载无人机却是该速度的 3 倍以上,具体数值取决于海情、飞机着舰速度。

舰载无人机的水平着舰速度、拦阻钩钩心距、无人机擦地角、拦阻索距离等参数之间也相互制约。在进行舰载无人机设计时必须匹配设计,既要保证无人机安全着舰,又要保证在拦阻钩反弹或主轮压索等情况下拦阻钩能稳定地钩上拦阻索。

考虑舰船的运动,舰载机着舰时须与舰尾保持足够的安全距离,即舰尾净

高,美军着舰规范中要求舰尾净高的最小值为 3.05 m(10 ft)。相对下滑角,理想
着舰点到舰尾之间的距离和舰尾净高之间应满足三角函数关系(见图 3-29)。
因此在不同的甲板风条件下,需设定相应的相对下滑角(基础角)。美国着舰
引导员参考手册指出:最常采用的基础角是 3.5°,但如果甲板风的速度超过
35 n mile/h 或舰尾净高接近最小值,则基础角应该设为 4°;如果甲板风的速度
为 30~35 n mile/h,则基础角要设为 3.75°。

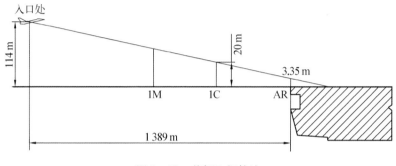

图 3-29 着舰飞行轨迹

舰载机下滑时的高度控制误差同样遵循此几何关系,相对下滑角越小,高度
误差导致的纵向着舰误差越大;而相对下滑角越大,无人机着舰时的下沉速度越
大,着舰时的冲击载荷越大。因此,相对下滑角既不能过大,又不能过小,通常在
3°~4.5°之间选择。

3.2.2.2 拦阻钩适配

与甲板上的阻拦装置挂接的是机上的拦阻钩装置(见图 3-30)。典型的拦
阻钩装置包括钩臂、钩头、纵向缓冲作动器、对中阻尼器和上位锁。

钩臂是传递拦阻载荷的主要结构,可以绕结构安装座进行纵向和横向转动。
钩臂的长度应与无人机匹配,保证无人机在最大前倾状态下,安装在其上的钩头
仍能接触地面。这个前倾状态是指前支柱全压缩,前轮胎压扁,主轮胎处于停机
压缩状态,主支柱伸出位置取正常停机与全伸长之间值的一半。

钩头与拦阻索直接接触,钩头的角度、喉部的尺寸等需要与拦阻索的尺寸参
数相匹配。由于无人机在触舰和着舰滑跑过程中,钩头与甲板会发生激烈碰撞
和摩擦,在偏心拦阻时钩头喉部还可能与拦阻索发生滑动摩擦,因此钩头通常会
采用高强度材料并在关键部位涂敷耐磨涂层,还会设计成可更换部件。

纵向缓冲作动器用于拦阻钩的收上和放下作动,并且吸收拦阻钩碰撞甲板

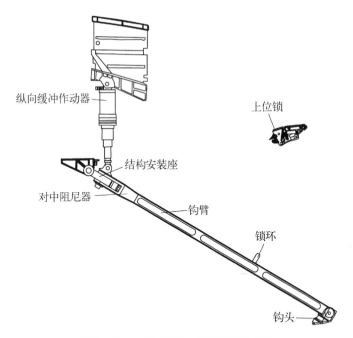

纵向缓冲作动器

上位锁

结构安装座

对中阻尼器

钩臂

锁环

钩头

图3-30 一种典型的拦阻钩设计结构

时的能量。应妥善设计纵向缓冲作动器的阻尼系数,以抑制拦阻钩碰撞甲板后的弹跳,保证拦阻钩不因弹跳而错过拦阻索或无法可靠挂索。

对中阻尼器用于保持拦阻钩的侧向对中,以克服拦阻时在钩接近甲板的过程中可能出现的侧向晃动。

上位锁用于拦阻钩收上后的锁定。

典型的无人机着舰姿态有四种:一是起落架尚未触舰,拦阻钩先接触甲板并挂索;二是主起落架先接触甲板,拦阻索位于主起落架和拦阻钩之间,无人机向前滑跑并挂索;三是无人机触舰时拦阻索位于前、主起落架之间,无人机向前滑跑,主起落架先越过拦阻索,拦阻钩再挂索;四是前、主起落架先后越过拦阻索,拦阻钩再挂索。由于甲板上布置有多条拦阻索,因此以上四种状态都可能出现。同时,拦阻索在准备就绪后处于张紧状态,并在舰面分布有支撑板簧,以保证拦阻索与甲板保持一定的离地高度,一般为80～160 mm。拦阻索在甲板上的典型布置如图3-31所示。因此必须考虑无人机在着舰啮合速度为160～250 km/h的情况下起落架的越索能力,以保证无人机姿态不会因此产生不可控的变化。

图 3‑31　拦阻索在甲板上的典型布置(图片源自网络)

3.2.3　着舰引导控制技术

自动着舰引导系统的任务是完成全天候着舰引导。无论白天还是夜晚,天气状况或者海况如何,该系统都能准确、安全地导引舰载机降落在航母甲板的预设位置上。

行驶中的航母在海浪作用下,舰体将不断进行六自由度的复合运动,从而使得飞机的预期降落点是一个三维空间的包络。

飞机着舰时,除了受到大气湍流的扰动影响外,还受到航母向前行驶过程中舰尾形成的舰尾流和甲板做俯仰运动时产生的空气气流扰动,这些扰动不被抑制,着舰精度就无法保证。

本节介绍几种着舰阶段使用的典型飞行控制技术,用以满足舰载无人机的安全着舰需求。

3.2.3.1　甲板运动补偿技术

舰载机在着舰过程中,为保证飞机最终安全降落在航母飞行甲板上,必须在飞机进近时将甲板运动信息加入自动着舰引导系统的引导律信息中,使飞机可以跟踪甲板运动。

甲板运动补偿技术可以提高着舰精度,是舰载机着舰引导与控制技术的关键技术之一。甲板运动补偿技术包括纵向甲板运动补偿技术和侧向甲板运动补偿技术。国内外公开的资料主要从这两个方面进行了甲板运动补偿技术的研究。

1) 纵向甲板运动补偿技术

甲板运动对纵向自动着舰引导系统的影响主要体现在由甲板运动造成的理想着舰点的高度变化上。文献资料给出的甲板运动补偿策略一般如下：设计相位超前网络，以补偿着舰过程中由相位滞后引起的飞机跟踪甲板运动的着舰跟踪误差。

2) 侧向甲板运动补偿技术

甲板运动对侧向自动着舰引导系统的影响主要体现在由侧向甲板运动造成的飞机侧向偏差上，文献数据给出的甲板运动补偿指令的一般设计思路如下：飞机增加一个滚转指令，使该指令所产生的飞机侧向偏差速率等于惯性稳定坐标系水平轴跟踪舰体坐标系水平轴时产生的侧向偏差速率。

甲板运动超前网络可以使在有效频段内的相位延迟得到一定的补偿，提高了飞机对甲板运动的跟踪能力。但受甲板运动补偿网络结构的限制，仅利用甲板运动补偿网络不能使相位滞后得到完全补偿，仍会造成较大的飞机着舰误差，不能满足着舰引导军用规范的要求。在这种情况下，可以通过甲板运动预估技术进一步进行相位超前补偿，以减小飞机的跟踪误差。引入甲板运动预估器与补偿器的纵向自动着舰引导系统结构图如图 3-32 所示。

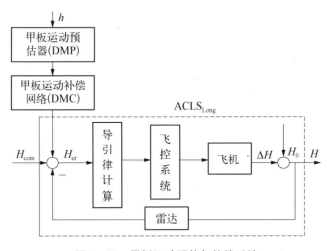

图 3-32　甲板运动预估与补偿系统

为了避免过早加入甲板运动信息造成飞机不必要的机动飞行，在着舰过程中的大部分时间内，舰载机按照不考虑甲板运动的理想轨迹飞行，只是在着舰前十余秒将甲板运动信息加入纵向自动着舰引导系统的引导律信息中，使飞机跟踪甲板运动飞行。

3.2.3.2　直接力控制技术

气流扰动直接作用于飞机并影响飞机的航迹角。为补偿由大气湍流引起的航迹误差,可以通过改进控制律将之前以控制姿态角 θ 为基准的飞控系统改成以控制高度变化率 $\dot{H}$ 为基准的飞控系统,即引入 $\Delta \dot{H}$ 信号作为飞控系统的主反馈信号来改善控制效果。当飞机受到舰尾流扰动时,由于存在 $\Delta \dot{H} = U_0 \cdot \sin(\Delta \gamma) \approx U_0 \cdot \Delta \gamma$ 的关系,所以 $\Delta \dot{H}$ 相当于 $\Delta \gamma$,故可通过引导回路的输入信号直接控制飞机航迹角 $\Delta \gamma$,也就是直接控制 $\dot{H}$,从而拓展飞控系统的频带,使飞机航迹修正更迅速,达到有效抑制舰尾气流扰动的目的。

另外,研究发现,如果只将水平安定面作为唯一的高度控制面,则很难再进一步改善着舰精度。于是一种称为直接力控制的主动控制技术应运而生。姿态控制作为飞机的常规控制,通过力矩改变飞行姿态,姿态变化后带来合力的变化,用合力改变航迹。而直接力控制可在保持姿态不变的情况下通过某项力的变化直接改变航迹,从而使飞机能快速跟踪甲板运动,在舰载机保持低速进近着舰时,该控制方法能够克服气动舵面效率下降的问题,使飞机的轨迹跟踪能力及气流扰动抑制能力更加明显。直接力控制技术已成为飞机着舰及实现精确飞行轨迹控制的重要技术方法。

美国海军航空试验中心(Naval Air Test Center,NATC)于 20 世纪 70 年代末提出了用功率谱密度表示大气湍流,并确定由它引起的航迹误差,然后改进控制律,即由原来以控制姿态 θ 为基准的飞行控制系统,改变为以控制高度变化率 $\dot{H}$ 为基准的飞行控制系统。

在原有的以姿态控制为主的飞行控制系统 $(\mathrm{FCS}\mid_{\theta})$ 的控制律中加入 $\dot{H}$ 反馈,即可构成 $\mathrm{FCS}\mid_{\dot{H}}$。其飞行控制系统具有如下控制律:

$$\Delta \delta_{\theta} = k_{\dot{\theta}} \Delta \dot{\theta} + K_{\theta}(\theta_c - \theta) \tag{3-1}$$

$$\theta_c = \left(K_{\theta}^{P\dot{H}} + \frac{1}{S} K_{\theta}^{I\dot{H}} \right) \left[\dot{H}_c - K_H(H_c - H) - \dot{H} \right] \tag{3-2}$$

由于 $\Delta \dot{H} = U_0 \cdot \Delta \gamma$, $\Delta \ddot{H} = U_0 \cdot \Delta \dot{\gamma}$,由此可知 $\mathrm{FCS}\mid_{\dot{H}}$ 系统相当于对原姿态系统 $(\mathrm{FCS}\mid_{\theta})$ 进行了 $\Delta \gamma$、$\Delta \dot{\gamma}$ 反馈校正,它相当于把姿态角 $\Delta \theta$ 的控制转变为对航迹角 $\Delta \gamma$ 的直接控制,拓展了 FCS 的频带,因此对舰尾流作用下的扰动运动能快速纠偏。

3.2.3.3　动力补偿技术

动力补偿是舰载飞机自动着舰的关键技术。在低动压着舰状态下,动力补偿技术按一定的控制律对油门进行自动控制,使飞机航迹角的变化精确地跟踪姿态角的变化,从而提高轨迹控制的精确度。

20世纪60年代初,美国海军开始研制第一代自动着舰引导系统,并在A－7E和F－4J飞机上开展进场动力补偿系统(approach power compensator system,APCS)的工程应用研究与开发工作。在早期A－7E飞机上的实际应用中,APCS以飞机空速反馈为主要控制信息,以保持飞机速度不变为控制目标来控制发动机推力,进行动力补偿。这样的APCS实质上是一个速度稳定系统,称为速度恒定的APCS,它采用常规的PID控制,控制结构简单,而且易于工程实现。该系统使飞机保持了恒定的速度,改善了长周期运动的稳定性。但是这种油门管理系统并不十分理想,它存在稳态跟踪静差且响应时间较长的缺点。

20世纪60年代后期到70年代,在改进的自动着舰引导系统AN/ASN－54中,APCS实际上已被改进为控制迎角的迎角稳定系统。其基本反馈是飞机的迎角变化而不再只是空速,并在迎角反馈中引入迎角积分和法向加速度,以增加长周期运动阻尼,同时还引入了升降舵面与油门的交联反馈,以增强APCS的作用效果。在舰载飞机的进场着舰过程中,这种迎角恒定系统保持了飞机迎角的恒定,保证了航迹角对姿态角变化有良好的动态响应。同时,仿真证明它也兼具保持速度恒定的性能。

保持迎角恒定是当前普遍采用的动力补偿方式。随着ACLS的发展,APCS则更多地被用于实现动态的和精确的动力补偿,以提高舰载飞机进场着舰的准确性和安全性。进行自动油门控制、实现动力补偿已成为舰载飞机着舰技术研究中的一项不可或缺的内容。

一般保持迎角恒定的APCS控制律为

$$\Delta \delta_{\mathrm{T}} = -K_{\theta} \Delta \delta_{\theta} + \left(K_{ap} + K_{aI} \frac{1}{S} \right) \Delta \alpha + K_q \Delta \delta q - K_{nz} \Delta n_z \qquad (3-3)$$

式中,K_{θ}、K_{ap}、K_q、K_{nz} 分别为舰载机升降舵、迎角、俯仰角速度和法向负载的增益;K_{aI} 为对迎角的积分。加入迎角反馈 $\Delta \alpha$ 可以增强航迹角 $\Delta \gamma$ 对俯仰角 $\Delta \theta$ 的响应速度,从而提高舰载机跟踪效果,其中惯性环节 $K_{aI} \frac{1}{S} \Delta \alpha$ 的作用是加速补偿迎角 $\Delta \alpha$ 的改变。

3.2.3.4 复飞和逃逸技术

现代舰载机采取诸多先进的着舰技术,但是面对十分恶劣、复杂的着舰环境,并不能保证舰载机每一次都能顺利完成着舰动作。舰载机执行着舰任务时,若下滑过程中偏离理想下滑轨迹误差较大,则预示不能够安全完成着舰任务,此时需要立即推动油门、拉起飞机、执行复飞操作,以避免发生撞舰或坠海事故。如果尾钩跳跃或飞机接地位置有较大偏差,使尾钩未钩索成功,则飞机也必须执行逃逸任务,加大油门至最大额定推力,随后改变纵向控制指令以获得理想的飞离姿态,从而飞离甲板逃逸。

舰载机已进入下滑但在未触舰之前终止着舰而拉起的机动称为复飞。当甲板未准备好或着舰引导员不能确定能否安全着舰时都会进行复飞。

舰载机着舰、触舰后直接滑跑离舰的过程称为逃逸。

复飞、逃逸策略

在舰载机着舰下滑过程中,为确保顺利着舰应始终在安全飞行区内下滑。如果舰载机偏离安全飞行区但位于复飞安全区,则舰载机不能继续下滑着舰,但是能够安全复飞。如果舰载机偏离安全飞行区较多,飞到了复飞危险区域,则舰载机不能够安全复飞,会发生严重的后果。

着舰过程中复飞决策系统会不断地对飞机下沉速率、前飞速度以及距舰尾的水平与垂直距离进行检测,并将它们与预定限制值进行比较,从而确定着舰飞机是否启动复飞动作。

复飞的决策条件一般定义为在预定的复飞操纵下,飞机通过航母舰尾时的高度能否达到安全余量(复飞相对临界高度)的要求。在着舰下滑轨迹线附近存在一系列的空间"航迹临界点"(图 3 - 33 中的 $A,B,\cdots,H$),当飞机越过临界点时,无论飞机怎样运转,都无法控制其法向过载,通过舰尾时的飞行高度将低于规定的安全余量,进而造成撞舰事故。以临界点为复飞起始点的复飞轨迹包线称为"复飞边界",它包围的区域称为复飞区。

综合考虑舰载机复飞的安全高度及复飞操纵手段等因素,目前已有的复飞边界有如下两条准则:

(1) 飞机飞至航母舰尾时尾钩离甲板至少有 3 m 的安全高度。

(2) 飞机仅使用发动机军用最大推力来控制。

根据以上两条复飞边界准则可以得到复飞轨迹及复飞下边界,如图 3 - 33 所示。其中,x 为飞机距舰尾的水平距离,h 为飞机距舰尾的垂直距离。根据一般航母大小,曲线 G 和 H 的最低点已低于海平面,在使用发动机军用推力控制的时候,这样的复飞轨迹是不合常理的。由此本书在以上两条准则的基础上补充了如下准则:飞机进行复飞时,动作无论如何都要保证飞机的复飞轨迹最低点高于海平面,否则飞机会有坠海的危险。

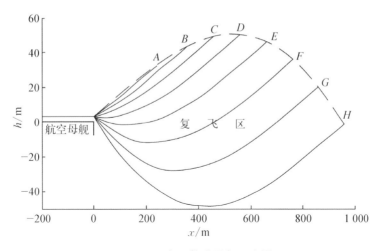

图 3-33　复飞轨迹及复飞边界

（x 为飞机距舰尾的水平距离；h 为飞机距舰尾的垂直距离）

　　根据前述复飞下边界准则，通过舰载机飞行轨迹的理论分析计算可得到在不同初始条件下的复飞轨迹，从而得到复飞轨迹包络，形成以飞机距理想着舰点的水平距离和垂直距离为参数的复飞区。典型的舰载机复飞决策系统如图 3-34 所示。

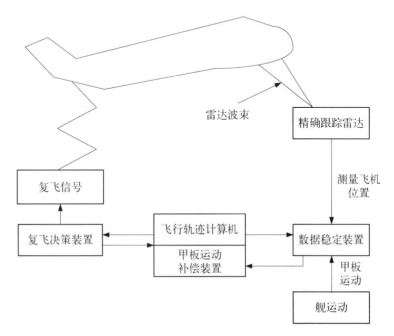

图 3-34　舰载机复飞决策系统

常见的复飞方式如下：① 复飞机动过程中，姿态角变化时，迎角保持不变，这是首选技术；② 复飞机动过程中，迎角减小时，姿态角保持不变；③ 复飞机动过程中，飞机的姿态角与迎角同时变化。

舰载机复飞过程中，当下沉速率为负时，可认为复飞机动已经完成。

3.2.3.5 全自动着舰控制仿真

为了充分测试和验证着舰引导控制技术的相关设计，需要进行全面的全自动着舰控制仿真试验。全自动着舰控制仿真试验要重点考虑对舰尾流场模型和舰船甲板运动模型的仿真。下文将简单介绍这两种模型。

1）舰尾流场模型

各种仿真表明，大气扰动对飞机的影响主要是垂直扰动分量引起的垂直方向轨迹误差。飞机在着舰时，最大误差来源是舰尾气流对飞机的扰动。在美国着舰规范中指出，应将着舰点的纵向水平误差控制在 40 ft(12.2 m)以内。舰尾气流扰动由四个部分组成，包括自由大气湍流分量、尾流稳态分量、尾流的周期性分量、尾流的随机分量。若不对飞机采取气流扰动抑制技术，而仅考虑尾流稳态分量，就可能造成 39 m 的水平着舰误差。

本节将叙述舰尾气流扰动的四个部分形成的物理原因及相应的数学模型，这些知识将为开发研究抑风扰动的控制技术、提高着舰的轨迹控制精度奠定必要的基础。

当飞机进场，在离舰最后约 0.5 mile(804.7 m)时，《美国空军有人驾驶飞机飞行品质规范》(MIL-F-8785C)将舰尾气流扰动视作四个部分的合成，对它们进行了定量描述，并规定用此检验飞机在气流扰动下的着舰性能。此规范将舰尾大气扰动分为四部分：自由大气湍流分量(u_1, v_1, w_1)；尾流稳态分量（雄鸡尾流）(u_2, w_2)；尾流周期性分量(u_3, w_3)；尾流随机分量(u_4, v_4, w_4)。其中 u、v 和 w 分别表示水平尾流、横向尾流和垂直尾流，并且水平尾流与垂直尾流是这四个分量的和，而横向尾流包含两个分量。如果用 u_g、v_g 和 w_g 表示这三个方向上受到的舰尾流，那么可以用式(3-4)表示：

$$\begin{cases} u_g = u_1 + u_2 + u_3 + u_4 \\ v_g = v_1 + v_4 \\ w_g = w_1 + w_2 + w_3 + w_4 \end{cases} \tag{3-4}$$

(1) 自由大气湍流分量。u_1、v_1、w_1 为自由大气湍流分量，设定舰载机的速度 $V_0 = 70$ m/s，以 $3.5°$ 下滑角进舰，参照美军标 MIL-F-8785C 得到它们的传递函数：

$$\begin{cases} \Phi_{u_1} = \dfrac{200}{1+(100\Omega)^2} \\[3mm] \Phi_{v_1} = \dfrac{939[1+(400\Omega)^2]}{[1+(1\,000\Omega)^2]\left[1+\left(\dfrac{400}{3}\Omega\right)^2\right]} \\[3mm] \Phi_{w_1} = \dfrac{71.6}{1+(100\Omega)^2} \end{cases} \quad (3-5)$$

式中，Φ_{u_1}、Φ_{v_1}、Φ_{w_1} 的单位为 $(\text{ft/s})^2/(\text{rad/ft})$。

（2）尾流稳态分量。尾流稳态分量是舰尾流的四个分量中的重点，由于其形状酷似雄鸡尾，因而这种尾流分量又称为雄鸡尾流。根据测算，当航母在海面大气中相对风产生运动时，由于航母自身的形状，海风会相对航母从它的尾部位置流出而形成。并且这种尾流的一个显著特点是会在垂直方向上产生风力，它的风向与距舰尾的距离有关。

美军标 MIL‑F‑8785C 给出了该尾流与飞机离舰纵摇重心的距离 x 的函数关系。在仿真过程中，舰载机着舰过程中的速度 $V_0 = 70\ \text{m/s}$，$V_{\text{w/d}}$ 表示甲板风，本书取值为 $12.86\ \text{m/s}$，故得到尾流稳态分量的水平分量 u_2 和垂直分量 w_2 与时间的对应关系，如图 3‑35 所示。

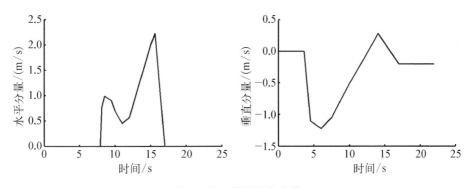

图 3‑35 尾流稳态分量

（3）尾流周期性分量。尾流周期性分量是由航母的垂荡运动和纵摇运动产生的。由于海浪和海风具有随机性，因此该分量与航母在海浪上的不规则摇动、海面风及舰载机距航母距离有关，如式（3‑6）所示：

$$\begin{cases} U_3 = \theta_s V_{\text{w/d}}\left(2.22+\dfrac{0.000\,9}{0.304\,8}x\right)C & x>-681.5 \\[2mm] U_3 = 0 & \text{其他} \end{cases} \quad (3-6a)$$

$$\begin{cases} W_3 = \theta_s V_{w/d} \left(4.98 + \dfrac{0.001\,8}{0.304\,8} x \right) C & x > -773.0 \\ W_3 = 0 & \text{其他} \end{cases} \tag{3-6b}$$

$$C = \cos\left\{ \omega_s \theta_s \left[t \left(1 + \frac{V_x - V_{w/d}}{0.85 V_{w/d}} \right) + \frac{x}{0.85 V_{w/d}} \right] + p \right\} \tag{3-6c}$$

式中，ω_s 为舰纵摇频率，θ_s 为舰纵摇幅度，p 为随机相位，$V_{w/d}$ 为甲板风，V_x 为舰载机速度。

（4）尾流随机分量。尾流随机分量 μ_4 和 ω_4 一般由白噪声发生器经成形滤波器函数滤波后得到，其仿真滤波结构如图 3-36 所示。

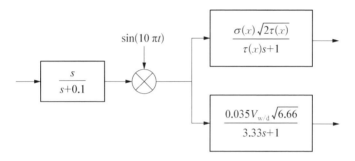

图 3-36   尾流随机分量仿真滤波结构

图中，$\sigma(x)$ 为与距离 x 有关的均方根，单位为 ft/s；$\tau(x)$ 为与距离有关的时间常数，单位为 s。

综合以上 4 个分量的仿真结果，可得到舰尾流的综合扰动仿真结果。

2）舰船甲板运动模型

目前，为了验证着舰过程中的各种控制策略和算法，研究者采纳一些公开发表的甲板运动模型用于甲板运动的模拟。公开数据中的甲板运动模型主要有两种，分别是正弦波组合的确定性数学模型和基于功率谱的随机模型。

甲板运动在国外，尤其是美国已被广泛研究，经过对大量实测数据的计算与分析，这些运动可以被合理假设为具有窄频带的平稳随机过程，并且可以用不同正弦波的叠加来简化地描述这种运动。《AN/SPN-42 自动着舰系统》(AD-74-35209)指出，在中等海况下，航空母舰以 30 kn 的典型航速行驶时，海浪及风作用于舰，引起俯仰(θ_s)、滚转(φ_s)、偏摆(ϕ_s)与沉浮(Z_s)等甲板运动，其模型分别描述如下：

$$\theta_s = 0.5\sin(0.6t) + 0.3\sin(0.63t) - 0.25 \tag{3-7}$$

$$\varphi_s = 2.5\sin(0.5t) + 3.0\sin(0.52t) + 0.5 \tag{3-8}$$

$$\phi_s = 0.25\sin(0.7t) + 0.5\sin(0.1t) \tag{3-9}$$

$$Z_s = 1.22\sin(0.6t) + 0.3\sin(0.2t) \tag{3-10}$$

式中，θ_s、φ_s、ϕ_s、Z_s 的单位都为（°）。

另外，典型的甲板沉浮运动也可采用以下模型：

$$Z_s = 1.52\sin(0.6t + \varphi_0),\ \varphi_0 = 0° \sim 360° \tag{3-11}$$

由于航空母舰运动可以视作平稳随机过程，因此可利用白噪声，通过与功率谱（见图 3-37）相对应的成形滤波器的方法（见图 3-38）得到时间域中甲板的运动信息。已知与功率谱相对应的沉浮位移、俯仰角、滚转角的成形滤波器传递函数如下：

$$\begin{cases} \dfrac{h_s}{WN} = \dfrac{1.16s(s+0.04)}{(s^2 + 2\times0.2\times0.4s + 0.4^2)(s^2 + 2\times0.2\times0.55s + 0.55^2)} \\[3mm] \dfrac{\theta_s}{WN} = \dfrac{0.334\,034s}{(s^2 + 2\times0.2\times0.55s + 0.55^2)(s^2 + 2\times0.3\times0.64s + 0.64^2)} \\[3mm] \dfrac{\varphi_s}{WN} = \dfrac{0.238\,350s}{(s^2 + 2\times0.12\times0.37s + 0.37^2)(s^2 + 2\times0.12\times0.5s + 0.5^2)} \end{cases}$$

$$\tag{3-12}$$

式中，W 和 N 为单位白噪声序列的拉普拉斯变换；h_s、θ_s、φ_s 的单位分别为 m、（°）、（°）。

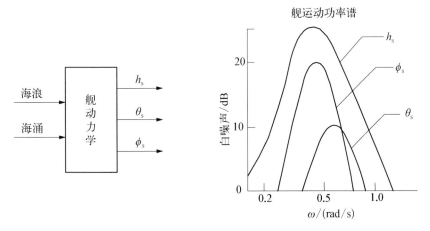

图 3-37　ESSEX 航空母舰运动功率谱

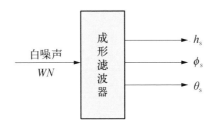

图 3‑38　时间域的甲板运动

3.2.4　拦阻回收流程

3.2.4.1　阶段划分

舰载机返航拦阻回收过程根据其距航母的距离可以分为四个阶段：引导、待机、进场与着舰。进场与着舰之间又有盘旋、对中、下滑、拦阻、复飞和紧急着舰等过程。舰载机返航进场着舰过程空域划分如图 3‑39 所示。

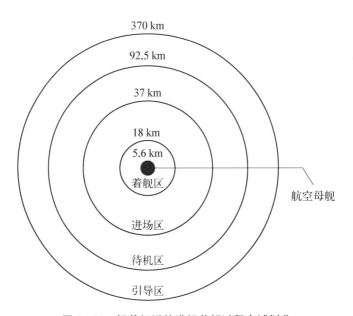

图 3‑39　舰载机返航进场着舰过程空域划分

1）引导阶段

覆盖航母周边范围为 92.5～370 km，引导的舰载机数量最多为数十架。处于该区域的舰载机首先询问，获取显示航母群的位置信息，选择将降落的舰船，再将数据链调整为广播监听模式，持续接收预定舰船的身份识别信息、位置信息，确认距航母的位置是否已进入下一区域——待机区。

航母位置获取：各舰船(含航母)采用卫星定位方法获得本地位置信息，舰载机通过全自动着舰引导数据链接收各舰船周期广播的本舰位置及身份识别信息。为进一步保障位置信息的准确性，舰载机的塔康设备向舰上信标发送"询问"信号，通过接收与处理"应答"信号，获得舰载机与航母的相对位置。

2）待机阶段

覆盖范围为37～92.5 km，引导的舰载机数量最多为数十架。舰载机确认相对位置小于92.5 km，进入待机管制区后，发送入网请求信息。航母接收到请求信息后，为舰载机分配节点识别号、时隙和频点，然后开始双向交互状态监视信息和空管信息。舰载机不断获得舰载机距航母的距离、方位、高度等参数，以及航母上传的航母航向、周围飞行的其他舰载机的位置等情报，利用导航计算机安全地接近航母。航母上的进场管制员为每架舰载机发送马歇尔排列等待指令或话音，将根据等待降落的飞机中不同剩油量来决定降落的先后顺序，一般剩余油量少、突遇机械故障的舰载机将调整当前着舰顺序，使其优先降落。

该阶段由空中交通管制系统(主要依靠舰载空中交通管制雷达，它包括监视雷达、终端区控制雷达、二次雷达等)生成空管位置信息，并由进场管制员发送空管指令。舰载机和航母间交互的状态监视信息：由各平台GPS/BD单点定位生成其中的位置信息；由惯导生成其中的平台姿态信息；由舰载机飞控系统生成其飞行参数；塔康作为备份手段，为舰载机提供相对位置信息。

3）进场阶段

当舰载机进入距航母18～37 km区域时，进入进近管制区，由进近管制员向舰载机发送空管指令和下滑引导指令。舰载机与航母间继续交互状态监视信息。涉及的引导设备仍然有航空管制设备、卫星、惯导等，与进场管制相同，仅指挥人员及交互信息的具体内容有变化。

4）着舰阶段

舰载机进入距航母18 km内区域以后，着舰引导员接过指挥控制权。着舰引导员控制台位于舰尾位置，一般有6名人员，将控制菲涅耳透镜与着舰总指挥联系，并从设备上清楚了解正在准备着舰的飞机的速度、角度等信息，如果出现错误将及时发送安全飞行指令进行纠正或提出建设性意见。舰载机在着舰引导员指令和菲涅耳透镜的引导下，不断调整飞行角度、速度和姿态等，以将舰载机的中线始终对准降落斜甲板的中轴线。

进入该阶段后，舰载机与航母间将达到4颗卫星稳定共视，舰机之间的交互卫星测量数据，采用伪距差分的方式获取较高精度的相对位置，为舰载机飞控系统引导率解算提供引导输入(还需通过数据链传输航母运动状态信息,计算舰机相对运动姿态,作为另一输入)。此外,舰载机进入 18 km 内区域时也进入了着舰引导雷达的作用范围,航母将利用着舰引导雷达获取的相对位置数据,对舰载机下滑轨迹进行监控。

进入 5.6 km 内区域后舰载机放下起落架和尾钩,继续获取航母卫星测量数据、运动状态数据,采用载波相位差分得到更精确的相对位置和相对姿态。除着舰引导雷达继续监控舰载机下滑轨迹外,测速测距雷达、光学助降、视频监控等设备也作为备用手段,以监控舰载机下滑状态直至触舰。若不符合着舰条件,则舰载机将执行复飞或取消着舰行为。

在此过程中,除交互导航信息外,舰机之间需双向交互平台状态信息,舰面的着舰引导员观察舰载机下滑路径及起落架、尾钩放下状态,根据需要向舰载机发送进近引导指令。

3.2.4.2　具体流程

舰载机拦阻着舰航线如图 3-40 所示。

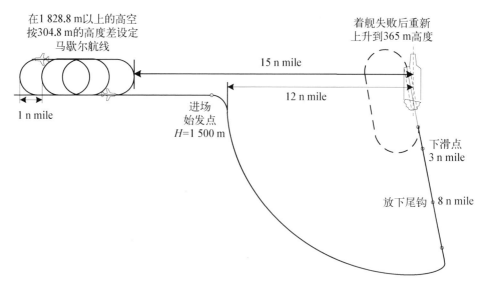

图 3-40　舰载机拦阻着舰航线

1) 等待着舰许可

在等待着舰许可阶段,着舰机按照马歇尔航线飞行,具体要求如下:

底层马歇尔点位于离航空母舰 15 n mile,高度为 6 000 ft(1 828.8 m)处,飞机按照规定的半径和距离进行等待路线飞行。

（1）从底层马歇尔点开始，每隔 1 n mile 和 1 000 ft(304.8 m)高度就有一个马歇尔点。例如离舰 15 n mile 且在 6 000 ft 高度处、离舰 16 n mile 且在 7 000 ft(2 133.6 m)高度处、离舰 17 n mile 且在 8 000 ft(2 438.4 m)高度处各有一个马歇尔点。

（2）马歇尔等待路线的高度设置按从高到低的顺序分配。

（3）马歇尔路线通常按椭圆路线逆时针飞行 6 min，进行两次 180°转弯各需 1 min，按椭圆路线的每条边飞行各需 2 min。

（4）舰载机到达马歇尔点时，向航空母舰做一次报告并给出燃油状态信息。

（5）舰上的马歇尔控制台在确认舰载机进入马歇尔等待路线后，向舰载机提供进场的预期时间和备用机场的地点或者空中加油机的位置及通信频率。

2）进场

飞机进入着舰航线（见图 3-41），飞机是进行水平转弯（break）直接进入下滑点还是进行盘旋（spin）飞行，要根据路线上的飞机数量决定，着舰路线上的飞机最多 6 架。

（1）盘旋（spin）飞行。盘旋一般开始于航空母舰首部，飞机爬升到 1 200 ft(365.8 m)高度，按逆时针圆形路线飞行，圆形路线直径为 3 n mile。飞机进入盘旋路线的目的是维持飞机之间的时间间隔，以等待被允许进入水平转弯阶段。

（2）着舰飞行。目视着舰飞行一般包括三个阶段：初始阶段、水平转弯与顺风阶段、转弯到最终进场阶段。

a. 初始阶段：从点①进入着舰路线时的飞行高度为 800 ft(243.8 m)，飞行速度在 154～180 m/s 之间。通过航空母舰上空或右舷时放下尾钩，在点②处关闭武器弹药的发射开关，发动机油门采用 85%～89%军用推力。在这个阶段，舰载机按计划好的标准路线飞向航空母舰上方，准备进入椭圆着舰路线。这个阶段开始于离航空母舰尾部 3 n mile、800 ft(243.8 m)高度处，结束于航空母舰首部上方或者稍微越过航空母舰首部。

b. 水平转弯与顺风阶段：飞机继续沿直线飞行一段距离后，打开减速板，表示将着舰。高度下降到 182.9 m 时进入水平转弯阶段点③，即进行 180°水平左转弯，接着飞机逆航空母舰的前进方向，沿左舷进行水平飞行通过点④。从水平转弯阶段开始到滚转改出进入顺风阶段大约需要 30 s。在顺风阶段，飞行员花 15～20 s 即可使飞机进入良好的稳定飞行状态。在这段飞行中，飞行员检查飞机重量，要确认飞机重量小于最大着舰重量。

c. 转弯到最终进场阶段：飞机在航空母舰左侧上空飞行约 1 n mile 后再次

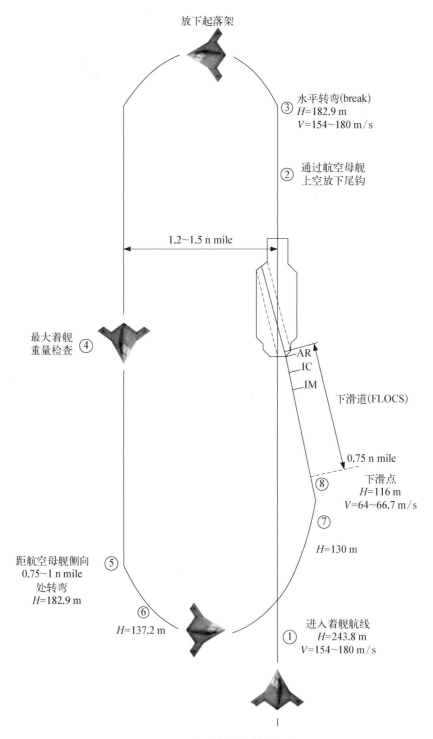

放下起落架

③ 水平转弯(break)
  H=182.9 m
  V=154~180 m/s

② 通过航空母舰
  上空放下尾钩

1.2~1.5 n mile

最大着舰
重量检查 ④

AR
IC
IM

下滑道(FLOCS)

0.75 n mile

⑧ 下滑点
  H=116 m
  V=64~66.7 m/s

⑦
  H=130 m

距航空母舰侧向
0.75~1 n mile
处转弯 ⑤
H=182.9 m

⑥
H=137.2 m

① 进入着舰航线
  H=243.8 m
  V=154~180 m/s

图 3-41 舰载机着舰航线示意图

在点⑤进行180°转弯,到达着舰中心延长线的后方。本阶段开始于着舰引导员的位置,飞机的高度为600 ft(182.9 m)。此时,飞机飞向甲板中心线的延长线,以截获最终进场路线,调整下沉速率,使飞机转弯到90°航向位置时高度为450 ft(137.2 m)。侧向控制可采用开环控制。飞机到达45°航向位置时,准备被舰上的全自动着舰引导装置捕获。这个阶段总耗时大概30 s,在第30 s时舰载机必须开始对准下滑轨迹。

3) 着舰

进入下滑点⑧,这时的高度约为116 m,速度为64~66.7 m/s,在离舰约0.75 n mile时,接受全自动着舰引导装置的引导,开始精确对准下滑线,进入最终的下滑阶段,直至触舰或者复飞/逃逸。

4) 复飞

着舰过程中复飞经常发生。着舰环境恶劣、轨迹控制失效、甲板运动超限都可能造成复飞。

现代飞机是在斜角甲板上以3.5°或4°的定常下滑道,克服高甲板风(风速高于30 kn)来完成着舰任务的。现代喷气式飞机速度较大,所以进场时的下降率较高,为10~20 ft/s(3.0~6.1 m/s)。因此,复飞开始后飞机高度以及飞机离着舰点的距离都会在飞机开始爬升前有所损失。涡喷发动机加速相对较慢,这会增加克服下降并转向爬升的时间,而如果使用涡扇发动机则加速时间会更长。

(1) 复飞决策点。

a. 复飞决策点定义如下:

着舰下滑角为4°,复飞决策时间为触舰前约5.5 s,则决策位置计算公式为

$$H = V_{进舰}/3.6 \times \sin(4°) \times 5.5$$

$$L = V_{进舰}/3.6 \times \cos(4°) \times 5.5$$

式中,$V_{进舰}$为跟踪4°下滑道的进舰速度(通常取220~240 km/h),单位为km/h;决策点高度H,即复飞决策点距甲板的垂直距离,单位为m;决策点纵向距离L,即复飞决策点距甲板的纵向距离,单位为m。

b. 参考依据:图3-42所示为F/A-18A舰载机进入菲涅耳助降装置入口点后的进舰着舰的几何轨迹示意图。由图中可以看出:舰载机的入口点离舰尾0.75 n mile,其飞行高度为114 m,舰载机的飞行速度为64.25 m/s,迎角为8°,以下滑轨迹角3.5°,下滑飞行约20 s后着舰,着舰下滑的撞击速度约为3.96 m/s。图中1M点为菲涅耳着舰下滑路径的中间点;1C点为3/4路径点,它是决定是

否复飞的位置,此时舰载机的飞行高度约为 20 m。舰载机通过舰尾约有 3.35 m 的高度间隙,即所谓的净空。

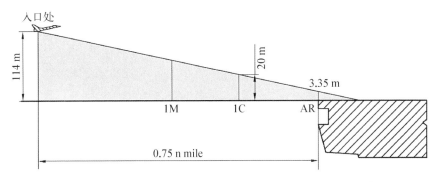

图 3-42　F/A-18A 舰载机在菲涅耳助降装置引导下下滑进舰

（2）复飞基本准则参照美军《舰载机进场着舰规范评估　附录 B》。复飞定义为飞机不能着舰而放弃着舰的飞行。根据复飞开始时飞机的位置,复飞分为两种类型:一是飞机沿下滑轨迹飞行,二是飞机在下滑轨迹的上方飞行。

a. 复飞的初始条件如下:

飞机沿下滑轨迹飞行:飞机以稳定的 V 和 α 沿 4°的光学下滑轨迹飞行。飞机需要一定的推力保持该状态。当复飞信号出现时,应考虑飞行员有 0.7 s 的反应延迟,油门推至中间/最大推力位置,速度刹车应收起(针对舰载机,此处 0.7 s 的反应延迟可以缩减为 0.3 s)。

飞机在下滑轨迹的上方飞行:在下滑轨迹上方飞行是最为严重的情况。飞机以高于下滑轨迹一个"肉球"的位置进行下滑轨迹纠偏机动。此时,飞机在 4°20′45″的光学下滑轨迹上以稳定的 V 和 α 飞行。飞机以一定推力保持该状态。复飞时油门推至中间位置,速度刹车松开(速度刹车指减速板)。

b. 两种类型复飞都必须满足的准则如下:

在温度为 89.8 ℉(32.1 ℃)天气情况下,飞机下沉速率变为 0 的时间不超过 3 s。

如果需要,可控的变化范围不能超过 $0.9C_{L\text{-}max}$。

在整个复飞过程中必须满足 MIL-STD-1797 所定义的 1 级飞行品质要求。

必须考虑发动机加速特性,美国海军航空测试中心(NATC)的研究指出:在所有的工作推力下都要有快速加油响应(从空转到军用推力最多 5 s);在复飞阶段必须有足够的额外推力使飞机加速,具体要求是在夏令时达到 3 kn,发动机从进场动力设定到军用推力的加速时间不能超过 3 s。

c. 两种类型复飞状态下，以下技术可选：

复飞机动过程中，姿态角变化时迎角保持不变，这是首选技术。

复飞过程中，迎角减小时姿态角保持不变。

复飞机动过程中，飞机姿态角与迎角同时变化，推油门时迎角增加不超过 3°。

（3）复飞成功的判据：当上升速率为正时，认为复飞机动已经完成。

5）逃逸

一般现役航母上舰载机的拦阻冲跑距离在 100 m 左右，拦阻过程历经 3～4 s。舰载机到达拦阻终点完成拦阻以后，由舰面工作人员迅速将拦阻索从飞机的拦阻钩上卸下，并将舰载机牵引至停机区。

最理想的着舰拦阻状态是舰载机的主起落架和尾钩同时接触舰面，实现三点式着舰。在实际情况下，由于着舰引导员或飞行员技术、航母的姿态运动以及天气状况等原因，存在舰载机的拦阻钩可能钩不上任何一根拦阻索的情况，因此舰载机一旦到达着舰点后，飞行员必须加大发动机的油门，以应对万一舰载机尾钩挂不上拦阻索而准备采取的逃逸措施。

脱钩后飞机速度可能接近最小可控速度，且在越过最后一根拦阻索后只有 400～500 ft(121.9～152.4 m) 的飞行甲板用于复飞。因此需要飞机在这样短的距离上用通常的飞行技术做正滚转（离舰后的典型动作）。一旦起飞，飞机处于可控状态，逃逸也就成功了。

要在相对较短的距离上起飞，需慎重考虑设计规范，例如抬前轮速度等。另外，陆基飞机很少考虑的设计因素也变得很重要。当飞机以一定角度着舰时，起落架的动态特性也可以决定是否具有足够的反作用力使飞机弹起进入起飞姿态。

逃逸定义为飞机着舰时尾钩没有钩住拦阻索，触地后加大推力重新起飞，应用于航空母舰上着舰和跑道着陆。逃逸的性能以着舰点或着陆点到飞机飞离航空母舰或机场的距离来表示。

（1）逃逸的初始条件。

飞机以稳定的 V 和 α 沿 4° 的光学下滑轨迹飞行，此时飞机发动机工作在慢车状态，尾钩距离着舰面 6 in(0.15 m)。

当主起落架触地后 0.5 s，油门推至中间/最大推力。

飞机触舰后 1 s，进行纵向控制，以获得飞离的纵向姿态。

（2）逃逸准则。

在离飞段迎角保持在 α 和 $\alpha+3°$ 之间，但不超过 $0.9C_{L_{\max}}$。

在整个逃逸过程中必须满足 MIL-STD-1797 所定义的 1 级飞行品质要求。

需要考虑发动机加速特性，如果采用了防止推力减少系统，那么机动飞行中将会起作用。

(3) 逃逸成功判据。

当飞机的重心位置高于着陆高度 50 ft(15.2 m)时，认为逃逸机动已完成。

3.3　安全性设计

舰载无人机的弹射安全性设计主要是从弹射适配性角度考虑影响弹射安全的因素，并在设计方案中采取相应的措施以达到提升弹射安全性的目的，主要考虑起飞性能因素、机械接口适配因素、环境因素等。

3.3.1　起飞性能因素

弹射起飞性能方面主要考虑弹射器能否将无人机加速至起飞安全速度、无人机的起飞参数设置(例如油门、升降舵预置等)等能否保证无人机安全起飞及离舰后稳定飞行。通常，在进行无人机方案设计时，将选取一系列起飞安全准则，作为设计无人机性能、设置起飞参数和评估无人机弹射适配性的重要依据。通过建立动力学仿真模型，并设置不同的无人机设计参数、起飞预置参数进行弹射起飞仿真，利用起飞安全准则对仿真工况进行筛选，可以从起飞性能的角度对无人机方案设计、起飞参数预置提出要求。通常考虑表 3-2 中因素的影响因素。

表 3-2　起飞性能影响因素

序　号	参 数 类 型	参　　数
1	总体设计	重量、重心、转动惯量、油量
2	气动设计	机翼参数、舵面参数
3	动力系统	推力、油门响应速度
4	起飞预置	油门预置、升降舵预置、弹射起飞速度、偏心/偏航量
5	操作参数	起飞控制策略

通常需要研究以上参数在一定变化范围内对起飞性能造成的影响，研究其影响规律，给出变化边界值，在可行性参数集合内选择无人机方案设计参数和起

飞设置参数。

根据卢卡斯安全准则,通过研究不同升降舵预置量、弹射末速的适配关系可以获得基于起飞安全准则评价的安全区域(见图3‑43),在安全区域内选择起飞参数可以获得满足起飞安全准则的起飞性能。

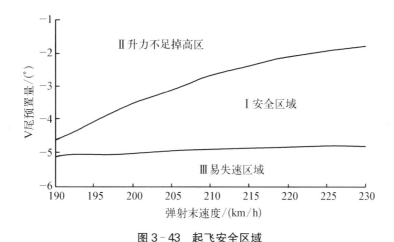

图3‑43　起飞安全区域

3.3.2　机械接口适配因素

接口适配因素主要考虑无人机起降装置与弹射器之间的接口适配性。在弹射起飞过程中,各类机械接口应适配程度良好,起飞过程中无碰撞、摩擦,对无人机起降系统、弹射装置无损坏现象。通常在研制无人机时,需要严格按照适配性要求对无人机方案进行设计,确保各类接口尺寸匹配、连接顺畅,进而保证弹射过程安全。

3.3.3　环境因素

环境因素通常考虑大气环境、电磁环境、温度环境等。大气环境通常指风的因素,通常要在无人机设计时考虑其实际使用环境可能遇到的风速/风向因素,对无人机方案的抗风特性提出要求,同时摸清无人机抗风能力边界,提出使用限制条件,为后期弹射起飞环境条件设计提供依据。电磁环境主要指影响无人机弹射安全的电磁环境特性,弹射过程中弹射器或相关设备可能释放不利电磁干扰,对无人机的弹射起飞安全性造成影响,所以,无人机在进行方案设计时通常需要以弹射作业环境的电磁特性作为设计输入,在设计方案中采取各项防电磁干扰手段,并在研制的各个阶段通过仿真、试验等手段不断验证设计效果。温度因素通常是采用蒸汽弹射装置进行发射的无人机必须要考虑的,由于蒸汽弹射装置的技术特点,导致弹射作业道面温度较高,同时无人机弹射过程中需要在高温道面进行准备,这导致无人机会长时间暴露在高温道面上,其轮胎的耐热程度以及受热后的性能变化是设计时需要着重考虑的。另外,蒸汽弹射还面临弹射器蒸汽泄漏的影响,设计时通常需考虑进气道蒸汽吸入对发动机工作特性的影响,进行无人机方案设计时,可以采用 CFD 仿真手段评估发射过程中进气道的蒸汽吸入量,基于该蒸汽吸入量评估是否会对发动机工作特性产生影响。

参|考|文|献 ●●●●●●●●●●●●●●●●●●●●●●●●●●●●●●●●●

［1］NAVAIR 00－80T－104. NATOPS landing signal officer manual［S］. Department of Defense,2001.

［2］Lucas C B. Catapult criteria for a carrier-based aircraft［R］. LTV Aerospace Corp Dallas Tex Vought Aeronautics Div,1968.

［3］Curry N S. Aircraft Landing Gear Design：Principles and Practices［M］. Washington D C：AIAA,1988.

［4］Liu X H,Cao Y F. Research on the application of vision-based autonomous navigation to the landing of the UAV［C］//Proceedings of SPIE—The International Society for Optical Engineering,2003.

［5］Xu G L,Zhang Y,Ji S Y, et al. Research on computer vision-based for UAV autonomous landing on a ship［J］. Pattern Recognition Letters,2009,30(6)：600－605.

［6］袁锁中.自动着舰导引技术研究［D］.南京：南京航空航天大学,1998.

［7］彭兢.舰载机进舰着舰的自动引导和控制研究［D］.北京：北京航空航天大学,2001.

［8］王钱生.舰载机总体设计关键技术概述［J］.飞机设计,2005(2)：6－10.

［9］杨一栋.舰载机进场着舰规范评估［M］.北京：国防工业出版社,2006：34－38.

［10］徐金龙,姚宏宝,吕华.光电精确导引在无人机自动回收中的应用［J］.红外与激光工程,2007(36)：27－30.

［11］唐大全,毕波,王旭尚,等.自主着陆/着舰技术综述［J］.中国惯性技术学报,2010,18(5)：550－555.

［12］李冀鑫,侯志强,徐彦军,等.舰载飞机着舰航迹角控制器设计［J］.海军航空工程学院学报,2010,25(3)：303－306.

［13］吴显亮,石宗英,钟宜生.无人机视觉导航研究综述［J］.系统仿真学报,2010,22(z1)：62－65.

［14］杨磊松.舰载机弹射起飞动力学仿真分析［D］.南京：南京航空航天大学,2011.

［15］刘相春.航空母舰舰机适配性技术体系［J］.中国舰船研究.2016,11(3)：1－4,10.

［16］郭润兆,段卓毅,李小卫.舰载机机舰适配性体系研究［J］.航空科学技术,2014,25(3)：10－13.

4 垂直起飞与降落

垂直起飞与降落是无人机起飞与回收技术的一种关键方式,从广义上讲,有矢量推力类、旋翼类、螺旋桨类等。本章主要阐述旋翼类和螺旋桨类的概述、结构构造、气动力学原理、操稳特性、控制系统设计和安全性设计的相关知识。

4.1 概述

垂直起飞与降落是无人机起飞与回收技术的另一种样式,无人机的起飞、悬停和降落都是依靠旋翼升力的变化来实现的。这种起降方式不依赖机场,场地选择灵活,安全性高。能够实现垂直起飞与降落的飞行器主要有无人直升机、多旋翼无人机、倾转旋翼无人机、复合旋翼无人机等航空器。

4.1.1 无人直升机

无人直升机是以航空发动机驱动旋翼旋转提供升力和推进力,能够在空中垂直起降、悬停并能够进行前飞、后飞、侧飞、定点回转等可控飞行的航空器。旋翼由涡轮轴发动机或活塞发动机通过传动轴驱动,旋翼旋转能在空气中产生向上的升力,只要升力大于机体重量,无人直升机就能够垂直升空。机载飞控系统操纵旋翼上的自动倾斜器,当旋翼向左、右、前、后倾斜时,就能相应产生向左、右、前、后的水平分力,无人直升机即可向相应方向飞行。如果能保持旋翼升力与机体重量相等,无人直升机就能够悬停在空中。

无人直升机靠旋翼产生的拉力飞行,但旋翼旋转时也会产生反扭矩。为了平衡这种反扭矩,需要无人直升机加装其他装置,根据装置结构的不同,无人直升机分为单旋翼带尾桨、共轴双旋翼、横列双旋翼、纵列双旋翼、交叉双旋翼等构型，如图4-1所示。

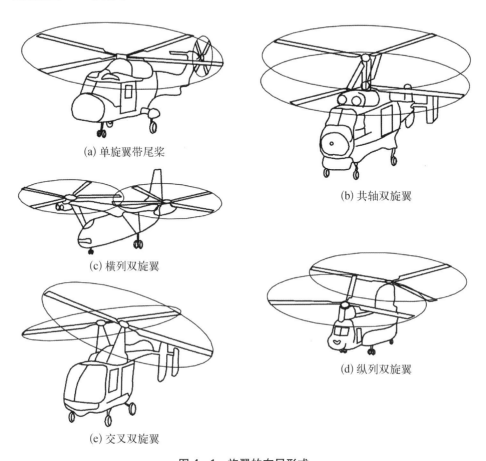

(a) 单旋翼带尾桨

(b) 共轴双旋翼

(c) 横列双旋翼

(d) 纵列双旋翼

(e) 交叉双旋翼

图4-1　旋翼的布局形式

较常见的无人直升机类型是单旋翼带尾桨，一个水平旋翼负责提供飞机升力，尾部的一个小型垂直螺旋桨负责抵消旋翼的反扭矩，如图4-2所示。

对轻型单旋翼无人直升机，可把尾桨安装在尾梁末端的涵道内，这种尾桨称为涵道尾桨。这种安装方式可以有效减小无人直升机的有害迎风面阻力。这种安装方式一般配备大垂尾，在前飞时可以卸载部分尾桨的功率，有利于提高尾桨传动系统寿命，同时在尾桨或尾桨传动系统失效的情况下，无人直升机也可以有较大概率安全返航。由于受到涵道的保护，在巡航状态下，无人直升机可以较大限度地避开沙粒和雨滴的侵蚀。同时，当无人直升机在超低空机动飞行时，可防止尾桨的桨叶触碰地面物体，避免其受到外来物的侵犯，

图 4-2 单旋翼带尾桨无人直升机(图片源自网络)

也可以防止无人直升机旁的人员受伤。单旋翼涵道尾桨无人直升机如图 4-3 所示。

图 4-3 单旋翼涵道尾桨无人直升机(图片源自网络)

双旋翼无人直升机是由两副机械驱动式旋翼产生升力的直升机。两副旋翼尺寸相同而旋转方向相反,其反扭矩互相平衡,因而不需要安装尾桨。双旋翼直升机根据旋翼布局形式,又可以分为共轴式双旋翼直升机、横列式双旋翼直升机、纵列式双旋翼直升机及交叉式双旋翼直升机(简称共轴式、横列式、纵列式及交叉式无人直升机)。

其中共轴式无人直升机是较常见的双旋翼无人直升机,其旋翼以一定间距沿同一旋转轴线上下排列,反向旋转。这种形式结构紧凑,外部尺寸小,并且没有尾桨,稳定性好,一般用于中小型无人直升机,如图4-4所示。

图4-4　共轴式无人直升机(图片源自网络)

4.1.2　多旋翼无人机

多旋翼无人机是中小型无人机中采用最多的布局形式,可以是四旋翼、六旋翼、八旋翼、十旋翼、十六旋翼等,其中四旋翼无人机如图4-5所示。四旋翼无人机作为多旋翼无人机的一种,与固定翼无人机相比,其特点是能够垂直起降和自由悬停;与无人直升机相比,其特点是体积小、结构简单、操作简便、起降方便等。

其拉力由螺旋桨产生,分为两部分:一部分是因桨面曲率不同而形成的压力差,另一部分是桨叶扭角向后运动时产生的反作用力。如四旋翼无人机,四个螺旋桨对称分布在机体的前、后、左、右四个方向,并处于同一水平面,四个螺旋桨可分为两组,位于对角的两对桨叶结构和转向相同,相邻桨叶扭角相反且转向不同。四个螺旋桨直接安装在电机的驱动轴上,通过调节四个电机的转速来改变螺旋桨转速,实现升力的变化,从而控制四旋翼无人机的姿态和位置。

图 4‐5 四旋翼无人机(图片源自网络)

4.1.3 倾转旋翼无人机

倾转旋翼无人机既具有无人直升机或多旋翼无人机垂直起降和空中悬停的能力,又具有涡轮螺旋桨飞机的高速巡航飞行能力。它在类似固定翼飞机机翼的两个翼尖处各安装一套可在水平位置和垂直位置之间转动的旋翼倾转组件,当飞机垂直起飞和着陆时旋翼轴垂直于地面,如图 4‐6、图 4‐7 所示。

图 4‐6 双旋翼倾转无人机(图片源自网络)

图4-7   多旋翼倾转无人机(图片源自网络)

当倾转旋翼无人机起飞达到一定高度后,旋翼轴可向前倾转90°角,呈水平状态,此时旋翼可作为拉力螺旋桨使用。倾转旋翼机能够像固定翼飞机那样以较高的速度飞行,它既可以满足狭小场地起飞的要求,又具备高速巡航的优点。

4.1.4   复合旋翼无人机

复合旋翼无人机(见图4-8)是一种将固定翼飞机和多旋翼融为一体的飞行

图4-8   复合旋翼无人机(图片源自网络)

器,它将四旋翼的四个电机和螺旋桨分别置于机翼的前后延伸杆上,螺旋桨轴垂直于地面,起降时使用电机驱动螺旋桨旋转,产生升力使得飞机能够实现垂直起降。飞机到达一定高度的时候,垂直螺旋桨逐渐停转,水平螺旋桨高速转动提供推(拉)力,使无人机以固定翼的方式实现巡航飞行。

无人直升机、多旋翼无人机、倾转旋翼无人机、复合旋翼无人机等布局形式虽有不同,但垂直起降的动力学原理大致相同,均是以高速旋转旋翼或者螺旋桨的方式产生升力。

4.2 旋翼系统构造

旋翼系统是无人直升机、倾转旋翼无人机进行垂直起飞与降落的核心,一般由桨毂、桨叶、自动倾斜器等部件组成。而螺旋桨也属于旋翼的一种,在结构上不含挥舞铰、摆振铰与总距铰,是多旋翼无人机和复合旋翼无人机的主要升力来源,可称为"简化版"旋翼。

4.2.1 桨毂

旋翼形式是由桨毂的形式决定的,它随着材料、工艺和旋翼理论的发展而发展,铰接式是较常见的桨毂形式,通过在桨毂上设置挥舞铰、摆振铰和变距铰来实现桨叶的挥舞、摆振和变距运动。典型的铰接式桨毂铰的布置顺序(从里到外)是由挥舞铰、摆振铰到变距铰,在轴向铰中除使用推力轴承来承担离心力并实现变距运动之外,另外一种较常用的方式是利用弹性元件"拉扭杆"来实现这个功能,这样在旋翼进行变距操纵时必须克服拉扭杆的弹性和扭转,为减小操纵力,就必须使拉扭杆有足够的拉扭刚度,其构造如图4-9所示。

4.2.2 桨叶

在旋翼系统中桨叶是提供升力的重要部件,无人直升机的桨叶一般有3~8副,图4-10中的旋翼系统即安装了3副桨叶。桨叶设计除了需满足气动力方面的要求之外,还需满足动力学和疲劳方面的要求。例如,所设计的桨叶固有频率不能与气动激振力发生共振,桨叶挥舞、摆振基频满足操纵稳定性和地面共振等要求,桨叶承力结构还需要有较高的疲劳性能或采用破损安全设计等。

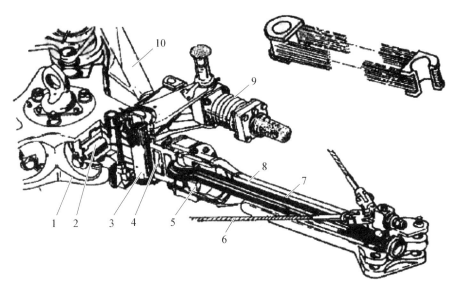

1—桨毂;2—连接件;3—轴承;4—轴承;5—变距轴颈;6—变距铰毂体;
7—阻尼器;8—拉扭杆;9—支架;10—防振钢索。

图4-9 典型铰接式桨毂构造

图4-10 直升机桨叶(图片源自网络)

4.2.3 自动倾斜器

自动倾斜器是旋翼系统的一个主要组成部分,旋翼的总距及周期变距操纵都要通过它来实现,其原理如图4-11所示。旋转环连接桨叶拉杆,且旋转环利用滚珠轴承连接在不旋转环上,不旋转环压在套环上;套环带有横向操纵拉杆和纵向操纵拉杆;滑筒则起到操纵总桨距的作用。无人直升机需要改变姿态时,旋转环和不旋转环随同套环一起向前、后、左、右或任意方向倾斜。因为旋转环通过垂直拉杆与桨叶连接,所以旋转环的倾斜面倾斜会引起桨叶绕纵轴做周期性转动,即旋翼每转一周重复一次,换句话说,每一桨叶的桨距都将进行周期性变化。

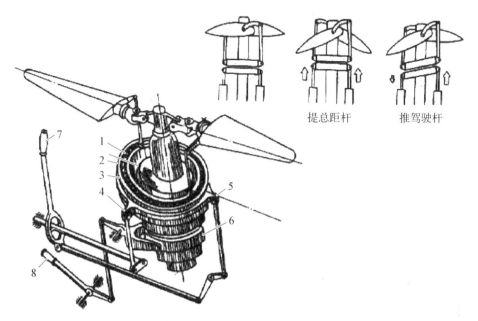

提总距杆 推驾驶杆

1—旋转环;2—不旋转环;3—套环;4,5—操纵拉杆;6—滑筒;7—操纵杆接口;8—油门杆接口。

图4-11 自动倾斜器原理图

4.2.4 螺旋桨构造

螺旋桨是多旋翼无人机和复合旋翼无人机垂直起降升力的来源,其构造特性比无人直升机的旋翼简单,主要几何参数如下:

(1) 直径(D)。 影响螺旋桨性能的重要参数之一。一般情况下,直径增大拉力会随之增加,效率也随之提高。

(2) 桨叶数目(B)。 可以认为螺旋桨的拉力系数和功率系数与桨叶数目成正比。超轻型飞机一般采用结构简单的双叶桨。只是在螺旋桨直径受到限制时,采用增加桨叶数目的方法可以使螺旋桨与发动机获得良好的匹配。

(3) 实度(σ)。 σ为桨叶面积与螺旋桨旋转面积πR^2的比值。它的影响与桨叶数目的影响相似,实度增加,拉力系数和功率系数也增加。

(4)桨叶角（β）。桨叶角随半径变化,其变化规律是影响桨工作性能最主要的因素。习惯上将 70% 直径处的桨叶角定为该桨桨叶角的值。

(5)几何螺距（H）。H 为桨叶剖面迎角为零时桨叶旋转一周所前进的距离。它反映了桨叶角的大小,更直接指出螺旋桨的工作特性。桨叶各剖面的几何螺距可能是不相等的。习惯上以 70% 直径处的几何螺距为准。

(6)实际螺距（H_g）。H_g 为桨叶旋转一周飞机前进的距离,可用 $H_g = v/n$ 计算螺旋桨的实际螺距。

(7)理论螺距（H_T）。设计螺旋桨时必须考虑空气流过螺旋桨时速度的增加。流过螺旋桨旋转平面的气流速度大于飞行速度,因而螺旋桨相对空气而言所前进的距离即理论螺距,大于实际螺距。

4.3 动力学原理

在桨毂、桨叶、自动倾斜器等机构的作用下,完全刚性的直升机旋翼空气动力学非常复杂,不对称气流是产生直升机旋翼动力学和空气动力学的主要原因。无人直升机的空气动力学特性如图 4-12 所示。

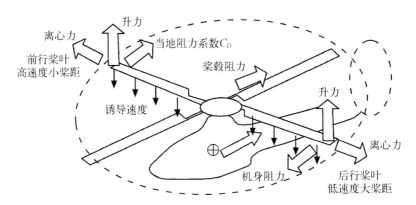

图 4-12 无人直升机的空气动力学特性

前行桨叶的速度为旋转速度和前飞速度之和,在高速前飞时桨尖马赫数达到 0.92~0.95。后行桨叶的速度为旋转速度和前飞速度之差,速度差的正负交替使得后行桨叶存在反流区,低速时后行桨叶在大迎角状态下工作,高速前飞时则容易产生气流分离失速。下面将用经典物理学、叶素理论、滑流理论和涡流理论来分析旋翼系统的气动特性,各种方法的优缺点如表 4-1 所示。

表 4‑1 旋翼系统经典分析方法优缺点

分 析 方 法	优 点	缺 点
经典物理学	能够从物理学角度分析旋翼系统的挥舞、摆振、扭转等物理现象	旋翼系统分析初期,未形成成熟系统的理论
叶素理论	对无限个桨叶微段进行分析,由微观入手,考察每个叶素的运动、受力情况,分析旋翼系统特性	从桨叶剖面受力情况分析问题,但不能很好地解决沿半径的诱导速度分布
滑流理论	是牛顿定律在旋翼上的应用,简单地将旋翼看作一个无限薄的圆盘,方便快捷	从气流速度变化关系研究旋翼空气动力特性,没有考虑旋翼的几何特性和气流黏性
涡流理论	较完善的旋翼理论,可以求得旋翼周围任一点的诱导速度,从而确定叶素上的力和力矩,最后算出旋翼拉力和功率	计算较为复杂

4.3.1 经典物理学

从经典物理学角度来看,旋翼飞机的运动与固定翼飞机的运动不同,因为旋翼的桨叶除了随无人直升机一同做直线或曲线运动外还要绕旋翼轴旋转。使用旋翼构造轴系(见图 4‑13),坐标原点在旋翼中心。垂向轴 OY_s 沿旋翼的构造旋转轴,向上为正;纵向轴 OX_s 指向前方,与速度 V_0 在构造旋转平面(S—S 平面)的投影重合。若旋翼旋转方向如图 4‑13 所示,则定义为右旋旋翼,横向轴 OZ_s 按右手定则确定(若是左旋旋翼则按照左手定则确定)。

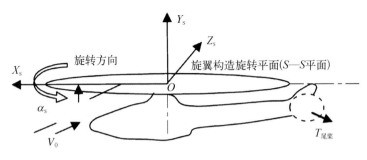

图 4‑13 旋翼构造轴系

把来流 V_0 与旋翼的构造旋转平面(S—S 平面)之间的夹角 α_s 定义为旋翼构造迎角,平行于构造旋转平面的速度系数 μ 称为前进比,R 为旋翼构造旋转平

面的旋转半径，Ω 为桨叶转速，则有

$$\mu = \frac{V_0 \cos \alpha_s}{\Omega R} \qquad (4-1)$$

垂直于构造旋转平面的速度系数 λ_0 称为轴向来流系数，又称流入比，其表达式为

$$\lambda_0 = \frac{V_0 \sin \alpha_s}{\Omega R} \qquad (4-2)$$

在悬停飞行中，由于 $V_0 = 0$，因此 $\mu = 0$、$\lambda_0 = 0$、α_s 无意义。

在垂直下降中，由于 V_0 自下而上流向旋翼，因此 $\mu \approx 0$、$\alpha_s \approx 90°$、$\lambda_0 > 0$。

在垂直上升中，$\mu \approx 0$、$\alpha_s \approx -90°$、$\lambda_0 < 0$。

在前飞状态，直升机飞行速度越大则 μ 越大，$\alpha_s \approx -5° \sim 10°$、$\lambda_0 < 0$，来流方向从斜上方垂向旋翼。如计入旋转平面处的等效轴向诱导速度 V_1，则旋转的轴向气流速度为 $V_0 \sin \alpha_s - V_1$，轴向来流系数 $\lambda_1 = (V_0 \sin \alpha_s - V_1)/(\Omega R)$。在轴流状态，桨叶的轴向来流只由桨叶旋转产生，分布规律为 Ω_r，即沿径向位置呈三角形分布且各片桨叶相同，如图 4-14 所示。

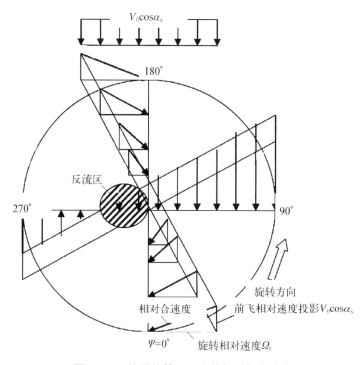

图 4-14　旋翼旋转平面上的相对气流速度

在斜流状态,旋转平面内增加了前飞相对速度的投影 $V_s\cos\alpha_s=\mu\Omega_r$,这个速度分量对不同位置的各片桨叶影响不同。

以 ψ 表示桨叶所在的偏航角,顺时针旋转方向以 $-X_s$ 轴方位为 $\psi=0°$。桨叶在 $\psi=0°\sim90°\sim180°$ 的半圆内逆风旋转,在此区间的桨叶为前行桨叶;桨叶在 $\psi=180°\sim270°\sim360°$ 的半圆内顺风旋转,在此区间的桨叶为后行桨叶。桨叶在旋转平面内的相对气流应是旋转相对速度 Ω_r 与前飞相对速度投影 $V_0\cos\alpha_s$ 的矢量和。在偏航角为 ψ 的桨叶上,径向位置处的相对气流速度为

$$旋转方向分量 = \Omega_r + \mu\Omega R\sin\psi$$

$$径向分量 = \mu\Omega R\cos\psi$$

由于前飞速度的投影 $V_0\cos\alpha_s$ 的影响,旋翼旋转平面上左右两边的相对气流速度不对称。前飞速度越大,旋翼旋转平面上相对气流速度不对称程度越大。因此,在后行桨叶一侧靠近桨根处旋转速度小于 $\mu\Omega R$ 的一段桨叶上,相对气流是自后缘吹向前缘的,形成反流区。此区域的边界由旋转方向速度分量为 0 确定: $r\leqslant-\mu R\sin\psi$,表示为一个在 $\psi=180°\sim360°$ 范围内直径等于 μR 的圆形区域,在此区域内的桨叶空气动力特性不正常。

桨叶与桨毂通过铰链相连,通过铰链可以使桨叶进行以下三种转动:

(1) 桨叶可绕桨叶轴向铰进行转动,改变桨距 ϕ。

(2) 桨叶可绕水平铰转动,产生挥舞角 β。

(3) 桨叶可绕垂直铰转动,产生摆振角 ζ,一般为后摆角或前摆角。

桨叶的挥舞是造成直升机气动特性计算较为困难的直接原因。旋翼在不旋转时,桨叶受垂直向下的本身重力作用;旋翼旋转时,每片叶片上除了自身重力外,还有空气动力和惯性离心力。空气拉力向上的分力方向与重力相反,它绕水平铰构成的力矩,使得桨叶上挥。惯性离心力相对水平铰所形成的力矩力求使桨叶在桨毂旋转平面内旋转。在悬停或垂直飞行状态中,这三个力矩综合的结果使桨叶保持在与桨毂旋转平面呈某一角度的位置上,形成一个倒立的锥体,桨叶从桨毂旋转平面扬起的角度叫旋翼锥度角。桨叶产生的拉力为桨叶本身重量的 $10\sim15$ 倍,但桨叶的惯性和离心力更大,所以锥度角实际上并不大,一般来说仅为 $3°\sim5°$。

由于桨距的周期性变化,桨叶在旋转时产生挥舞。此时任意旋转面和挥舞面的总运动轨迹将位于新的倾斜面上,新倾斜面与原旋转面倾斜一定角度,即旋转平面和自动倾斜盘面各自绕不同方位的轴转动。

直升机在悬停时,各片桨叶的挥舞角相同,即 $\beta = \alpha_0$（α_0 为旋翼锥度角）,不随偏航角变化。旋翼的旋转轨迹是一个倒置圆锥,锥形轨迹称为旋翼锥体,桨尖轨迹圆是旋翼锥体的底面,称为桨尖平面（或称 $D—D$ 平面）,$D—D$ 平面平行于 $S—S$ 平面,处于均匀挥舞状态,如图 4 - 15 所示。

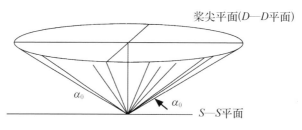

图 4 - 15　旋　翼　锥　体

直升机前飞时旋翼处于斜流状态,桨叶的相对气流及空气动力沿偏航角周期变化,使得桨叶在旋转中具有周期挥舞运动,此时旋翼锥体向后侧略微倾斜。挥舞角可用傅里叶级数表示:

$$\beta = \alpha_0 - \alpha_1 \cos \psi - b_1 \sin \psi - \alpha_2 \cos 2\psi - b_2 \sin 2\psi - \cdots \qquad (4-3)$$

对傅里叶级数中各项的几何意义说明如下:

（1）α_0 是挥舞角中不随偏航角改变的常数部分。在悬停姿势 $\beta = \alpha_0$,α_0 表示旋翼锥体角的大小。

（2）$-\alpha_1 \cos \psi$ 表示桨叶挥舞角的简单余弦运动部分。此项在 $\psi = 180°$ 处达最大值（$\pm \alpha_1$）,在 $\psi = 0°$ 处达到最小值,在 $\psi = 90°$ 和 $\psi = 270°$ 处为零。由此表明:桨叶在正前方位置上抬达最高,在正后方位置下垂达最低,这种运动在桨尖轨迹上表现为旋翼锥体后倒 α_1 角度。

（3）$-b_1 \sin \psi$ 表示桨叶挥舞角的简单正弦运动部分。它的作用是使旋翼锥体向 $\psi = 90°$ 方向倾斜 b_1 角度,此角度成为侧倒角。

（4）α_2,b_2 等为振幅的各阶谐波项,可以视为桨叶相对于旋翼锥体表面的高阶运动,在旋翼动力学里面也需要考虑。

挥舞的物理意义如下:

（1）锥度角 α_0 取决于桨叶绕水平铰的两个力矩（拉力力矩和离心力力矩）之间的平衡关系。在不同的飞行状态下,即使旋翼转速和总拉力相同,由于拉力沿桨叶径向位置的分布不同,锥度角也会有差别。当拉力分布偏重于桨尖部分时锥度角较大,当拉力分布偏重于桨根部分时锥度角较小。

（2）后倒角 α_1 来源于旋转平面上周向对称气流的不对称。当桨叶由 $\psi=0°$ 向前转动时，周向流速由基准值开始增加，升力趋于增大，使桨叶上抬；而在桨叶上挥的同时，向下的相对气流使桨叶各剖面的迎角减小，阻止升力的增加。挥舞速度起着自动调节升力的作用。挥舞运动提供的迎角补偿如图 4－16 所示。

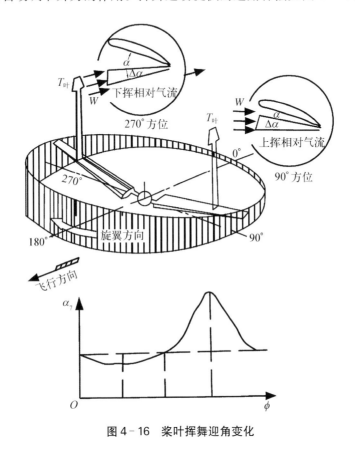

图 4－16　桨叶挥舞迎角变化

（3）侧滑角 b_1 主要受锥度角 α_0 影响。由于桨叶上抬并偏离了 $S—S$ 平面，因此桨叶的相对气流沿径向流速方向，不再与桨叶平行，使桨叶剖面迎角发生变化。

4.3.2　叶素理论

旋翼的叶素理论是把桨叶看成由无限个桨叶微段（即叶素）组成。考虑每个叶素的运动和受力情况，并找出叶素的几何特性、运动特性和空气动力学特性之间的关系。然后，对旋翼中的每片桨叶进行积分，从而得到旋翼拉力和功率的公式。

首先,建立叶素坐标系(见图 4 - 17),OX 为旋翼的前进方向,OZ 为桨叶的变距轴线,OY 在翼型平面内垂直于 XOZ 平面。

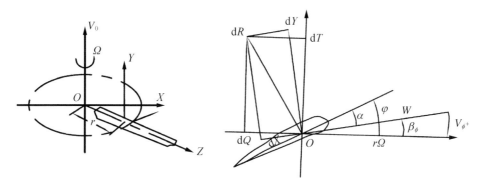

图 4 - 17 叶 素 坐 标 系

其次,由于与固定翼升力产生机理一致,因此直接给出旋翼叶素 dr 段的升力和阻力公式:

$$dY = \frac{1}{2}C_{y}\rho W^2 b\,dr$$

$$dX = \frac{1}{2}C_{x}\rho W^2 b\,dr \tag{4-4}$$

式中,ρ 为空气密度;b 为桨叶弦长;C_x 和 C_y 分别为阻力系数和升力系数;W 为流向桨叶翼型的相对气流合速度。积分即可得到旋翼的总拉力和总功率:

$$T = k\int_{r_0}^{r_1}dY\cos\beta_* - k\int_{0}^{R}dX\sin\beta_*$$

$$P = k\int_{0}^{R}dX\cos\beta_*\,r\Omega + k\int_{r_0}^{r_1}dY\sin\beta_*\,r\Omega \tag{4-5}$$

式中,β_* 为来流角,是相对气流与构造旋转平面的夹角;r 为螺旋桨半径;Ω 为桨叶旋转速率。由于桨叶的叶端损失,有效作用半径仅取 r_0 到 r_1,而不是 0 到 R。为方便计算,在积分前引入叶端损失系数 k。

4.3.3 滑流理论

所谓滑流,就是把流过旋翼的气流(或正确地说,受到旋翼作用的气流)整体地当作一根流管加以单独处理。滑流理论的假设如下:

(1) 空气是没有黏性的、不可压缩的理想流体。

（2）旋转着的旋翼是一个均匀作用于空气的无限薄的圆盘（桨盘），流过桨盘的气流速度在桨盘处各点为一个常数。

（3）滑流没有扭转，不计旋翼旋转的影响；在定常飞行中，滑流没有周期性的变化。

旋翼旋转时，桨叶每秒钟从旋翼桨盘每一部分处通过 10～20 次，旋翼与空气相互作用而产生气流运动，此气流的向下运动速度为气流的诱导速度。流过旋翼旋转面的空气与旋转的桨叶相互作用，以诱导速度向下排压。平飞或倾斜飞行时空气以一定角度（斜吹）流入旋转面。旋翼在悬停或垂直飞行状态（直吹）工作时，气流方向与旋翼旋转轴重合。旋翼总空气动力等于每秒流过旋转面的空气质量与滑流的诱导速度之乘积：

$$R = \pi \frac{D^2}{4} V \rho u \qquad (4-6)$$

式中，$\pi \dfrac{D^2}{4}$ 为旋翼的桨盘面积，单位为 m^2；V 为飞行速度，单位为 m/s；ρ 为空气密度，单位为 $\mathrm{kg/m}^3$；u 为滑流诱导速度，单位为 m/s。

旋翼拉力 R 取决于旋翼直径 D 和转速。此外，还取决于空气密度 ρ、桨叶安装角 ϕ（旋翼桨叶的桨矩）、旋翼几何特性和空气动力学特性以及飞行状态。拉力的大小最终取决于发动机的功率。

悬停状态的旋翼拉力为

$$T = (aND)^{-2/3} \qquad (4-7)$$

式中，T 为旋翼拉力，无风时悬停状态下 $T = G$，单位为 N；N 为发动机功率，单位为 W；D 为旋翼直径，单位为 m；a 为反映旋翼空气动力特性和地面效应影响的系数，近地面悬停时为 15～25。

旋翼接近地面工作时，由于空气受到压缩，因此地面效应影响很大，一般来说，在消耗同样功率的情况下拉力会增大 30％～40％。随着飞行高度升高，地面效应的影响迅速减小。当飞行高度等于旋翼直径的一半时，地面效应的影响使得拉力增大 15％～20％；当飞行高度接近旋翼直径时一般认为无地面效应。

4.3.4　涡流理论

前述理论只能宏观地确定不同飞行状态下，整个旋翼的拉力和需用功率，无法得知沿旋翼桨叶径向的空气动力载荷，无法进行旋翼设计。因此，必须进一步了解旋翼周围的流场,即旋翼桨叶作用于周围空气所引起的诱导速度,特别是沿桨叶的诱导速度。在经典理论空气动力学中,涡流理论就是求解任一物体作用于周围空气所引起的诱导速度的方法。从涡流理论的观点来看,旋翼桨叶对周围空气的作用相当于某一涡系在起作用。也就是说,旋翼的每片桨叶都可用一条附着涡及很多由桨叶后缘逸出的、以螺旋形在旋翼下游顺流至无限远的尾随涡来代替。

按照旋翼经典涡流理论,对悬停及垂直上升状态,旋翼涡系模型就像一个半无限长的涡柱,由一射线状的圆形涡盘的附着涡系及多层同心的圆柱涡面的尾迹涡系两部分所构成。对旋翼在前飞状态的涡系模型,可以合理地引申为一个半无限长的斜向涡柱,由一圆形涡盘的附着涡系及多层斜向螺旋涡线的斜向涡面的尾迹涡系两部分组成,如图 4-18 所示。

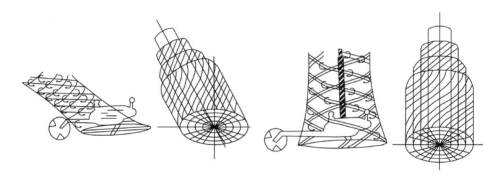

图 4-18　涡流理论原理图

4.3.5　螺旋桨动力学原理

经典物理学、叶素理论、滑流理论、涡流理论也同样适用于螺旋桨。可以将螺旋桨看成是一个一面旋转一面前进的机翼进行讨论。流经桨叶各剖面的气流由沿旋转轴方向的前进速度和旋转产生的切线速度合成。在螺旋桨半径 r_1 和 $r_2(r_1 < r_2)$ 两处各取极小一段,讨论桨叶上的气流情况,即叶素理论。

空气流过桨叶各小段时产生气动力、阻力和升力,合成后为总空气动力。将整个桨叶上各小段的拉力、阻力和力矩相加,形成该螺旋桨的拉力、阻力和力矩。

螺旋桨在工作时,需要在升阻比较大的迎角下工作,才能获得较大的拉力和较小的阻力。桨叶某处的切线速度随半径变化,在接近半径较大的桨尖处,其迎角较小,对应桨叶角也较小;而在半径较小的桨根处,气流角较大,对应桨叶角也较大。螺旋桨的桨叶角从桨尖到桨根按一定规律逐渐加大,螺旋桨就是一种扭转了的机翼。

4.4 操纵性与稳定性

操纵性和稳定性是旋翼机分析和设计中最重要的问题之一。与固定翼无人机一样，航空器的操纵问题是提高无人直升机设计品质的主要障碍，随着无人机的发展，更多的性能/品质需求应运而生，对操纵性和稳定性提出了巨大的挑战，下面分别针对单旋翼带尾桨的无人直升机和四旋翼无人机进行操纵性和稳定性分析。

4.4.1 无人直升机

小型无人直升机与固定翼无人机的区别主要在于产生升力的方式和操纵方式的不同。产生升力方面，固定翼无人机是依靠高速前向飞行来使机翼产生升力，而无人直升机是通过桨叶的高速旋转来提供升力。操纵方面，固定翼无人机主要使用升降舵、方向舵、副翼、油门进行控制，而无人直升机在飞行时主旋翼桨叶的挥舞轨迹会形成一个倒立的锥体，成为旋翼锥体。自动控制系统通过控制自动倾斜器来调整旋翼锥体的朝向以及主旋翼拉力的大小，从而进行悬停、升降、前飞、侧飞等动作。且无人直升机的尾桨可平衡主旋翼旋转作用在机体上的反作用力，并通过调整尾桨距实现无人直升机的转向运动。

正是因为这种独特的升力产生和操纵方式，使得无人直升机的运动方程、六自由度模型以及操稳特性与固定翼飞机有较大的差别。

4.4.1.1 运动方程

假定无人直升机为一刚体，并做如下假设：忽略直升机弹性形变的影响，将地球固定于空间，忽略地球自转与公转的影响，并视大地坐标系为惯性坐标系，忽略地平面曲率，重力加速度不随飞行高度变化。

大地坐标系 $O_E X_E Y_E Z_E$ 选用的是北-东-地坐标系，也称惯性坐标系或地轴坐标系，具体定义如下：

(1) O_E 为坐标原点，即预选地面某一点。

(2) X_E 轴指向正北方向，也与无人直升机航向一致。

(3) Y_E 轴指向正东方向。

(4) Z_E 轴垂直于 $O_E X_E Y_E$ 平面，构成右手坐标系，方向铅垂向下，与重力加速度方向一致。

机体坐标系 $O_B X_B Y_B Z_B$ 确定无人直升机的空间位置及姿态，具体定义如下：

（1）O_B 为坐标原点，与无人直升机的重心重合。

（2）X_B 轴位于无人机的纵向对称面内，指向机头方向为正。与大地坐标系中 $O_E X_E Y_E$ 平面的夹角为俯仰角 θ，抬头为正；与大地坐标系中 $O_E X_E Z_E$ 平面的夹角为偏航角 ψ，右转为正。

（3）Y_B 轴与无人直升机的纵向对称面垂直，指向机身右侧为正；与大地坐标系中 $O_E X_E Y_E$ 平面的夹角为滚转角 ϕ，下翻为正。

（4）Z_B 轴位于直升机的纵向对称面内，与 $O_B X_B Y_B$ 平面垂直，方向铅垂向下。

大地坐标系与机体坐标系示意图如图 4 - 19 所示。在无人直升机的研究中，大地坐标系与机体坐标系的运动学关系是非常重要的，可用变换矩阵实现坐标系互换，从大地坐标系到机体坐标系的转换关系为

$$\begin{bmatrix} X_B & Y_B & Z_B \end{bmatrix}^T = \boldsymbol{R}_{BE} \begin{bmatrix} X_E & Y_E & Z_E \end{bmatrix}^T \tag{4-8}$$

式中，$\boldsymbol{R}_{BE}$ 为大地坐标系到机体坐标系的转换矩阵，具体为

$$\boldsymbol{R}_{BE} = \begin{bmatrix} \cos\theta\cos\psi & \cos\theta\sin\psi & -\sin\theta \\ \sin\phi\sin\theta\cos\psi - \cos\phi\sin\psi & \sin\phi\sin\theta\sin\psi + \cos\phi\cos\psi & \sin\phi\cos\theta \\ \cos\phi\sin\theta\cos\psi + \sin\phi\sin\psi & \cos\phi\sin\theta\sin\psi - \sin\phi\cos\psi & \cos\phi\cos\theta \end{bmatrix}$$
$$\tag{4-9}$$

式中，θ、ϕ 和 ψ 是机体的三个姿态角，即三个欧拉角。

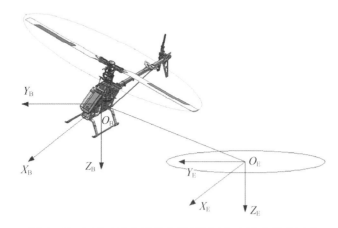

图 4 - 19　无人直升机机体坐标系（左）与大地坐标系（右）

无人直升机作为六自由度刚体，所进行的运动是机械运动，因此必须遵循机械运动的规律。无人直升机在空中的运动包括质心的 3 个移动自由度。

无人直升机质心移动的动力学方程组为

$$\begin{cases} m\left(\dfrac{\mathrm{d}u}{\mathrm{d}t}-vr+wq\right)=F_x \\[2mm] m\left(\dfrac{\mathrm{d}v}{\mathrm{d}t}-wp+ur\right)=F_y \\[2mm] m\left(\dfrac{\mathrm{d}w}{\mathrm{d}t}-uq+vp\right)=F_z \end{cases} \qquad (4-10)$$

式中，u、v、w 为质心移动线速度在机体轴上的分量；旋转角速率在三轴分量分别为 p、q、r；F_x、F_y、F_z 分别为合力在三轴上的分量。

无人直升机绕质心转动的动力学方程组为

$$\begin{cases} \dot{p}=\dfrac{I_{xy}\dot{r}+(I_y-I_z)qr+I_{xy}pq+L}{I_x} \\[3mm] \dot{q}=\dfrac{(I_z-I_x)pr+I_{xz}(r^2-p^2)+M}{I_y} \\[3mm] \dot{r}=\dfrac{I_{xz}\dot{p}+(I_x-I_y)pq-I_{xz}qr+N}{I_z} \end{cases} \qquad (4-11)$$

式中，I_x、I_y、I_z 分别表示无人直升机质量对机体坐标系各轴的惯性矩；I_{xy}、I_{yz}、I_{xz} 为相应轴的惯性积；L、M、N 分别为机体绕轴转动的力矩。

为了描述无人直升机相对于地面的运动，可由 3 个欧拉角（偏航角、俯仰角、滚转角）来描述无人直升机相对于大地坐标系的姿态，可由线位移（航程、侧向距离、高度）来表示无人直升机相对于大地坐标系的位置，由此建立直升机机体轴中角速度与欧拉角角速度之间的关系以及机体坐标系中 3 个线速度与大地坐标系中的线位移速度之间的关系。

机体角速度与欧拉角角速度之间的关系如式（4-12）所示。

$$\begin{cases} \dot{\theta}=q\cos\phi-r\sin\phi \\[1mm] \dot{\phi}=p+(r\cos\phi+q\sin\phi)\tan\theta \\[1mm] \dot{\psi}=(r\cos\phi+q\sin\phi)/\cos\theta \end{cases} \qquad (4-12)$$

线速度与线位移之间的关系如式（4-13）所示。

$$\begin{cases} \dot{L}=u\cos\psi\cos\theta-w(\sin\phi\sin\psi-\cos\psi\sin\theta\cos\phi)+v(\cos\psi\sin\theta\sin\phi+\sin\psi\cos\phi) \\[1mm] \dot{Y}=-u\sin\psi\cos\theta-w(\sin\phi\sin\psi\cos\phi-\cos\theta\sin\phi)+v(\cos\psi\cos\phi-\sin\psi\sin\theta\sin\phi) \\[1mm] \dot{H}=u\cos\theta-w\cos\theta\cos\phi-v\cos\theta\sin\phi \end{cases}$$

$$(4-13)$$

上述建立的各自由运动称为全量运动微分方程，表征无人直升机的非线性运动特性。

4.4.1.2　六自由度模型

如图 4-20 所示，根据无人直升机飞行动力学原理可得到非线性动力学模型，包括机体动力学、主旋翼动力学、尾桨动力学、机身、平尾与垂尾的影响等关键部分。

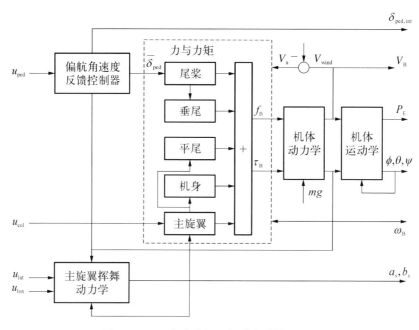

图 4-20　无人直升机飞行动力学模型结构

无人直升机的飞行动力学模型包括 12 个状态变量与 4 个控制输入，模型变量的物理意义如表 4-2 所示。

表 4-2　无人直升机动力学模型变量及其物理意义

序　号	变　量	物　理　意　义	单　位
1	$\boldsymbol{P}_E = \begin{bmatrix} X_E & Y_E & Z_E \end{bmatrix}^T$	大地坐标系中的位置向量	m
2	$\boldsymbol{V}_B = \begin{bmatrix} u & v & w \end{bmatrix}^T$	机体坐标系中的线速度向量	m/s
3	$\boldsymbol{w}_B = \begin{bmatrix} p & q & r \end{bmatrix}^T$	机体坐标系中的角速度向量	rad/s

序　　号	变　　量	物　理　意　义	单　　位
4	$\boldsymbol{V}_{\text{wind}} = \begin{bmatrix} u_{\text{wind}} & v_{\text{wind}} & w_{\text{wind}} \end{bmatrix}^{\text{T}}$	机体坐标系中的风速向量	m/s
5	$\boldsymbol{V}_{\text{a}} = \begin{bmatrix} u_{\text{a}} & v_{\text{a}} & w_{\text{a}} \end{bmatrix}^{\text{T}}$	机体坐标系中的空速向量	m/s
6	ϕ, θ, ψ	滚转角,俯仰角,偏航角	rad
7	$a_{\text{s}}, b_{\text{s}}$	主旋翼桨叶的一阶挥舞角	rad
8	u_{lat}	横向周期变距输入	—
9	u_{lon}	纵向周期变距输入	—
10	u_{col}	总距输入	—
11	u_{ped}	尾桨距输入	—

1) 机体

机体动力学描述的是大地坐标系与机体坐标系之间的相对关系。设大地坐标系中线速度的 3 个分量为 u_{E}、v_{E} 和 w_{E},则可得到无人直升机的动力学方程为

$$\begin{bmatrix} \dot{X}_{\text{E}} \\ \dot{Y}_{\text{E}} \\ \dot{Z}_{\text{E}} \end{bmatrix} = \begin{bmatrix} u_{\text{E}} \\ v_{\text{E}} \\ w_{\text{E}} \end{bmatrix} = \boldsymbol{R}_{\text{BE}}^{\text{T}} \begin{bmatrix} u \\ v \\ w \end{bmatrix} \tag{4-14}$$

姿态角与角速度之间的运动关系为

$$\begin{bmatrix} \dot{\phi} \\ \dot{\theta} \\ \dot{\psi} \end{bmatrix} = \begin{bmatrix} 1 & \sin\phi\tan\theta & \cos\phi\tan\theta \\ 0 & \cos\phi & -\sin\phi \\ 0 & \sin\phi/\cos\theta & \cos\phi/\cos\theta \end{bmatrix} \begin{bmatrix} p \\ q \\ r \end{bmatrix} \tag{4-15}$$

在不考虑弹性振动与变形的情况下,小型无人直升机可以看成是一个六自由度的刚体,其机体动力学模型可由牛顿-欧拉(Newton-Euler)方程推导得到,即沿重心的平移运动和绕重心的旋转运动。所以,无人直升机的刚体动力学方程可以写成

$$\begin{bmatrix} m\boldsymbol{I}_{3\times3} & \boldsymbol{0} \\ \boldsymbol{0} & \boldsymbol{I} \end{bmatrix} \begin{bmatrix} \dot{\boldsymbol{V}}_{\text{B}} \\ \dot{\boldsymbol{w}}_{\text{B}} \end{bmatrix} + \begin{bmatrix} \boldsymbol{w}_{\text{B}} \times m\boldsymbol{V}_{\text{B}} \\ \boldsymbol{w}_{\text{B}} \times \boldsymbol{I}\boldsymbol{w}_{\text{B}} \end{bmatrix} = \begin{bmatrix} \boldsymbol{f}_{\text{B}} \\ \boldsymbol{\tau}_{\text{B}} \end{bmatrix} \tag{4-16}$$

式中，m 为整个直升机的重量；f_B 为合外力；τ_B 为合外力矩；I 表示惯性矩阵，并且有

$$f_B = \begin{bmatrix} X \\ Y \\ Z \end{bmatrix} = \begin{bmatrix} X_{\text{mr}} + X_{\text{fus}} - mg\sin\theta \\ Y_{\text{mr}} + Y_{\text{fus}} + Y_{\text{tr}} + Y_{\text{vf}} + mg\cos\theta\sin\phi \\ Z_{\text{mr}} + Z_{\text{fus}} + Z_{\text{hf}} + mg\cos\theta\cos\phi \end{bmatrix} \quad (4-17)$$

$$\tau_B = \begin{bmatrix} L \\ M \\ N \end{bmatrix} = \begin{bmatrix} L_{\text{mr}} + L_{\text{vf}} + L_{\text{tr}} \\ M_{\text{mr}} + M_{\text{hf}} \\ N_{\text{mr}} + N_{\text{vf}} + N_{\text{tr}} \end{bmatrix} \quad (4-18)$$

$$I = \begin{bmatrix} I_{xx} & -I_{xy} & -I_{xz} \\ -I_{yx} & I_{yy} & -I_{yz} \\ -I_{zx} & -I_{zy} & I_{zz} \end{bmatrix} \quad (4-19)$$

式中，$(\bullet)_{\text{mr}}$、$(\bullet)_{\text{tr}}$、$(\bullet)_{\text{fus}}$、$(\bullet)_{\text{vf}}$、$(\bullet)_{\text{hf}}$ 分别为主旋翼、尾桨、机身、垂尾和平尾所受的外力和外力矩。

因此，对式（4-14）展开并整理可得到无人直升机的刚体动力学模型为

$$\begin{bmatrix} \dot{u} \\ \dot{v} \\ \dot{w} \\ \dot{p} \\ \dot{q} \\ \dot{r} \end{bmatrix} = \begin{bmatrix} vr - wq - g\sin\theta + (X_{\text{mr}} + X_{\text{fus}})/m \\ wp - ur + g\sin\phi\cos\theta + (Y_{\text{mr}} + Y_{\text{fus}} + Y_{\text{tr}} + Y_{\text{vf}})/m \\ uq - vp + g\cos\phi\cos\theta + (Z_{\text{mr}} + Z_{\text{fus}} + Z_{\text{hf}})/m \\ qr(I_{yy} - I_{zz})/I_{xx} + (L_{\text{mr}} + L_{\text{vf}} + L_{\text{tr}})/I_{xx} \\ pr(I_{zz} - I_{xx})/I_{yy} + (M_{\text{mr}} + M_{\text{hf}})/I_{yy} \\ pq(I_{xx} - I_{yy})/I_{zz} + (N_{\text{mr}} + N_{\text{vf}} + N_{\text{tr}})/I_{zz} \end{bmatrix} \quad (4-20)$$

2）主旋翼

主旋翼是无人直升机的升力面，提供直升机向上运动的升力。同时，它也会为无人直升机的操纵面提供控制无人直升机飞行运动的操纵力和力矩。然而，由于空气动力学的复杂性与不确定性，主旋翼产生的气动力与气动力矩是高阶的、非线性的、强耦合的，可以对主旋翼的动力学方程进行简化。

假设流场为均匀流场，根据经典动量理论，以迭代计算的方式可以得到主旋翼的拉力计算框图，如图 4-21 所示。

主旋翼拉力 T_{mr} 与诱导速度 $v_{\text{i,mr}}$ 由式（4-21）给出：

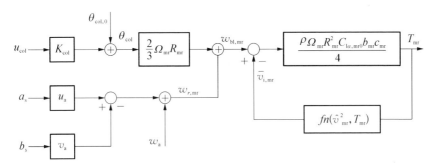

图 4-21 主旋翼拉力计算框图

$$\begin{cases} T_{mr} = \dfrac{\rho\Omega_{mr}R_{mr}^2 C_{la,mr0}b_{mr}c_{mr}}{4}(w_{bl,mr}-v_{i,mr}) \\[2mm] v_{i,mr}^2 = \sqrt{\left(\dfrac{\hat{v}_{mr}^2}{2}\right)+\left(\dfrac{T_{mr}}{2\rho\pi R_{mr}^2}\right)^2}-\dfrac{\hat{v}_{mr}^2}{2} \\[2mm] \hat{v}_{mr}^2 = u_a^2+v_a^2+w_{r,mr}(w_{r,mr}-2v_{i,mr}) \\[2mm] w_{r,mr} = w_a+a_s u_a-b_s v_a \\[2mm] w_{bl,mr} = w_{r,mr}+\dfrac{2}{3}\Omega_{mr}R_{mr}\theta_{col} \\[2mm] \theta_{col} = K_{col}u_{col}+\theta_{col,0} \end{cases} \qquad (4-21)$$

式中,Ω_{mr} 为主旋翼转速;ρ 为本地空气密度;R_{mr} 为主旋翼桨盘半径;b_{mr} 为主旋翼桨叶数目;$C_{la,mr0}$ 为主旋翼桨叶升力曲线斜率;c_{mr} 为主旋翼桨叶弦长;$w_{bl,mr}$ 为主旋翼桨叶的净垂向空速;$w_{r,mr}$ 为主旋翼桨盘的净垂向空速;$\hat{v}_{mr}^2$ 为迭代计算过程中的中间变量;θ_{col} 为主旋翼桨叶的总距角;K_{col} 为总距输入量 u_{col} 到总距角 θ_{col} 的增益;$\theta_{col,0}$ 为偏移量,即当 $u_{col}=0$ 时的总距角。

对上述迭代计算求解主旋翼拉力的方法,据相关试验结果,从平衡点出发迭代 10 次左右即可保证主旋翼拉力 T_{mr} 与诱导速度 $v_{i,mr}$ 有效收敛。

在机体坐标系中,主旋翼产生的力和力矩可分别描述为

$$\begin{bmatrix} X_{mr} \\ Y_{mr} \\ Z_{mr} \end{bmatrix} = \begin{bmatrix} -T_{mr}\sin a_s \\ T_{mr}\sin b_s \\ -T_{mr}\cos a_s\cos b_s \end{bmatrix} \qquad (4-22a)$$

$$\begin{bmatrix} L_{mr} \\ M_{mr} \\ N_{mr} \end{bmatrix} = \begin{bmatrix} (K_\beta+T_{mr}H_{mr})\sin b_s \\ (K_\beta+T_{mr}H_{mr})\sin a_s \\ 0 \end{bmatrix} \qquad (4-22b)$$

式中，K_β 为主旋翼有效弹簧系数；H_{mr} 为主旋翼桨毂到无人直升机重心的垂直距离；P_{mr} 为总功率，由四部分组成，即主旋翼的翼型功率 P_{pr}、主旋翼的诱导功率 P_i、寄生功率 P_{pa} 和爬升功率 P_c，具体的数学描述为

$$P_{mr} = P_{pr} + P_i + P_{pa} + P_c \tag{4-23}$$

$$P_{pr} = \frac{\rho \Omega_{mr} R_{mr}^2 C_{D0} b_{mr} c_{mr}}{8} \left[(\Omega_{mr} R_{mr})^2 + 4.6 (u_a^2 + v_a^2) \right]$$

$$P_i = T_{mr} v_{i,mr}$$

$$P_{pa} = | X_{fz} u_a | + | Y_{fz} v_a | + | Z_{fz} (w_a - v_{1,mr}) | \tag{4-24}$$

$$P_c = \begin{cases} -mg w_a, & w_a < 0 \\ 0, & w_a \geqslant 0 \end{cases}$$

式中，C_{D0} 为主旋翼桨叶阻力系数；X_{fz}、Y_{fz} 和 Z_{fz} 为机身阻力，可通过试验获取具体数值。

3) 尾桨

尾桨的作用主要是通过产生偏航力矩来抵消主旋翼对机身产生的扭转力矩。与主旋翼类似，尾桨拉力 T_{tr} 与诱导速度 $v_{i,tr}$ 也可通过上述循环迭代的计算方法求得。由于尾桨桨叶尺寸相对较小，所以其挥舞运动的影响可忽略不计。尾桨拉力与诱导速度的迭代公式如下：

$$\begin{cases} T_{tr} = \dfrac{\rho \Omega_{tr} R_{tr}^2 C_{la,tr} b_{tr} c_{tr}}{4} (w_{bl,tr} - v_{i,tr}) \\[2mm] v_{i,tr}^2 = \sqrt{\left(\dfrac{\hat{v}_{tr}^2}{2} \right)^2 + \left(\dfrac{T_{tr}}{2\rho \pi R_{tr}^2} \right)^2} - \dfrac{\hat{v}_{tr}^2}{2} \\[2mm] \hat{v}_{tr}^2 = u_a^2 + v_a^2 + w_{r,tr} (w_{r,tr} - 2v_{i,tr}) + (w_a + q D_{tr})^2 \\[2mm] w_{r,tr} = v_a - r D_{tr} + p H_{tr} \\[2mm] w_{bl,tr} = w_{r,tr} + \dfrac{2}{3} \Omega_{tr} R_{tr} \theta_{ped} \\[2mm] \theta_{ped} = K_{ped} \bar{u}_{ped} + \theta_{ped,0} \end{cases} \tag{4-25}$$

式中，Ω_{tr} 为尾桨转速；R_{tr} 为尾桨桨盘半径；$C_{la,tr}$ 为尾桨桨叶升力曲线斜率；b_{tr} 为尾桨桨叶数目；c_{tr} 为尾桨桨叶弦长；$w_{bl,tr}$ 为垂直于尾桨桨叶的空速；$\hat{v}_{tr}^2$ 为中间变量；$w_{r,tr}$ 为垂直于尾桨桨盘的空速；D_{tr} 为尾桨桨毂中心在无人直升机重心后方的距离；H_{tr} 为尾桨桨毂中心在无人直升机重心上方的距离；θ_{ped} 为尾桨桨

叶的总距角;K_{ped} 为舵机偏航角 $\bar{u}_{ped}$ 到总距角 θ_{ped} 的增益;$\theta_{ped,0}$ 为偏移量,即当 $\bar{u}_{ped}=0$ 时的总距角。

由于忽略尾桨的挥舞运动,故其只产生机体坐标系中 Y_B 轴方向的分力,其数学描述如下:

$$Y_{tr}=-T_{tr} \tag{4-26}$$

尾桨产生的力矩在机体坐标系中分别用 L_{tr} 与 N_{tr} 表示,即

$$\begin{bmatrix} L_{tr} \\ N_{tr} \end{bmatrix}=\begin{bmatrix} Y_{tr}H_{tr} \\ -Y_{tr}D_{tr} \end{bmatrix} \tag{4-27}$$

式中,L_{tr} 为由无人直升机重心与尾桨桨毂中心在垂直方向上的位置偏差引起的;N_{tr} 的作用是抵消主旋翼对机身产生的反扭矩 N_{mr}。

4) 机身

在飞行过程中,主旋翼的下洗流会对无人直升机机身垂直于水平方向造成阻力。在水平方向上,下洗流被空速分量 v_a 与 u_a 偏转:当 v_a 或 u_a 小于诱导速度 $v_{i,mr}$ 时,需考虑下洗流偏转的影响;当 v_a 或 u_a 大于诱导速度 $v_{i,mr}$ 时,由于下洗流偏转很大,故其影响可以忽略不计。在垂直方向上,机身始终处于主旋翼的下洗流中,故整个机身受到的阻力可以表示为

$$X_{fz}=\begin{cases} -\dfrac{\rho}{2}S_{fx}u_a v_{i,mr}, & |u_a|\leqslant v_{i,mr} \\[2mm] -\dfrac{\rho}{2}S_{fx}u_a|u_a|, & |u_a|>v_{i,mr} \end{cases} \tag{4-28a}$$

$$Y_{fz}=\begin{cases} -\dfrac{\rho}{2}S_{fy}v_a v_{i,mr}, & |v_a|\leqslant v_{i,mr} \\[2mm] -\dfrac{\rho}{2}S_{fy}v_a|v_a|, & |v_a|>v_{i,mr} \end{cases} \tag{4-28b}$$

$$Z_{fz}=-\dfrac{\rho}{2}S_{fz}(w_a-v_{i,mr})|w_a-v_{i,mr}| \tag{4-28c}$$

式中,S_{fx}、S_{fy} 和 S_{fz} 分别为机体坐标系 X 轴、Y 轴和 Z 轴方向的有效阻力面积。

5) 平尾

部分无人直升机设有平尾,其主要作用是在直升机做俯仰运动时起稳定作用,同时在无人直升机高速前飞时提供辅助升力。在飞行过程中,平尾会受到主旋翼下洗流的影响,受力公式表示如下:

$$Z_{hf} = \begin{cases} -\dfrac{\rho}{2} C_{l\alpha,hf} S_{hf} w_{hf} \mid u_a \mid, & \left|\dfrac{w_{hf}}{u_a}\right| \leqslant \tan \alpha_{st} \\ -\dfrac{\rho}{2} S_{hf} w_{hf} \mid w_{hf} \mid, & \left|\dfrac{w_{hf}}{u_a}\right| > \tan \alpha_{st} \end{cases} \tag{4-29}$$

式中，$C_{l\alpha,hf}$ 为平尾升力曲线斜率；S_{hf} 为平尾面积；α_{st} 为水平鳍尾临界迎角；w_{hf} 为本地垂直方向的空速，并且有

$$w_{hf} = w_a + qD_{hf} - v_{i,mr} \tag{4-30}$$

式中，D_{hf} 为平尾在直升机重心正后方的位置。

由平尾产生的俯仰力矩可以表示为

$$M_{hf} = Z_{hf} D_{hf} \tag{4-31}$$

6）垂尾

与平尾类似，无人直升机的垂尾作用是通过产生侧向力增强偏航运动的稳定性，也会受到主旋翼下洗流的影响。垂尾受力公式可以表示为

$$Y_{vf} = \begin{cases} -\dfrac{\rho}{2} C_{l\alpha,vf} S_{vf} w_{vf} \mid u_a \mid, & \left|\dfrac{w_{vf}}{u_a}\right| \leqslant \tan \alpha_{st} \\ -\dfrac{\rho}{2} S_{vf} w_{vf} \mid w_{vf} \mid, & \left|\dfrac{w_{vf}}{u_a}\right| > \tan \alpha_{st} \end{cases} \tag{4-32}$$

式中，$C_{l\alpha,vf}$ 为垂尾升力曲线斜率；S_{vf} 为垂尾面积；w_{vf} 为本地横向速度，且有

$$v_{vf} = v_a - rD_{vf} - \lambda_{vf} v_{i,tr} \tag{4-33}$$

式中，D_{vf} 为垂尾在无人直升机重心正后方的位置；λ_{vf} 为受尾桨诱导速度影响的垂尾面积系数。

由垂尾产生的力矩可以表示为

$$\begin{bmatrix} L_{vf} \\ N_{vf} \end{bmatrix} = \begin{bmatrix} Y_{vf} H_{vf} \\ -Y_{vf} D_{vf} \end{bmatrix} \tag{4-34}$$

式中，H_{vf} 为垂尾在直升机重心正上方的位置。

4.4.1.3 模型配平

无人直升机模型建成之后，首先要对它进行配平计算。所谓的配平状态是指在机体坐标系中的定常状态，即线加速度和角加速度都为零时的状态。通过配平计算可以得到在给定飞行条件下，实现无人直升机稳定飞行所需的控制输入变量与状态变量。对上述建立的无人直升机非线性模型而言，令线加速度、角

速度及角加速度等项为零就可得到配平方程组。

配平方程组常用牛顿-拉弗森(Newton-Raphson)法作为求解方法,具体如下:
考虑非线性方程组

$$f_i(x_j) = \mathbf{0} (i = 1, 2, \cdots, N; j = 1, 2, \cdots, N) \tag{4-35}$$

根据 Newton-Raphson 法,其迭代计算过程为

$$x_j^{n+1} = x_j^n - f_i(x_j^n) \left[\frac{\partial f_i(x_j^n)}{\partial x_j} \right]^{-1} = x_j^n - f_i(x_j^n) \mathbf{J}^{-1} \tag{4-36}$$

式中,$\mathbf{J}$ 为雅可比(Jacobian)矩阵。相关试验表明,在给定适当的迭代初始条件下,需约 10 次迭代即可收敛到平衡值。

4.4.1.4 模型线性化

在得到模型配平结果后,为方便无人直升机飞行控制器的设计,需要对非线性模型进行线性化处理。在线性化模型的基础上,有助于更好地分析主旋翼挥舞运动简化处理对系统造成的影响以及无人直升机纵横向之间的耦合效应。

无人直升机的动力学模型是包含 4 个控制量和 12 个状态变量的非线性方程,可表示为

$$\dot{x} = f(x, u, t) \tag{4-37}$$

式中,

$$x = \begin{bmatrix} u & v & \phi & \theta & \psi & q & p & a_s & b_s & w & r & r_{fb} \end{bmatrix}^T$$
$$u = \begin{bmatrix} u_{col} & u_{lat} & u_{lon} & u_{ped} \end{bmatrix}^T \tag{4-38}$$

无人直升机的运动可以分为基准运动与扰动运动两种。基准运动是指无人直升机按设计方案以一定规律进行运动;而扰动运动是直升机在外部扰动的作用下偏离其原基准运动的增量运动。由于增量运动以现行形式添加到原基础运动中,所以小扰动运动又称为增量线性化运动。为分析无人直升机操纵性和稳定性,需利用小扰动法对非线性模型在悬停配平点处进行线性化处理。

根据小扰动方程,将式(4-37)在平衡点处展开成泰勒(Taylor)级数的形式,可得到如下关系式:

$$\delta\dot{x} = \frac{\partial f}{\partial x}\bigg|_{x_{trim}} g\delta x + \frac{\partial f}{\partial u}\bigg|_{u_{trim}} g\delta u \tag{4-39}$$

式中,δx、δu 分别为系统状态变量与控制输入变量的增量,且有

$$\begin{cases} \delta \boldsymbol{x} = \boldsymbol{x} - \boldsymbol{x}_{\text{trim}} = \begin{bmatrix} \delta u & \delta v & \delta \phi & \delta \theta & \delta \psi & \delta q & \delta p & \delta a_{\text{s}} & \delta b_{\text{s}} & \delta w & \delta r & \delta r_{\text{fb}} \end{bmatrix}^{\text{T}} \\ \delta \boldsymbol{u} = \boldsymbol{u} - \boldsymbol{u}_{\text{trim}} = \begin{bmatrix} \delta u_{\text{col}} & \delta u_{\text{lat}} & \delta u_{\text{lon}} & \delta u_{\text{ped}} \end{bmatrix}^{\text{T}} \end{cases}$$

$$(4-40)$$

令

$$\boldsymbol{A} = \frac{\partial \boldsymbol{f}}{\partial \boldsymbol{x}} \mid \boldsymbol{x}_{\text{trim}}, \quad \boldsymbol{B} = \frac{\partial \boldsymbol{f}}{\partial \boldsymbol{u}} \mid \boldsymbol{u}_{\text{trim}} \qquad (4-41)$$

综上所述,可得到小型无人直升机在悬停状态下的小扰动线性化方程

$$\delta \dot{\boldsymbol{x}} = \boldsymbol{A} \boldsymbol{x} + \boldsymbol{B} \boldsymbol{u} \qquad (4-42)$$

式中, $\boldsymbol{A}$ 为系统状态变量矩阵,由相关力和力矩对状态变量的偏导数组成; $\boldsymbol{B}$ 为系统控制输入矩阵,由相关力与力矩对控制输入变量的偏导数组成。

4.4.1.5　操纵性分析

对任何一架无人直升机,其操纵响应都是无人直升机对自动控制系统操纵输入的反应。而在实际的飞行中操纵性是多种多样的,因此没有必要讨论每一种操纵输入形式下的无人直升机响应,而应当挑选一些具有典型代表性的操纵输入进行研究分析,所选择的操纵输入应满足以下条件:

(1) 在地面模拟和实际飞行中经常用到的。

(2) 在所选择的操纵输入下直升机的反应特性能够反应无人直升机的飞行品质。

(3) 所选择操纵输入的数学表达式便于进行理论分析。

常用的典型操纵输入形式有脉冲函数、谐波函数和阶跃函数三种。对无人直升机在某一飞行状态下自动控制系统的突然操纵和无人直升机遇到的常值阵风可近似为阶跃函数形式。

4.4.1.6　稳定性分析

稳定性是系统受到扰动之后回复到平衡位置的倾向,它蕴含着一个与偏离平衡位置静扰动相反的力或力矩。静稳定性与无人机性能有关,稳定边界由系统的极点是否在复平面的左半平面来确定。所以,如果特征方程中的常数项为正,那么就保证了系统的稳定性。但是,稳定性意味着偏离平衡的一切扰动最终消失,这就要求系统所有的极点都位于左半平面,静稳定性与系统对操纵的稳定响应有关。与偏离平衡扰动相反的力或力矩的存在说明为了改变平衡配平状态,必须通过操纵位移将一个力或力矩加到直升机上去,所需的操纵量是偏离配平扰动所产生的力或力矩的度量,因此是静稳定性的度量。

在垂直起降过程中,无人直升机具有对俯仰扰动或滚转扰动的中立稳定性,这是因为这些扰动并不产生与扰动运动相反的力矩。由于速度稳定性导数 M_u 和 L_v,无人直升机确有对纵向速度扰动或横向速度扰动的正静稳定性。这与固定翼飞机横向动力特性类似,即对横向速度扰动的静稳定性是由机翼上反效应产生的,但对滚转角扰动的静稳定性是中立稳定的。

无人直升机的动稳定性需要计算无人直升机的特征根,将无人直升机的气动导数代入标准矩阵形式的直升机小扰动线性化运动方程组并令方程右边的操纵项为零,可以得到齐次方程:

$$(DE - A_s)X = 0 \qquad (4-43)$$

上式的特征方程为

$$F(\lambda) = |\lambda E - A_s| \qquad (4-44)$$

由 $F(\lambda) = 0$ 展开得到特征方程式,求解得到全部特征根,根据所得到的特征根即可得到无人直升机的动稳定性特征。

一般地,无人直升机存在纵横向分离的特征根和纵横向耦合的特征根,这也是无人直升机和固定翼飞机的主要区别之一。

4.4.2 四旋翼无人机

四旋翼无人机的升力产生机理与无人直升机类似,但由于四旋翼无人机使用螺旋桨作为升力面,不具备无人直升机的自动倾斜器,因此其操纵方式与无人直升机大有不同。

而四旋翼无人机虽名为"四旋翼",但并未装备四个具有"挥舞、摆振、扭转"的旋翼。四旋翼无人机主要使用四个螺旋桨作为升力面,在操纵上通过改变螺旋桨转速来实现各种动作。四旋翼飞行器具有两对螺旋桨,一方面可以将各螺旋桨产生的反力矩抵消;另一方面,通过调节两对螺旋桨转速,改变其产生的升力和扭矩大小,控制飞行器的姿态,而不需要调节桨叶的桨距角,简化了控制方式。

4.4.2.1 操纵原理

根据不同的四旋翼无人机机身结构,可以将其分为十字形和 X 形,如图 4-22 和图 4-23 所示。十字形四旋翼无人机飞行时,其中一只电机作为四旋翼无人机的头部,这种方式较为简单。X 形四旋翼无人机飞行时,相邻两只电机的中间对称位置作为四旋翼无人机的头部,这种飞行方式的控制策略比较复杂,但是能够使四旋翼具有更强的稳定性。

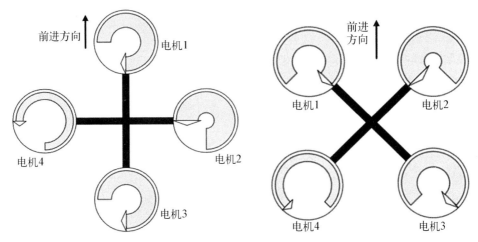

图 4-22　十字形四旋翼无人机　　　　　图 4-23　X 形四旋翼无人机

　　X 形四旋翼是较常用的四旋翼构型,当四旋翼无人机同时增加四个电机转速且升力之和大于无人机重力时,无人机可以实现上升运动。当四个电机转速同时减小且升力之和小于无人机重力时,无人机可以实现下降运动,如图 4-24 所示。

　　如图 4-25 所示,电机转动方向如电机中箭头所示,电机附件上下箭头表示该电机-螺旋桨受力方向。假设 X 轴指向的方向为机身头部,则当 1 号和 2 号电机转速减小一定量,3 号和 4 号电机转速增大相同数量时,由于此时顺时针和逆时针方向总转速的和不变,正向和反向的反扭矩不变,因此没有额外的偏航力矩。而由于 3 号、4 号电机提供的升力大于 1 号、2 号电机提供的升力,因此机身头部会出现下沉动作;反之,机身头部实现上升动作,即产生机身俯仰运动。

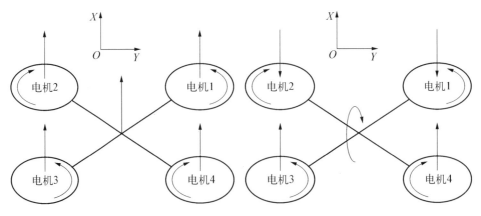

图 4-24　四旋翼无人机升降运动　　　　图 4-25　四旋翼无人机俯仰运动

同理,如图4-26所示,当1号、4号电机转速减小一定量而2号、3号电机转速增加相同量时,机身可以实现横向的滚转运动。因此,对四旋翼无人机来说,俯仰运动和滚转运动的原理相同,但转速增减对应的电机位置不同。

与俯仰、滚转运动不同,偏航运动的实现需要无人机对轴的电机转速同时变化。如图4-27所示,图中1号、3号电机转速增加相同量而2号、4号电机转速减少相同量,此时四个电机总的升力不变,不产生竖直方向上的运动,而由于此时顺时针的总转速小于逆时针的总转速,因此机身实现顺时针方向的偏航运动;反之,可实现逆时针方向的偏航运动。

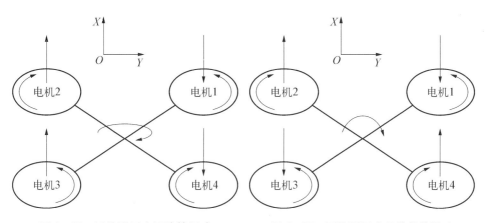

图4-26　四旋翼无人机滚转运动　　　　图4-27　四旋翼无人机的偏航运动

4.4.2.2　六自由度模型

在建立四旋翼无人机的数学模型之前,首先需要建立相关坐标系。常见的四旋翼坐标系定义与无人直升机略有不同,坐标系定义如图4-28所示。

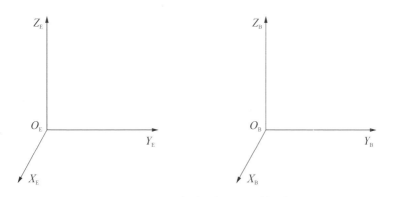

图4-28　四旋翼大地坐标系和机体坐标系

大地坐标系固定在大地上,不随飞行器的飞行而改变。以四旋翼无人机起飞时的位置作为原点建立大地坐标系 $O_E X_E Y_E Z_E$,其中 $O_E X_E$ 轴指向四旋翼无人机起始的前进方向,$O_E Y_E$ 轴位于地平面内并垂直于 $O_E X_E$ 轴向右,纵轴 $O_E Z_E$ 垂直于平面 $O_E X_E Y_E$ 向上。

机体坐标系 $O_B X_B Y_B Z_B$ 原点位于四旋翼无人机的几何中心处,$O_B X_B$ 轴指向四旋翼无人机前进方向,$O_B Y_B$ 轴位于机身平面内并垂直于 $O_B X_B$ 轴向右,纵轴 $O_B Z_B$ 垂直于机身平面向上。

为更好地研究四旋翼无人机特性,做出以下几个合理假设:

(1)假定四旋翼无人机是一个机身完全对称的刚体,其质心落在机体坐标系的原点上。

(2)忽略地球曲率,将地球表面视为一个平面。

(3)大地坐标系为惯性系,机体坐标系各个轴和惯性系各个轴重合,从而保证惯性矩阵在机身坐标系中为对角阵。

1)电机与螺旋桨模型

四旋翼无人机的飞行是靠四个轴上的直流电机带动四个旋翼转动产生升力的,四个直流电机的输入电压与电机转速之间存在如下关系:

$$J\dot{w} = -\frac{k^2 r}{\rho} w - \tau_d + \frac{k_r}{\rho} u \qquad (4-45)$$

单个电机转速与其产生的推力之间的关系是

$$F_i = b w_i^2 \qquad (4-46)$$

旋翼因受到空气阻力产生的反转力矩是

$$D_i = c w_i^2 \qquad (4-47)$$

通过反转力矩可得到旋翼输入转矩为

$$\begin{cases} \Gamma_\theta = -b l w_1^2 - b l w_3^2 \\ \Gamma_\phi = b l w_2^2 + b l w_3^2 \\ \Gamma_\psi = -c w_1^2 + c w_2^2 - c w_3^2 + c w_4^2 \end{cases} \qquad (4-48)$$

式中,J 为电机惯性常数;ρ 为电机阻抗;w 为电机转速;k_r 为转矩常数;τ_d 为电机负载;b、c 为空气动力学相关常数;l 为无人机旋翼到质心的距离。

2）基于四元数的姿态运动学方程

四旋翼动力学方程与直升机基本一致，与无人直升机不同的是，由于四旋翼的机动性，如四旋翼空翻180°时，四旋翼的俯仰角或滚转角会达到90°，这时无人机的俯仰角或滚转角将与偏航角的轴平行，故此时无法提供给偏航角旋转的轴，这种情况也就是"万向锁"问题，因此常用的欧拉法不能用于四旋翼全姿态的解算。为了克服所述问题，需要使用四元数法建立微分方程。

四元数是用四个数来表示旋转变换，它与二维复数较为相似，可用式（4-49）的形式来表示。

$$\boldsymbol{q} = \begin{bmatrix} q_0 \\ q_1 \\ q_2 \\ q_3 \end{bmatrix} = \begin{bmatrix} \cos(\varepsilon/2) \\ \sin(\varepsilon/2)n_1 \\ \sin(\varepsilon/2)n_2 \\ \sin(\varepsilon/2)n_3 \end{bmatrix} \tag{4-49}$$

式中，$\boldsymbol{q}$ 为四元数，其含义为绕着 $\begin{bmatrix} n_1 & n_2 & n_3 \end{bmatrix}$ 表示的三维空间向量旋转角度 ε，四元数与欧拉角的相互转换关系式如式（4-50）和式（4-51）所示。

$$\begin{cases} q_0 = \cos\dfrac{\psi}{2}\cos\dfrac{\theta}{2}\cos\dfrac{\phi}{2} + \sin\dfrac{\psi}{2}\sin\dfrac{\theta}{2}\sin\dfrac{\phi}{2} \\[2mm] q_1 = \cos\dfrac{\psi}{2}\cos\dfrac{\theta}{2}\sin\dfrac{\phi}{2} + \sin\dfrac{\psi}{2}\sin\dfrac{\theta}{2}\cos\dfrac{\phi}{2} \\[2mm] q_2 = \cos\dfrac{\psi}{2}\sin\dfrac{\theta}{2}\cos\dfrac{\phi}{2} + \sin\dfrac{\psi}{2}\cos\dfrac{\theta}{2}\sin\dfrac{\phi}{2} \\[2mm] q_3 = \sin\dfrac{\psi}{2}\cos\dfrac{\theta}{2}\cos\dfrac{\phi}{2} + \cos\dfrac{\psi}{2}\sin\dfrac{\theta}{2}\sin\dfrac{\phi}{2} \end{cases} \tag{4-50}$$

$$\begin{bmatrix} \phi \\ \theta \\ \psi \end{bmatrix} = \begin{Bmatrix} \arctan\left[\dfrac{2(q_2q_3 + q_0q_1)}{q_0^2 - q_1^2 - q_2^2 + q_3^2}\right] \\[2mm] \arcsin[-2(q_1q_3 - q_0q_2)] \\[2mm] \arctan\left[\dfrac{2(q_2q_3 + q_0q_1)}{q_0^2 + q_1^2 - q_2^2 - q_3^2}\right] \end{Bmatrix} \tag{4-51}$$

4.4.2.3　模型分析

四旋翼的配平及线性化与无人直升机基本相同，不同的是由于使用四元数姿态控制方法，因此其状态变量比无人直升机多1个，其状态变量可写为

$$\boldsymbol{x} = \begin{bmatrix} u & v & w & p & q & r & X & Y & Z & q_0 & q_1 & q_2 & q_3 \end{bmatrix}^\mathrm{T} \tag{4-52}$$

由于多旋翼无人机受直接力控制,并没有明确的静稳定性指标和操纵性指标,故在线性化模型之后,对模型进行动稳定性和开环特性分析,具体过程如下:

(1) 将非线性模型进行线性化,取得各个控制输入到各个控制输出之间的单输入单输出(single input single output,SISO)模型。

(2) 在若干 SISO 模型中筛选有效 SISO 模型,即按照一定条件选出对控制输出产生主要影响的控制输入,并将该控制输入和其控制输出组成的 SISO 模型作为有效 SISO 模型。

(3) 利用经典控制理论分析有效 SISO 模型的零极点分布,分析其动稳定性。

(4) 为有效 SISO 模型的状态变量添加激励,一般取阶跃函数作为激励信号,分析各状态变量的开环时频域特性。

4.5　垂直起降控制系统设计

垂直起降控制系统作为无人机垂直起降的核心,对无人机的安全、性能等具有决定性因素,因此性能完善、运行可靠的飞行控制系统一直是设计者追求的目标。下面以单旋翼带尾桨的无人直升机和四旋翼无人机作为代表,说明垂直起降控制系统设计方法。

4.5.1　无人直升机

无人直升机具有无人机和直升机的共同优点,是垂直起降方面性能最佳的飞行器之一。但与固定翼相比,其控制系统更难,主要表现如下:

(1) 无人直升机飞行控制系统是一个典型的强耦合多变量控制系统。在无人直升机的控制变量中有横向周期变距、纵向周期变距、总距、尾桨距以及旋翼转速等,各个控制变量对无人直升机的飞行姿态、下降率或爬升率等均有直接影响,而各个控制变量之间的相互耦合作用十分明显。

(2) 控制系统的稳定边界随着飞行条件的变化而发生巨大的改变。从无人直升机的被控性能来看,其特征参数随飞行条件的变化发生了很大变化,尤其是在飞行速度与飞行姿态发生改变时,在垂直起降控制系统中主要体现在爬升率和下降率的限制上。

(3) 无人直升机的操纵稳定性差。无人直升机被设计成一种静不稳定的系统,即在各个舵面保持不变时,飞行器将不能保持稳定。从控制理论来讲,被控对象是具有正极点的系统,为保证飞行器稳定工作,必须依靠控制系统不断调节与各舵面的连续操纵,使之保持随动稳定。

4.5.1.1　影响因素分析

无人直升机控制因素的影响大致可以分为起降重量、场高、地面效应以及发动机转速等。

由于垂直起降阶段的时间较短,因而忽略直升机在起降期间因油耗引起的重量变化,主要考虑无人直升机每次起降任务前存在的载重差异。结合无人直升机运动方程,可以分析重量不确定性对起降过程的影响。文献数据表明,起飞重量不确定性对配平的影响远大于其对运动模态的影响。

场高影响的本质是大气温度和大气密度的影响,随着高度不断升高,大气温度、密度逐渐降低且变化明显,需要更大的桨距角才能提供无人直升机需要的升力。各个季节的大气温度和大气密度不同,也影响无人直升机的自动起降。

地面效应影响的本质是地面阻滞旋翼下洗流尾流,使桨盘处的气流速度减小且小于无地效时的桨盘诱导速度,其中有地面效应和无地面效应的情况下旋翼尾流如图 4-29 所示。

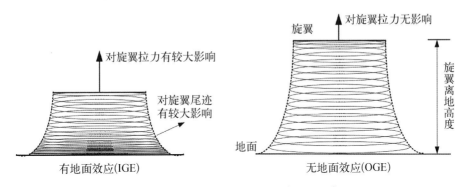

图 4-29　旋翼有无地面效应下的尾流示意图

飞行过程中旋翼负载的变化容易引起发动机转速的波动。由于发动机转速与旋翼转速之间存在固定的机械传动比,因此发动机转速波动会直接引起旋翼转速的变化,进而导致旋翼拉力和旋翼反扭矩的变化。根据理论计算,主旋翼转速对反扭矩的影响为平方级,旋翼转速的变化会引起更加剧烈的主旋翼反扭矩变化,动态变化的转速波动容易引起航向通道的控制性能下降以及航向角波动。在飞行负载、海拔、大气扰动等一系列原因的影响下,旋翼负载的变化幅度大、频率高,因此起降阶段的控制律必须具备一定的抗扰动能力。

4.5.1.2 垂直起飞控制系统设计

垂直起飞阶段是飞管分系统收到"起飞"指令后,从地面起飞到爬升至安全高度的阶段。无人直升机缓慢增加发动机转速,直至飞机平稳离地,待达到预设悬停高度后,转入航行阶段。若周围有障碍物,则离地高度视周围障碍物的高度而定。根据场地、障碍物、经济性等条件限制,垂直起飞方式可分为正常垂直起飞和跨越障碍物垂直起飞。

1) 起飞控制描述

在正常垂直起飞过程中,直升机垂直离地0.15~0.25旋翼直径的高度,即部分利用旋翼的地面效应,进行短暂悬停,然后以较小的爬升角爬升到一定高度。在这个过程中,直升机旋翼的需求功率变化较大,在速度从零增加到需用速度的过程中,直升机的受力状态变化较大,对操纵动作的协调性要求较高。某型无人直升机正常垂直起飞过程的飞行轨迹与有关操纵量的变化如图4-30所示,其中黑框内为垂直起飞段,黑框外为前飞段,本节重点研究垂直起飞段。

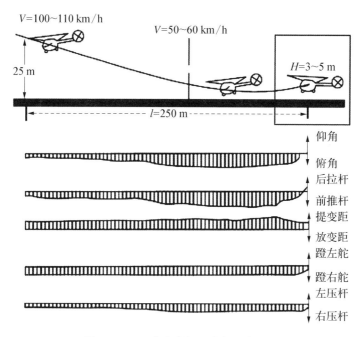

图4-30 无人直升机正常起飞流程图

跨越障碍物垂直起飞,一般在场地周围有一定高度的障碍,并且场地比较狭小时采用。与正常垂直起飞方式不同的是,垂直离地的悬停高度增加了,如果周围障碍物的高度为h,起飞悬停高度应不小于$(10+h)$ m(见图4-31),同样,黑框内为垂直起飞段。由于悬停高度比正常垂直起飞时高出很多,因此这种起飞方式是在无地效高度上悬停,悬停需用功率较大。利用这种起飞方式时,为了在增速过程中不损失高度,要求发动机有部分剩余功率以保证起飞安全。

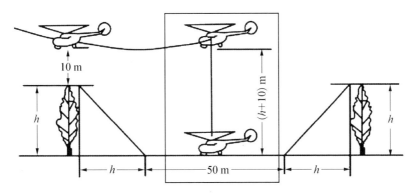

图 4‐31 无人直升机跨越障碍物垂直起飞流程图

正常垂直起飞和跨越障碍物垂直起飞的相同点在于均需要离地面短暂悬停,无人直升机从起飞到空中悬停的过程,也称垂直起飞段,是本节研究的重点。两者的不同点在于受地形或经济性影响,垂直起飞后悬停高度不同。

2) 起飞爬升速度计算

起飞爬升速度是一项重要的飞行参数,直接影响了无人直升机在不同环境下的起飞性能,而起飞性能不仅取决于无人直升机本身的气动特性,还取决于重量特性、航空发动机特性和外界环境因素,所以需要针对不同的飞行状态设计合适的爬升速度。从工程角度出发,起飞爬升速度的设计一般有以下原则:

(1) 根据无人直升机满载情况设计,保证在重量不确定的情况下,能实现起飞爬升速度无静差跟踪。

(2) 在发动机可用功率和总距操纵范围内设计,不仅需要满足飞行包线内的平衡性要求,同时还要有足够的操纵余量以满足机动动作的操纵需要以及抗干扰操纵需要。

(3) 根据全国典型机场的海拔分布,设计不同机场环境下自动起飞时的爬升速度。

起飞爬升速度的计算必须考虑需用功率和总距操纵范围两个方面。需用功率方面,可应用 4.3.3 节中的滑流理论,计算出起飞爬升速度的理论计算值。总距操纵上,可应用 4.3.2 节中的叶素理论,计算出起飞爬升速度的理论计算值。通过建模仿真的方式,对两个起飞爬升速度理论计算值进行筛选,取合适的计算值(实际为随重量、海拔等变化的插值数据)作为起飞爬升速度指令值。

3）总距通道控制律

常用的总距通道控制律是以升降速度作为内环控制量的控制律,如式(4-53)所示。

$$\delta_{col} = \delta_{col}^{trim} + K_{\dot{H}}(\dot{H}_{cmd} - \dot{H}) + K_{I\dot{H}}\int(\dot{H}_{cmd} - \dot{H})$$

$$\dot{H}_{cmd} = K_H(H_{cmd} - H) \tag{4-53}$$

式中,δ_{col} 为总距;δ_{col}^{trim} 为悬停时的总距配平值,即飞机即将离开地面时的总距操纵值,该值随高度变化;$\dot{H}$ 为升降速度,下标 cmd 表示该物理量的指令值。

起飞总距通道控制律具体实施过程如下:

（1）根据无人直升机的实时重量,通过直升机旋翼动力学计算公式能够估计出采用飞机实时重量时的离地总距 δ_{col}^{trim},即飞机即将离开地面时的总距操纵值。

（2）起飞时,记录当前飞机初始高度值,总距从 0 开始以 N rad/s（N 根据无人直升机性能进行自定义）的速率自增,直至预离地 δ_{col}^{trim} 值后停止自增,此时直升机仍停留在地面。

（3）引入升降速度反馈和高度反馈,刷新目标高度指令并进行软化,由高度控制回路产生升降速度指令,根据当前气压高度选择合适的爬升速度指令 $\dot{H}_{cmd}$,接入升降速度的比例积分控制,通过升降速度的积分项实现对起飞重量不确定性因素的适应性,解决起飞时离地总距的自动配平问题。

（4）直升机离地后,升降速度的比例积分项能够精准地跟踪升降速度指令,随着爬升速度逐渐增加,积分环节的作用变小,高度不断上升,飞机进入稳定的空中爬升阶段。

（5）飞机经过加速、匀速、减速过程,最终爬升至目标高度,自动进入悬停模态,完成正常垂直起飞或跨越障碍物垂直起飞。

4）纵横向通道控制律

无人直升机自动起飞过程中的动力全部来源于旋翼,考虑到旋翼空气动力重心与无人直升机重心之间力臂较短,旋翼产生的力对机身的操纵主要体现为力的操纵,而力矩的操纵效果较弱。因此在垂直起降阶段很难对无人直升机的姿态进行精准跟踪,可以选择将姿态增稳控制律作为纵横向内回路的控制策略,提高无人直升机的姿态稳定性,实现姿态的平缓响应。外回路主要以位置保持控制律为核心,采用地速和位置相结合的控制方案,抑制无人直升机起飞过程中的位置漂移现象，其控制律形式如式(4-54)和式(4-55)所示。

$$\delta_{\text{lon}} = \delta_{\text{lon}}^{\text{trim}} + K_\theta g \Delta\theta + K_q gq + K_{V_x}(V_{x\text{cmd}} - V_x) + K_{\text{IV}_x}\int (V_{x\text{cmd}} - V_x)$$

$$V_{x\text{cmd}} = K_x(X_{\text{cmd}} - X)$$

$$(4-54)$$

$$\delta_{\text{lat}} = \delta_{\text{lat}}^{\text{trim}} + K_\phi g \Delta\phi + K_p gp + K_{Vy}(V_{y\text{cmd}} - V_y) + K_{\text{IV}_y}\int (V_{y\text{cmd}} - V_y)$$

$$V_{y\text{cmd}} = K_y(Y_{\text{cmd}} - Y)$$

$$(4-55)$$

式中，δ_{lon} 表示纵向周期变距操纵量；δ_{lat} 表示横向周期变距操纵量；X 和 Y 分别表示纵向和横向位移。以起飞纵向通道控制律为例，具体实施过程说明如下：

（1）无人直升机停留在地面时，首先接入内环的增稳控制，即反馈俯仰角速率和俯仰角，记录当前无人直升机的经纬度信息并将其作为悬停时的目标经纬度，供解算位置信息。

（2）为防止起飞时的位置漂移，在增稳控制的基础上接入外环的位置控制律，即反馈地速和位置信号。

（3）离地后实时刷新飞机的经纬度信息，根据当前经纬度和悬停时的经纬度信息，可以实时解算出纵向周期变距和横向周期变距操纵量。

5）尾桨通道控制律

常规单旋翼带尾桨布局的飞行器在航向控制上是非对称的。飞行过程中的轴间耦合、转速波动、旋翼负载变化、侧风扰动等都会引起偏航运动，给航向控制带来一定的困难，因此尾桨通道的控制必须解决无人直升机本身的气动特性带来的问题，还需要解决飞行阶段中不确定性引起的一系列航向控制问题。一般来说，尾桨距到偏航角速率的开环频率特性在中低频段具有良好的幅值增益，即能够对偏航角速率进行准确跟踪，因此偏航通道控制律形式如式(4-56)所示：

$$\begin{cases}\delta_{\text{ped}} = \delta_{\text{ped}}^{\text{trim}} + K_r r + K_{\text{I}r}\int (r_{\text{cmd}} - r)\text{d}t \\ r_{\text{cmd}} = K_\psi(\psi_{\text{cmd}} - \psi)\end{cases} \quad (4-56)$$

式中，δ_{ped} 为尾桨距操纵量；$\delta_{\text{ped}}^{\text{trim}}$ 为尾桨距配平量；r 为偏航角速率；ψ 为偏航角。自动起飞时尾桨通道的具体实施过程如下：起飞离地时根据磁力计传感器检测无人直升机当前航向信息，并把此时检测到的实时航向作为起飞时的指令航向，反馈偏航角速率和偏航角控制,整个起飞过程实时跟踪控制预设的航向指令值。

4.5.1.3　垂直降落控制系统设计

垂直降落阶段是无人直升机完成任务后航行到指定位置上空进行悬停,并垂直降落在指定位置的阶段。与垂直起飞过程相似,垂直降落也分为正常垂直降落与跨越障碍物垂直降落。

1) 降落控制描述

正常垂直降落一般针对预定降落地点场地净空条件好的情况,其降落过程的飞行轨迹如图 4-32 所示,其中黑框内为垂直降落段,黑框外为前飞段,本节重点研究垂直降落段。以这种方式降落的做法如下:以一定的下滑角大致向预定点下降,并逐渐减速,在接近降落预定点前,无人直升机做小速度贴地飞行,旋翼处在地面效应影响范围内,由于充分利用了地效,因此需用功率减小。在到达约定点上空 3～5 m 的高度上短时间悬停,再以 0.1～0.2 m/s 的下降率垂直下降直至接地。

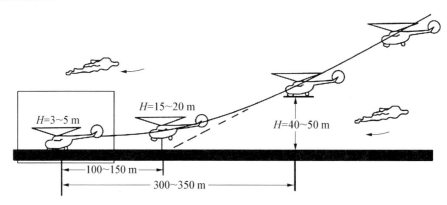

图 4-32　正常垂直降落过程飞行轨迹

当降落场地面积较小,周围又有一定高度的障碍物,无人直升机在接近场地时,不允许做小速度贴地飞行,此时就需要采用跨越障碍物垂直降落,其飞行轨迹如图 4-33 所示。与正常垂直降落不同的是减速和接地前短暂悬停高度不同。由于悬停不能利用地效,因此这种方式的需用功率较大,同时降落点附近又有障碍物,无人直升机纵横向不允许较大的位移,操纵难度较大。

正常垂直降落和跨越障碍物垂直降落的相同点在于均需要离地面短暂悬停,从空中悬停到降落至地面的阶段称为垂直降落段,也是本节研究的重点。两者的不同点是垂直降落前的悬停高度不同,且正常垂直降落对降落场地要求高,经济性好,垂直降落前的悬停高度较低;而跨越障碍物垂直降落对降落场地要求低。

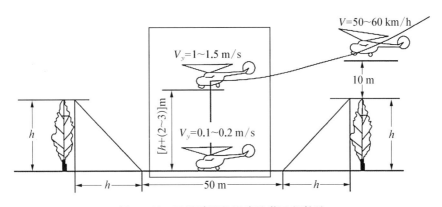

图 4‒33 跨越障碍物垂直降落飞行轨迹

2) 降落涡环状态分析

涡环状态是直升机下降过程中一种危及直升机飞行安全的潜在危险状态,其实质上是直升机在垂直(斜)下降时,相对气流对旋翼尾流的挤压,使得旋翼桨尖处形成不稳定空气环流的现象。进入涡环状态飞行的直接原因是直升机垂直(斜)下降过程中的下降速度太大,因此在垂直下降飞行时需要严格控制下降率,尤其是垂直降落阶段,飞行高度低,一旦进入涡环飞行状态,改出难度太大。涡环状态飞行的特点如下:旋翼周围的气流流动状态十分紊乱,机身强烈震动、摇晃,旋翼拉力变化无常、总距操纵失效、旋翼扭矩反常变化等。进入涡环状态的主要标志是扭矩平均值改变了其随垂直下降速度增大而减小的正常趋势,即通常所说的"功率沉陷"现象,此时下降的需用功率比悬停时还要大。涡环状态示意图如图 4‒34 所示。

图 4‒34 涡环状态示意图

经过国内外学者试验研究，发现当相对来流速度矢量在旋翼尾流矢量反方向上的投影超过某一临界值时，旋翼进入涡环状态，这就是高-辛涡环判据，如式（4-57）所示。

$$v_{cr} = 0.28v_h \qquad (4-57)$$

式中，v_{cr} 为临界垂直下降速度；v_h 为悬停时的诱导速度。

3）降落下降速度计算

垂直降落时对下降速度值的选取比起飞时更加苛刻，而且降落阶段无人直升机在不同的重量和不同的海拔状态下悬停诱导速度差异较大。一般地，垂直降落时只选择无人直升机空载且位于海平面处的状态进行下降速度的设计，其主要原因是满载高海拔状态下根据高-辛涡环定理计算出的临界值比空载低海拔时的临界值大，不能将其作为直升机空载着陆的垂直下降速度，易导致无人直升机进入涡环状态。

工程上，常用高-辛涡环定理与非线性模型仿真进行数据对比，综合考虑场高、地面效应等因素，选取合适的垂直降落下降速度（实际为随重量、海拔等变化的插值数据）。

4）各通道降落控制律

由于起飞与降落均是无人直升机垂直方向的运动，故垂直降落时无人直升机的各通道控制律与起飞时基本相同，各通道对应的控制律公式如表4-3所示。

表4-3　无人直升机各通道降落控制律

序　号	通　　道	控制律公式
1	总距通道	式（4-53）
2	纵向周期变距通道	式（4-54）
3	横向周期变距通道	式（4-55）
4	尾桨通道	式（4-56）

4.5.2　四旋翼无人机

四旋翼无人机是一个四输入、六输出的欠驱动系统，其中四个输入由电机产生，六个输出包括沿三轴的线运动和绕三轴的角运动。这样当四旋翼无人机的一个电机发生变化时,至少影响三个状态的变化。例如,当左边一个电机加速时,会使四旋翼产生向右平移、向右滚转以及相应方向的偏航等运动,这就给控制系统设计增加了难度。

4.5.2.1　垂直起降流程描述

一般来说,四旋翼无人机的体积及重量比无人直升机更小,对场地的需求比无人直升机更加简单。

垂直起飞流程描述如下:四旋翼无人机处于地面阶段时,同时增加四轴电机转速,使得无人机获得一定的垂直上升率从而离地飞行。一般来说,无人机会经历地面阶段、地效爬升段、空中爬升段、空中悬停段。如果四旋翼无人机需要执行低空任务,则经历地面阶段、地效爬升段、地效悬停段,如图4-35所示。

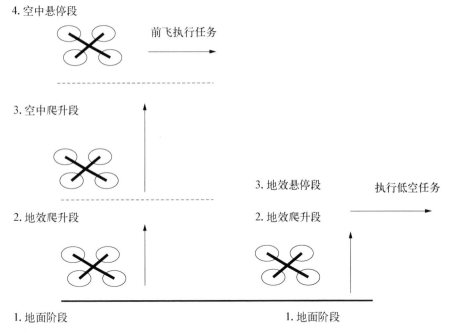

图4-35　四旋翼无人机垂直起飞流程

(1) 地面阶段:指无人机收到"起飞"指令,四个电机转速从0至怠速运行,怠速值由仿真试验确定,此时四旋翼无人机仍处于地面阶段。

(2) 地效爬升段:当螺旋桨升力增大直至四旋翼无人机脱离地面,螺旋桨下洗气流被地面抑制,下洗气流呈现无规律运动,气动特性较为复杂,无人机与地面之间的流场形成气垫。在该阶段应保持姿态稳定,抑制纵横向位置的漂移,防止四旋翼无人机冲出起飞区域,四个电机转速迅速提升。

（3）空中爬升段：脱离地效区后四旋翼无人机附近流场特性有所改善，四个电机继续提升转速，以保持稳定的上升速率爬升。

（4）空中悬停段：爬升到目标高度后保持空中悬停状态，垂直起飞流程结束。

（5）地效悬停段：当无人机需要执行低空任务时，无人机不需要进入空中爬升段和空中悬停段。无人机经过地效爬升段并进入目标高度，则进入地效悬停段，垂直起飞流程结束。

垂直降落过程可以描述如下：四旋翼无人机执行完任务后，经历进场位置调整保持定高定点的空中悬停段、空中下降段、地效下降段和触地阶段。如果四旋翼无人机执行低空任务返回，则不经过空中悬停段和空中下降段，执行阶段为地效悬停段、地效下降段和触地阶段。具体流程图如图4-36所示。

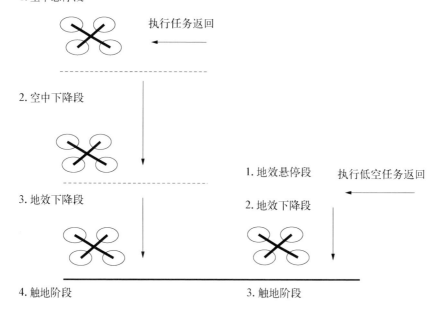

图4-36　四旋翼无人机垂直降落流程

（1）空中悬停段：结束任务后将位置调整到指定停机位置正上方，并保持定高定点悬停，为垂直降落做准备。

（2）空中下降段：同时调整四个电机的转速，保持一定的下降率，从空中下降到地效区的阶段。

（3）地效下降段：此时四旋翼无人机进入地效区近地下降飞行，螺旋桨下洗气流方向变化不定,对姿态稳定性提出较大的挑战。由于四旋翼无人机的螺旋桨直径(详见 4.2.4 节)较小,因此可忽略无人直升机下降过程中的涡环风险,但需要考虑起落架承受能力进而选择合适的触地速度范围。

(4)触地阶段:四旋翼无人机接触地面,同时降低四个电机转速,使得转速降至慢车、怠速直至关停,垂直降落过程结束。

(5)地效悬停段:结束低空任务返回时需要经历的阶段。与空中悬停段不同的是无人机处于地效高度范围,螺旋桨下洗气流受到地面阻滞,形成对四旋翼的反作用力,使得电机需用功率降低。

4.5.2.2　基于加速度计和陀螺仪的互补姿态解算

在垂直起降过程中,无人机容易受到气流干扰、传感器数据漂移等影响,故在控制系统设计中必须考虑以上因素的影响。由于直接使用陀螺仪和加速度计解算姿态角存在一定的弊端,因此需要采用四元数互补滤波的方法求取四旋翼无人机的姿态角。本节主要叙述四元数法中的传感器互补姿态解算,以提高传感器数据的准确性,提高控制精度。

陀螺仪具有温度漂移特性,长期积分运算存在累积误差,短期数据精度高。飞行器在飞行过程中的机体振动会对加速度计产生影响,不适合短期测量,但其测量误差为静差,不随时间的累加而变化,可用于长时间的姿态角采集。四元数互补滤波方法可以将这几种传感器的优势互补。

四旋翼的姿态解算需要通过四元数解出,而四元数的更新则需要通过陀螺仪的值来进行。但由于陀螺仪本身的特性,又需要加速度计和磁力计对其进行校准。

欧拉角、四元数和方向余弦矩阵间的关系如式(4-58)所示。

$$
\begin{bmatrix} \cos\theta\cos\psi & -\cos\phi\sin\psi+\sin\phi\sin\theta\sin\psi & \sin\phi\sin\psi \\ \cos\theta\sin\psi & \cos\phi\cos\psi+\sin\phi\sin\theta\sin\psi & -\sin\phi\sin\psi+\cos\phi\sin\theta\sin\psi \\ \sin\theta & \cos\theta\sin\phi & \cos\theta\cos\phi \end{bmatrix} =
$$

$$
\begin{bmatrix} q_0^2+q_1^2-q_2^2-q_3^2 & 2(q_1q_2+q_0q_3) & 2(q_1q_3-q_0q_2) \\ 2(q_1q_2-q_0q_3) & q_0^2-q_1^2+q_2^2-q_3^2 & 2(q_2q_3-q_0q_3) \\ 2(q_1q_3+q_0q_2) & 2(q_2q_3-q_0q_1) & q_0^2-q_1^2-q_2^2+q_3^2 \end{bmatrix} = \begin{bmatrix} c_{11} & c_{12} & c_{13} \\ c_{21} & c_{22} & c_{23} \\ c_{31} & c_{32} & c_{33} \end{bmatrix}
$$

$$(4-58)$$

通过三维的变换矩阵,能够得到重力加速度向量在机体坐标系的表示形式,如式(4-59)所示。

$$\begin{bmatrix} v_x \\ v_y \\ v_z \end{bmatrix} = \begin{bmatrix} 2(q_1 q_3 - q_0 q_2) \\ 2(q_2 q_3 + q_0 q_1) \\ q_0^2 - q_1^2 - q_2^2 + q_3^2 \end{bmatrix} \qquad (4-59)$$

采用式(4-59)计算坐标转换误差。a_x、a_y、a_z 为加速度计测量出的重力向量在各个轴向上的分量,即在三个坐标轴上实测得到的加速度计传感器数据;a_{gx}、a_{gy}、a_{gz} 是当前的四元数旋转矩阵转换后的三轴上的加速度,即都为机体坐标系的重力向量。它们之间的误差即为经坐标转换后的误差,计算前将 a_x、a_y、a_z 进行规范化处理。

$$\begin{bmatrix} e_x \\ e_y \\ e_z \end{bmatrix} = \begin{bmatrix} a_y a_{gz} - a_z a_{gy} \\ a_z a_{gx} - a_x a_{gz} \\ a_x a_{gy} - a_y a_{gx} \end{bmatrix} \qquad (4-60)$$

式中,e_x、e_y、e_z 是 $\begin{bmatrix} a_x & a_y & a_z \end{bmatrix}$ 与 $\begin{bmatrix} a_{gx} & a_{gy} & a_{gz} \end{bmatrix}$ 两个向量的向量积,即坐标转换矩阵转换时存在的误差。用此误差修正陀螺仪,从而消除陀螺仪的积累误差。陀螺仪各轴转动的角速度经修正后再用一阶龙格库塔算法进行积分,更新四元数,如式(4-61)所示。

$$\begin{cases} q_0(n+1) = q_0(n) + \dfrac{T_q}{2}\left[-\omega_x(n)q_1(n) - \omega_y(n)q_2(n) - \omega_z(n)q_3(n)\right] \\[2mm] q_1(n+1) = q_1(n) + \dfrac{T_q}{2}\left[\omega_x(n)q_0(n) + \omega_z(n)q_2(n) - \omega_y(n)q_3(n)\right] \\[2mm] q_2(n+1) = q_2(n) + \dfrac{T_q}{2}\left[\omega_y(n)q_0(n) - \omega_z(n)q_1(n) + \omega_x(n)q_3(n)\right] \\[2mm] q_3(n+1) = q_3(n) + \dfrac{T_q}{2}\left[\omega_z(n)q_0(n) + \omega_y(n)q_1(n) - \omega_x(n)q_2(n)\right] \end{cases}$$

$$(4-61)$$

式中,$q_0(n+1)$、$q_1(n+1)$、$q_2(n+1)$、$q_3(n+1)$ 为更新后得到的四元数;$q_0(n)$、$q_1(n)$、$q_2(n)$、$q_3(n)$ 为这一时刻的四元数;ω_x、ω_y、ω_z 为消除误差后陀螺仪测得的角速度值;T_q 为采样周期。新的四元数需要经过规范化处理,再由反三角函数运算得到各个姿态角,则滚转角、俯仰角和偏航角如式(4-62)所示。

$$\begin{cases} \phi = \arctan\left(\dfrac{c_{32}}{c_{33}}\right) = \arctan\left[\dfrac{2(q_2 q_3 + q_0 q_1)}{q_0^2 - q_1^2 - q_2^2 + q_3^2}\right] \\[3mm] \theta = \arcsin(-c_{31}) = \arcsin[-2(q_1 q_3 - q_0 q_2)] \\[3mm] \psi = \arctan\left(\dfrac{c_{21}}{c_{11}}\right) = \arctan\left[\dfrac{2(q_2 q_3 + q_0 q_1)}{q_0^2 + q_1^2 - q_2^2 - q_3^2}\right] \end{cases} \quad (4-62)$$

4.5.2.3 姿态及位置控制律设计

针对气流干扰的问题，与无人直升机控制系统一样，常用 PID 控制进行控制。由于使用四元数 $\begin{bmatrix} q_0 & q_1 & q_2 & q_3 \end{bmatrix}$ 在设计控制律时稍有不便，故仍使用欧拉角进行设计，只是在设计软件时需要经过四元数转换矩阵进行转换。一般情况下，各通道控制器如式(4-63)所示。

$$\begin{cases} \delta_{\mathrm{thr}} = \delta_{\mathrm{thr}}^{\mathrm{trim}} + K_{\dot H}(\dot H_{\mathrm{cmd}} - \dot H) + K_{I\dot H}\displaystyle\int (\dot H_{\mathrm{cmd}} - \dot H) \\[3mm] \dot H_{\mathrm{cmd}} = K_H(H_{\mathrm{cmd}} - H) \\[3mm] \delta_{\mathrm{pitch}} = \delta_{\mathrm{pitch}}^{\mathrm{trim}} + K_\theta g \Delta\theta + K_q gq + K_{V_x}(V_{x\mathrm{cmd}} - V_x) + K_{\mathrm{IV}_x}\displaystyle\int (V_{x\mathrm{cmd}} - V_x) \\[3mm] V_{x\mathrm{cmd}} = K_x(X_{\mathrm{cmd}} - X) \\[3mm] \delta_{\mathrm{roll}} = \delta_{\mathrm{roll}}^{\mathrm{trim}} + K_\phi g \Delta\phi + K_p gp + K_{V_y}(V_{y\mathrm{cmd}} - V_y) + K_{\mathrm{IV}_y}\displaystyle\int (V_{y\mathrm{cmd}} - V_y) \\[3mm] V_{y\mathrm{cmd}} = K_y(Y_{\mathrm{cmd}} - Y) \\[3mm] \delta_{\mathrm{yaw}} = \delta_{\mathrm{yaw}}^{\mathrm{trim}} + K_r r + K_{Ir}\displaystyle\int (r_{\mathrm{cmd}} - r)\mathrm{d}t \\[3mm] r_{\mathrm{cmd}} = K_\psi(\psi_{\mathrm{cmd}} - \psi) \end{cases}$$

$$(4-63)$$

式中，δ_{thr} 为油门舵；δ_{pitch} 为俯仰舵；δ_{roll} 为滚转舵；δ_{yaw} 为偏航舵；其余物理量含义见式(4-53)～式(4-56)的详细介绍。在得到各舵面的输出值后，需要对应到各个舵面上，以图4-23所示的X形四旋翼无人机为例，四个舵面与四个舵机的对应关系如下：

$$\begin{cases} \Delta\delta_1 = \dfrac{1}{4}(\delta_{\mathrm{thr}} + \delta_{\mathrm{pitch}} + \delta_{\mathrm{roll}} + \delta_{\mathrm{yaw}}) \\[3mm] \Delta\delta_2 = \dfrac{1}{4}(\delta_{\mathrm{thr}} + \delta_{\mathrm{pitch}} - \delta_{\mathrm{roll}} - \delta_{\mathrm{yaw}}) \\[3mm] \Delta\delta_3 = \dfrac{1}{4}(\delta_{\mathrm{thr}} - \delta_{\mathrm{pitch}} - \delta_{\mathrm{roll}} + \delta_{\mathrm{yaw}}) \\[3mm] \Delta\delta_4 = \dfrac{1}{4}(\delta_{\mathrm{thr}} - \delta_{\mathrm{pitch}} + \delta_{\mathrm{roll}} - \delta_{\mathrm{yaw}}) \end{cases} \quad (4-64)$$

4.6 安全性设计

飞行器的飞行安全性是一个重大问题,而垂直起降的安全性又是其中的关键,据相关资料显示,具备垂直起降功能的航空飞行器事故大多发生在垂直起飞或者垂直降落过程中。以无人直升机为例,无人直升机在使用、维护、制造和试验过程中存在危及飞行安全的潜在故障,因此在设计过程中必须采取措施及时消除,或者及早发现并控制住,防止意外事故发生,确保飞行安全。安全性设计主要包括如下内容。

1）遵循军用或民用航空标准

目前我国已经制定了一系列的国军标和航标,基本覆盖了各个专业。因此,设计时需要遵循相应的型号规范和标准,如强度规范、飞行品质、电源规范等。

2）疲劳容限设计

无人直升机的旋翼、尾桨等机体结构在持续高强度工作后容易发生断裂事故,应当采取安全寿命设计及疲劳容限设计进行预防。

3）余度设计

对某些特别重要且故障率较高的系统常采用余度设计。即有几套功能完全相同的分系统或设备,当出现故障时可以相互替代,以确保系统正常工作。需要余度设计的系统包含但不限于飞行控制系统、任务处理系统等。

4）故障-安全设计

对某些特别重要但故障率不高的系统,当采用余度设计代价太高时,可以采用故障-安全设计,即用一种降低功能等级的方法代替失效的全功能措施。此时,无人直升机会立即返航或迫降。

5）告警设计

当系统工作达到临界状态危及飞行安全时,必须及时、准确地告知飞行控制系统及地面控制站,引起必要的关注,并采取有效的纠正措施,确保飞行安全。

6）环境安全设计

环境安全是指环境对无人直升机安全性的影响。主要设计内容如下:机载设备均应有防霉菌、防沙尘、防盐雾、耐高低温、抗振动、防电磁干扰的能力;在地面停放时,应防止主旋翼桨叶、尾桨桨叶、电机等易损伤部件日晒雨淋,应停放在阴凉干燥通风处;发动机进气道应防沙尘吸入等。

7）保险设计

对易发生危险的部位，在设计上应采取保险或者双保险措施，可大大减少危险事件的发生。比如设计起飞保险销，无人直升机必须在拔掉保险销的情况下才能转动旋翼，以减小旋翼高速旋转对附近人员的伤害。

参|考|文|献 ••

[1] 高正,陈仁良.直升机飞行动力学[M].北京：科学出版社,2003.

[2] 王适存.直升机空气动力学[G].南京：南京航空学院,1981.

[3] 杨一栋.直升机飞行控制[M].北京：国防工业出版社,2007.

[4] 王云.航空航天概论[M].北京：北京航空航天大学出版社,2009.

[5] 曹义华.现代直升机旋翼空气动力学[M].北京：北京航空航天大学出版社,2015.

[6] 贺天鹏,张俊,曾国奇.无人直升机系统设计[M].北京：国防工业出版社,2016.

[7] 全权.多旋翼飞行器设计与控制[M].北京：电子工业出版社,2018.

[8] 夏斌.无人直升机自动起降控制技术研究[D].南京：南京航空航天大学,2016.

[9] 丁力.小型无人直升机飞行动力学、控制及试验研究[D].南京：南京航空航天大学,2016.

[10] Heffley R K, Mnich M A. Minimum-complexity helicopter simulation math mode[R]. NASA, 1988.

[11] 杜鹏辉.四旋翼飞行器飞行控制方法研究[D].深圳：深圳大学,2016.

[12] 杨国松.四旋翼飞行器自动降落研究[D].成都：电子科技大学,2017.

[13] 张浩.四旋翼飞行器控制系统关键技术研究[D].哈尔滨：哈尔滨工程大学,2017.

5 空 中 投 放

空中投放是无人机的发射方式之一,指无人机通过载机获取一定的高度和速度,在空中与载机分离后自行进入飞行状态的发射方式。

早在20世纪航空技术发展的初始阶段就已经出现过母机(或飞艇)-子机的概念与应用。苏联曾经为其轰炸机开发了一种可挂载在机翼上的护航战斗机。但受当时航空技术水平的限制,这种方式昙花一现,没有大规模地普及和工程化应用。而在战后导弹使用需求的推动下,母机挂载子机的概念更多地被应用在机载导弹的投射方式上。进入21世纪,空中投放技术日趋成熟,已发展成为导弹、高超声速飞行器、运载火箭、蜂群无人机等的常用发射方式。

与其他发射方式相比,空中投放的主要优点如下:① 发射范围大;② 子机在发射阶段就具有较高的速度和高度,可增大子机有效载荷与飞行包线;③ 利用载机的速度和高度,子机具有较强的生存能力和突防能力。

5.1 分类及适用范围

利用载机投放无人机,应根据载机特点、子机特点、任务需求与使用场景,选择合适的运载方式和分离形式。

载机运载子机的方式如下:

(1)下挂式,子机悬挂于载机机身下面或机翼下面。

(2)腹载式,子机固定在载机机身舱内。

(3)背驮式,子机固定在载机机身上面。

(4)拖曳式,子机用缆绳拖拽在载机后面。

其中,下挂式和腹载式是技术成熟且较常使用的运载方式。

根据子机与载机分离时子机是否由载具装载可将空中投放方式分为直接投放与间接投放。子机无载具装载,直接与载机分离的方式为直接投放。采用该种投放方式,子机可充分利用载机的速度和高度,在与载机分离前就建立较稳定的初始速度和姿态,与载机分离后可较快进入自主飞行。但由于无载具装载,子机直接承受与载机分离时的大动压,因此设计时需确保子机抗过载能力满足要求且子机发动机能在分离条件下正常启动。

为避免子机直接承受与载机分离时的大动压,可将子机装载在载具内由载机投放。载具为子机提供保护,并通过减速伞等调整速度和姿态,为子机与载具分离创造条件,子机与载具分离后再进入自主飞行。该种投放方式为间接投放,也称二级投放。采用该种投放方式,无人机无须负担过重的抗过载要求,有利于无人机的小型化和轻型化设计;还可通过一个载具装载多架无人机或短时间内投放多个载具,实现无人机的快速批量投放。

图 5-1 AQM-37A 超声速靶机
(图片源自网络)

直接投放多用于固定翼或折叠翼的中、小型无人机,如美国"火蜂"无人机、俄罗斯 P90 无人机、美国"小精灵"无人机、美国 AQM-37A 超声速靶机(见图 5-1)等。

间接投放多用于折叠翼的小、微型无人机,如麻省理工学院的"灰山鹑(Perdix)"无人机(见图 5-2)。

图 5-2 "灰山鹑"无人机(图片源自网络)

5.2　空中投放过程

直接投放与间接投放的过程有较大差异,本节将对典型无人机的投放过程进行说明。

5.2.1　直接投放

载机直接投放无人机的过程与载机发射导弹的过程类似,以美国比奇公司研制的超声速靶机 AQM‐37A 为例,该靶机全长 3.83 m,翼展为 1 m,弹径为 330 mm、重量为 256 kg,使用 LR‐64‐NA‐4 液体燃料火箭发动机,可从 A‐4"天鹰"、A‐6"入侵者"攻击机和 F‐4"鬼怪"战斗机等飞机上发射。发射过程如下:

1) 发射准备

载机到达指定空域,调整飞行速度和姿态,为发射靶机创造条件。

2) 载机发射靶机

达到发射条件后,载机向发射装置发送指令,在发射装置弹射力的驱动下,靶机向下与载机快速分离。

3) 靶机舵面启锁

发射后 2 s,靶机位于载机下方约 30 m 处,靶机俯仰陀螺开始工作,靶机舵面启锁。

4) 发动机启动

发射后 2.5 s,靶机发动机启动,1 s 后,发动机达到全推力状态,靶机进入自主飞行,此时靶机位于载机下方约 76 m 处。

靶机相对于载机的高度随时间变化的情况如图 5‐3 所示。

5.2.2　间接投放

相比于直接投放,间接投放的流程更为复杂。以某型使用电动螺旋桨推进的无人机为例:该无人机全长 1.5 m,翼展为 2.6 m,重量为 29 kg,可在折叠状态下装入吊舱中,由高空高速飞行的载机投放。投放流程如图 5‐4 所示,主要阶段如下:

(1) 投放准备。载机到达指定空域,调整飞行速度和姿态,为投放吊舱创造条件。

(2) 载机投放吊舱。满足投放条件后,载机向发射装置发出"投放"指令,吊舱与载机分离。

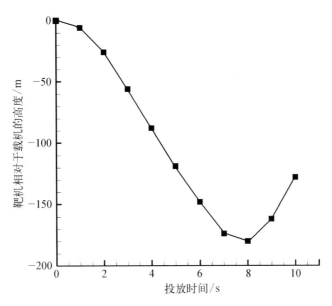

图 5-3 靶机相对于载机的高度随时间变化曲线

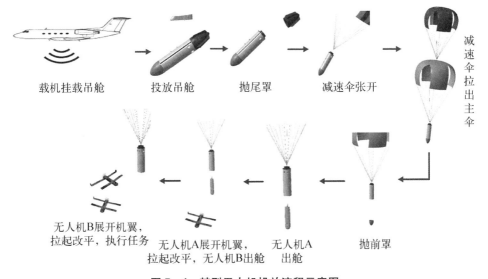

图 5-4 某型无人机投放流程示意图

（3）吊舱下落并减速。吊舱引导伞、主伞依次拉出，使吊舱下落速度、姿态稳定到一定范围。

（4）无人机滑出吊舱。吊舱速度、姿态稳定后，无人机以机头朝下的方式从吊舱内顺滑轨滑出。

（5）无人机展开机翼。无人机的后机翼、前机翼先后展开，后机翼舵面偏转,使无人机由竖直方向拉起改平,为飞控系统介入无人机控制创造条件。

(6) 动力启动、飞控介入。电动机启动,飞控系统介入无人机控制,无人机按预定航线飞行。

5.3　空中投放的关键技术

空中投放的关键技术主要有载机选择与改装、机翼展开与姿态建立、导航控制与姿态感知、飞行模态交接与控制等。

5.3.1　载机选择与改装

利用载机投放无人机,需解决载机与无人机的匹配和协调问题,重点要解决以下两个问题。

1) 载机选择

选择载机的原则是"装得下"和"带得动"。载机选择受以下因素约束:

(1) 无人机重量。

(2) 无人机外形尺寸。

(3) 无人机需要的投放高度。

(4) 无人机需要的载机飞行姿态。

(5) 无人机需要的载机飞行速度。

需开展载机和无人机的适应性论证和设计:一是载机挂上无人机(或载具)后,其气动特性将发生变化,应详细分析两者的气动干扰,论证载机飞行性能和飞行品质的变化;二是分析无人机(或载具)与载机分离后的轨迹和姿态变化,防止威胁载机飞行安全的情况出现。

2) 载机改装

无人机(或载具)在载机上挂载的位置需经过迭代论证,按相关规范计算挂载和发射状态受力、力矩及振动冲击等响应特性,并对载机机体结构予以适应性加强。

为在载机上观察、检测、控制投放过程,会在载机上加装释放控制系统,通过释放控制系统获得载机的飞行高度、飞行速度和姿态等信息,检查设备工作情况,并执行启动无人机发动机、投放无人机等操作。

载机对无人机的供电、检测和控制通过电缆连接来实现,载机机身、机翼、释放控制系统的设计应满足电磁兼容要求。

5.3.2 机翼展开与姿态建立

折叠机翼具有空间占用少、结构紧凑、运输方便等优点,是许多载机投放无人机采用的典型布局形式。使用载机投放折叠翼无人机时,机翼展开与姿态建立是设计关注的重点。

折叠翼无人机采用直接投放方式时,如果在投放前展开机翼,则机翼的展开过程对无人机速度和姿态的影响较小;折叠翼无人机直接投放后展开机翼或采用间接投放方式时,无人机在下落过程中机翼逐渐展开到位,机翼上的力和力矩随时都在变化,无人机的速度和姿态变化较大。

本节介绍折叠翼无人机的典型布局形式、展开系统设计和展开时序设计。

1) 折叠翼布局形式

折叠翼布局设计需满足以下要求:① 空间要求;② 结构要求;③ 机翼面积要求;④ 静稳定性要求;⑤ 控制要求。

图 5-5 示出两种典型折叠翼布局形式:并联式前后折叠机翼布局和串联式多次折叠机翼布局。

(a) "鲨鱼"(Shark)无人机　　　　　　　(b) "先驱者"(Outrider)无人机

图 5-5　典型折叠翼无人机布局(图片源自网络)

2) 展开系统设计

机翼展开是一个动态过程,运动本质是机翼绕其转轴在一定角度内的转动。转动过程中要克服各种因素产生的阻碍力矩,这些因素如下:

(1) 机翼气动力在转动平面内的分量。

(2) 机翼转轴与机身支撑结构间的摩擦力。

(3) 飞行器自由落体过程中机翼转动受到的科氏力。

(4) 机翼受自身转动惯量产生的惯性力。

其中,气动力和摩擦力是主要因素。在综合评估各因素影响的基础上完成机翼展开系统设计工作,包括展开驱动力选择、展开机构设计等。后文以某型采用间接投放方式的无人机为例进行说明。

间接投放的无人机与载具分离后,一般以机头朝下的方式自由下落,机翼展开过程中所受气动力对展开过程可能起推动或阻碍作用,作用大小与无人机飞行速度、迎角、侧滑角、机翼展开角度、机翼展开方向等相关,可通过试验或数值仿真手段获取。图5-6所示为某型无人机机翼展开过程中阻碍力矩的变化情况,由图可知,阻碍力矩在机翼展开过程中先增大后减小,不同迎角下的阻碍力矩差异较大。

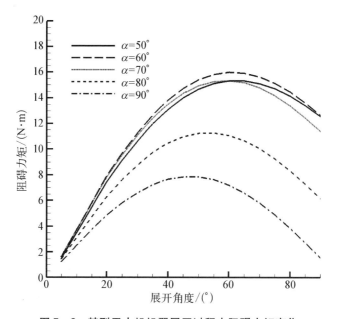

图5-6　某型无人机机翼展开过程中阻碍力矩变化

展开驱动力的选择原则是使展开力矩与阻碍力矩有良好的伴随性。驱动力过小,则展开力矩不足以克服阻碍力矩,机翼无法展开到位;驱动力过大,则机翼展开末速度过大,机翼与锁定机构剧烈碰撞,损坏机体结构。

机翼展开的常用动力源为弹簧和火工品。其中,弹簧操作简单、成本低,但储能线性输出,与阻碍力矩的变化趋势不吻合,且容易出现应力松弛等问题,一般在阻碍力矩不大时作为储能部件;火工品储能大,展开动力足,采用其作为动力源时应重点关注展开力矩与阻碍力矩的伴随性,如图5-7所示。

在选定展开机构动力源后再进行展开机构的详细设计。展开机构主要部件包括机翼展开装置、锁定装置、定位装置、减速缓冲装置等,如图5-8所示。为实现机翼的快速展开与精准定位,设计时需考虑左右机翼阻碍力矩不对称的情况,确保左右机翼展开的同步性。在展开机构设计完成后,还需通过地面机翼展

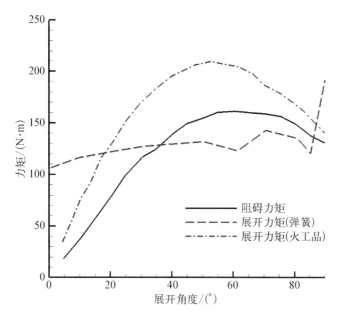

图5‑7　阻碍力矩与展开力矩随展开角度变化

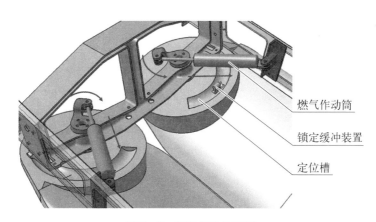

图5‑8　展开机构示意图

开试验、空中模拟投放试验等进行验证。

3）展开时序设计

对有多个折叠部件的无人机,各折叠部件的展开时序对无人机的稳定性、收敛速度和姿态有较大影响,需要进行仔细设计以取得良好的展开姿态。以采用串联前后翼布局的某型无人机为例,在以机头朝下的方式与载具分离后,无人机先展开后翼,再展开前翼,最后展开翼梢小翼。经过仔细论证和设计,得到各部件的展开时序,控制各阶段无人机的速度和姿态变化在合理的范围内,实现无人机顺利转入自主飞行阶段的目标(见图5-9、图5-10)。图5-9中的60°、90°、120°是无人机从载具脱离后的初始姿态角;图5-10图例中的1 s、2 s、3 s是展开后翼后,再展开前翼的延迟时间。

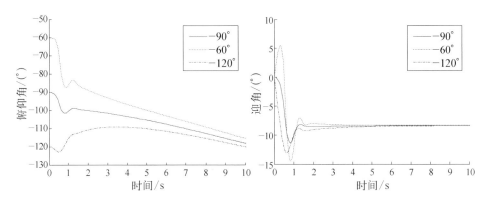

图5-9　某型无人机后翼展开后的俯仰角(左)与迎角(右)变化

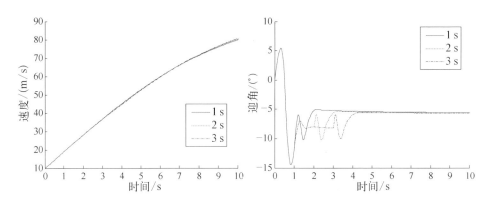

图5-10　某型无人机前翼展开后的速度(左)与迎角(右)变化

5.3.3　导航控制与姿态感知

空中投放的无人机一般采用任务设备或地面站给出的目标方位进行导航控制,采用差分、惯导航姿等传感器进行导航定位与姿态获取。这类传感器集成了三轴加速度计、三轴角速率陀螺和磁力计等传感器,可以输出飞机俯仰角、滚转角、偏航角、俯仰角速率、滚转角速率、轴向加速度、法向加速度和侧向加速度等。传感器一般安装在飞机重心附近,以便能够更精准地测量飞机各物理量。

5.3.4　飞行模态交接与控制

采用间接投放方式的无人机,投放后的控制模态交接设计较为复杂。无人机投放后,飞行模态由空中抛放改为机翼展开、起飞拉起、姿态调整等。应详细分析不同阶段的控制要求,分别设置发动机通道、升降舵通道、副翼通道以及方向舵通道等的控制模态。另外,可以采用容错控制等控制方法进行控制策略设计,充分考虑无人机安全性、经济性以及稳定性要求。

图 5-11 所示为某型无人机机翼展开段、起飞拉起段和姿态调整段的控制流程。

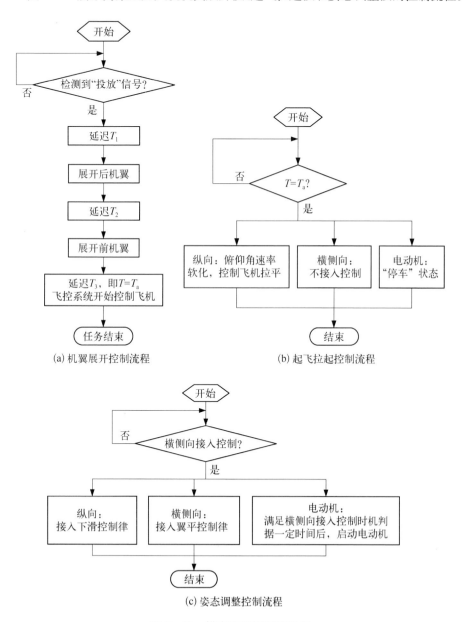

图 5-11 模态交接控制流程图

在机翼展开段,检测到投放信号后,根据展开时序设计依次展开后机翼和前机翼,保证投放安全并将展开后无人机的速度和迎角控制在一定范围内。机翼展开完成后,延迟一定时间,飞控系统介入控制,进入起飞拉起段。

在起飞拉起段,纵向通过控制升降舵软化俯仰角速率,横侧向不介入控制,发动机处于停车阶段。在起飞拉起建立俯仰角姿态后进入姿态调整段。

在姿态调整段,采用翼平控制手段接入横侧向控制,在横侧向接入控制后一定时间,在空中启动发动机,完成空中投放阶段的飞行模态交接与控制。

5.4 投放安全性分析

评估投放物(子机、载具)的运动轨迹和姿态变化趋势,确保投放物与载机安全分离,是空中投放方案设计成功的关键。本节介绍投放过程的影响因素及投放安全的验证方法。

5.4.1 影响因素

投放过程中,投放物的动力学关系如下:

$$F = \frac{\mathrm{d}(mV)}{\mathrm{d}t} = m\frac{\mathrm{d}V}{\mathrm{d}t} + m\omega \times V \tag{5-1}$$

$$M = \frac{\mathrm{d}(I \cdot \omega)}{\mathrm{d}t} = I\frac{\mathrm{d}\omega}{\mathrm{d}t} + \omega \times (I \cdot \omega) \tag{5-2}$$

式中,F 为投放物所受合力;M 为投放物所受合力矩;I 为投放物转动惯量;V 为投放物相对于载机的速度;ω 为投放物相对于机体轴的转动角速度。

一般情况下,投放物在投放过程中主要受气动力和重力作用,有时还需考虑发射装置施加的弹射力、投放物发动机的推力等。在投放初始阶段,投放物与载机之间存在较强的气动干扰,气动力作用对投放物轨迹和姿态的影响较大,尤其当投放物拥有较大升力面或重量较轻时,气动力的影响大于重力的影响。

分析投放物运动轨迹和姿态变化时,需考虑的因素如下。

1) 投放物的静稳定性

投放物静稳定性不足时,与载机分离后可能发生急剧翻滚,无法实现安全投放。以某型无人机的投放吊舱为例,吊舱尾部有较大的十字形尾翼,可提高吊舱的静稳定性,防止吊舱与载机分离后姿态急剧变化,如图 5-12 所示。

图 5-12　某型无人机的投放吊舱

2）载机的飞行高度、速度、迎角、侧滑角

载机的飞行高度、速度、迎角和侧滑角影响投放物所受气动力大小。当投放物位于机翼或机身下方时，为保证投放安全，应限制投放物的上升趋势。可基于试验或数值仿真结果，限制投放时载机的飞行高度、速度、迎角和侧滑角。

3）投放物的初始位置和姿态

当投放物重量较轻、尺寸较小或受载机部件尾流影响较大时，投放物的初始位置和姿态对投放轨迹有较大影响，可借助试验方法或数值方法进行分析。

4）投放物的重量和转动惯量

投放物的重量和转动惯量增大时，投放轨迹受气动力的影响减小。

5）投放物的初始速度和角速度

在发射装置弹射力作用下，投放物与载机分离时具有一定的初始速度和角速度。为提高投放物与载机分离的安全性，可为投放物提供一个大小和方向适宜的远离载机的初始速度。

需要注意的是，上述因素的影响趋势和影响程度在不同案例中可能有较大差异，可借助试验方法或数值方法进行分析、验证。

5.4.2　验证方法

投放安全验证方法包括数值仿真和投放试验，两者常结合使用。

数值仿真是投放安全验证的重要手段。相比于投放试验，数值仿真对各种复杂条件具有良好的适应性，且费用相对低廉。通过数值仿真分析各因素的影

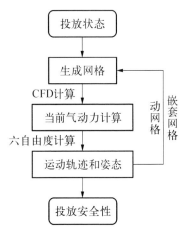

图 5-13 数值方法计算投放物运动轨迹和姿态

响趋势,确定危险状态后,再通过投放试验加以验证,可优化试验方案、降低试验费用、缩短试验周期。

数值仿真解决投放问题的基本思路如下:第一步,使用非定常或准定常计算流体力学方法,计算投放物所受气动力;第二步,耦合六自由度刚体动力学方程,计算投放物轨迹和姿态变化;第三步,调整投放物位置,使用动网格或嵌套网格方法生成新网格,推进下一时间步计算,然后重复一、二、三步,完成投放仿真,如图 5-13 所示。

投放试验包括飞行试验与风洞试验。飞行试验价格昂贵、危险性高,因而投放安全验证多采用风洞试验。常用的风洞试验方法有捕获轨迹(captive trajectory system,CTS)法和动力相似法,试验原理如下。

1) 捕获轨迹法

要求模型满足几何相似,投放物与测力内式天平连接,安装在可六自由度运动的伺服机构上(移测架系统)。测力内式天平测出投放物所受的气动力和力矩,输入计算机中,由预先编制的六自由度方程计算程序计算出投放物的姿态和轨迹变化量,六自由度伺服机构系统调整投放物位置和姿态,再进行下一次吹风,直到轨迹测量完毕。

2) 动力相似法

投放过程仅考虑气动力与重力影响,要求模型满足动力相似,投放物在风洞中自由投放,由高速摄像机或多次曝光设备拍摄其投放过程,通过计算软件处理获得投放物运动轨迹和姿态。

两者对比结果如表 5-1 所示,应根据具体情况选择合适的风洞试验方法。

表 5-1 不同投放试验方法比较

比 较 项 目	捕获轨迹法	动力相似法
模型	几何相似,重复使用	动力相似,加工复杂
设备	设备复杂,价格昂贵	设备简单,价格便宜
连投	不能	可以

续 表

比 较 项 目	捕获轨迹法	动力相似法
投放物动力装置	在运动方程中加入其影响项	难以满足
投放物自动驾驶仪和增稳系统影响	在运动方程中加入相应影响	不能满足
数据获取	轨迹和气动参数数据	仅轨迹数据

参|考|文|献

［1］罗荣寿.AQM‐37A 靶弹的飞行试验[J].飞航导弹,1980(10)：3‐9.

［2］Tao T S，Hansma R J. Development of an in-flight-deployable micro-UAV[C]//54th AIAA Aerospace Sciences Meeting，2015.

［3］许云飞,张志坚,颜永富,等.折叠式飞行器机翼展开装置的技术研究[J].航空兵器,2014(6)：28‐31.

［4］廖波,袁昌盛,李永泽.折叠机翼无人机的发展现状和关键技术研究[J].机械设计,2012,29(4)：1‐5.

［5］祝小平.无人机设计手册[M].北京：国防工业出版社,2007.

［6］吴新禄.捕获轨迹法在××无人机投放试验中的应用[J].飞行力学,1995,13(1)：69‐74,90.

［7］杨华保,马新,李军鹏,等.空中发射及其关键技术[J].火力与指挥控制,2008,33(9)：15‐17.

6 动能弹射起飞

　　动能弹射是指无人机以外界能量为动力源，在较短距离以大过载快速起飞的发射方式。动能弹射起飞摆脱了对跑道等设施的依赖，机动灵活，已成为中小型无人机普遍采用的起飞方式。

　　无人机动能弹射起飞方式根据有无导轨可分为两类：一类为导轨动能弹射，另一类为火箭助推弹射。

6.1　导轨动能弹射

　　导轨动能弹射主要是将弹性势能、液压能、气压能或电磁能等不同形式的能量转换为动能，使无人机在一定长度的滑轨上加速到安全起飞速度。导轨动能弹射起飞方式的普遍优点是机动灵活性好、安全性高和隐蔽性好；其缺点是由于滑轨长度有限，因此能发射的无人机重量受到制约。

　　导轨动能弹射方式如图 6-1 所示。一套倾斜导轨供无人机滑行加速，并获

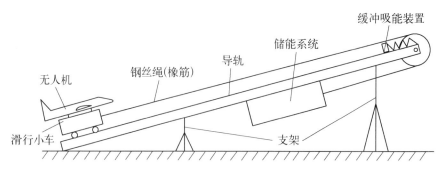

图 6-1　导轨动能弹射原理示意图

得合适的滑跃角；导轨上嵌套一辆滑行小车，无人机置于小车上；以外界能源为动力，牵引或推动小车，使无人机加速；导轨末端设置一个减速区，当小车到达减速区时，以较大过载减速，而无人机因惯性作用，与小车的连接机构解锁，脱离小车，完成弹射起飞。

　　不同导轨动能弹射方式最大的区别在于其弹射能源不同，可按弹射采用的能源对弹射方式进行分类，目前常见的方式有弹力弹射（橡筋或弹簧）、气压弹射、液压弹射等。随着技术进步，导轨电磁弹射已成为可能。不同导轨动能弹射方式的对比如表 6-1 所示。

表 6-1　不同导轨动能弹射方式对比

弹射方式	适用无人机类型	成本	优　点	缺　点
弹力弹射	微、小型无人机	低	体积小、重量轻、结构简单、易携带、成本低	弹性元件寿命有限、弹射能力小（无法达到较大起飞速度）、环境适应性差、对温度敏感
气压弹射	中、小型无人机	中	可重复使用、环境适应性好	弹射能力中等、结构复杂度中等
液压弹射	中、小型无人机	中	弹射能力强、可重复使用、环境适应性好	尺寸大、自重大、结构复杂
电磁弹射	目前仅大型无人机	高	控制精确、效率高，弹射重量、速度可调	技术上实现难度最大、设备最复杂、很难小型化

6.1.1　弹力弹射

　　弹力弹射是指利用橡筋或弹簧等弹性元件在拉伸或压缩时储存的弹性势能，弹射时将此势能迅速转换为飞机前行时所需动能的一种发射方式。其优点是结构简单，操纵方便，不需要电力、火药等能源消耗。但其缺点也非常明显，比如只能发射微、小型无人机；同时由于弹性元件的性能限制和环境限制（如温度过低时橡筋弹性会下降），无法将较重的无人机加速到很高的速度，弹性元件的固有寿命较短（如橡筋），更换频繁。

　　国外的代表产品很多。图 6-2 示出了法国泰雷兹（THALES）集团的新型"暴风鹱（Fulmar）"无人机（重 20 kg，采用碳纤维制造，翼展为 3 m）及其橡筋弹射系统。

图 6-2　"暴风鹱"无人机及其橡筋弹射系统(图片源自网络)

图 6-3 示出了国内北京某公司研制的 T10"大黄蜂"航测无人机和 TL3 无人机弹射器。

图 6-3　T10"大黄蜂"无人机和 TL3 无人机弹射器(图片源自网络)

从图 6-2 和图 6-3 中可以看出,弹力弹射的操作较为简单:倾斜导轨固定于发射阵地;无人机置于滑行小车上,并拉至滑轨底部,小车锁死;两侧橡筋处于拉伸张紧状态;发射时解锁滑行小车,利用橡筋的拉力拉动小车,使无人机加速并起飞。发射完成后,手动或电动张紧橡筋至发射位置,装载第 2 架无人机,进入下一次发射。

6.1.2　气压弹射

气压弹射又称压缩气体弹射,是一种以气体压缩能作为无人机弹射起飞动力的发射方式,它通常由气源、缓冲气缸、滑轮增速装置、滑轨、气压控制阀、管路等组成。通过对气路及增速装置进行设计可以实现发射、加速、减速、停止及回位、再发射等动作,实用方便。图 6-4 示出了美海军陆战队的"扫描鹰"无人机及其气压弹射器。

图 6-4　"扫描鹰"无人机及其气压弹射器(图片源自网络)

气压弹射过程如下：将无人机固定在滑行小车上,用锁定装置锁死,压气机向储气罐内压入规定压力的气体。这时弹射装置处于发射状态,启动无人机发动机,锁定装置开锁,储气罐内的高压气体通过管路进入作动筒,推动活塞快速运动,活塞运动带动加速滑轮组以更大的行程和速度运动,加速滑轮组末端绑定在滑行小车上,它的运动带着滑行小车在导轨上加速,当到达末端位置后,无人机加速到起飞速度,从滑行小车上脱离并起飞。

国际上比较实用的气压弹射器是美国 Insitu 公司研制的 Superwedge 和 Mark 4 压缩空气弹射器,Mark 4 弹射器又分为标准型和紧凑型两种,各弹射器主要性能指标如表 6-2 所示。

表 6-2　美国 Insitu 公司弹射器主要性能指标

性　能　指　标	Superwedge	标准型 Mark 4	紧凑型 Mark 4
储气罐压力/MPa	0.84	20.4	20.4
最大弹射质量/kg	18	12～61	12～61

续　表

性　能　指　标	Superwedge	标准型 Mark 4	紧凑型 Mark 4
发射速度/(m/s)	32	20~30	20~30
自重/kg	363	1 905	997.9
长×宽×高/m	5.2×0.9×1.8	折叠 5.43×2.21×1.65 展开 6.71×2.21×2.44	折叠 4.39×1.37×1.62 展开 7.03×1.37×1.96
准备时间/min	6	10	15
使用温度/℃	−17.8~48.9	−17.8~48.9	−17.8~48.9
操作人数	2	2	2

国内气压弹射代表产品有青岛启航弹射科技有限公司研制的"D(S)TH-G14-MAT"系列大型气压弹射器,如图6-5所示,其主要技术参数如表6-3所示。

图6-5　"D(S)TH-G14-MAT"弹射器折叠(左)及展开(右)状态(图片源自网络)

表6-3　"D(S)TH-G14-MAT"系列大型气动弹射器主要技术参数

技术 参数	长×宽×高/m	最大起 飞重量/ kg	最大脱 离速度/ (m/s)	最大 过载	弹射准 备时间/ min	作业温 度范围/ ℃	系统 总重/ kg
数值	折叠 4.3×1.78×1.3 展开 12.6×1.78×3.1	750	35	≤10 g	≤30	−25~ 50	2 560

6.1.3　液压弹射

液压弹射的原理和组成与气压弹射类似,如图 6-6 所示。

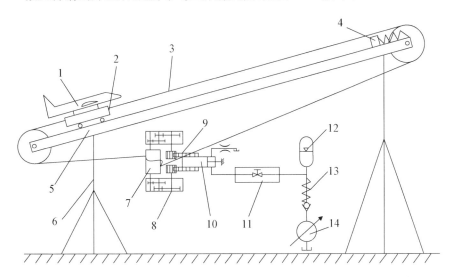

1—无人机;2—滑行小车;3—钢丝绳;4—缓冲吸能装置;5—导轨;6—支架;7—绳轮;8—齿轮增速箱;
9—齿条;10—液压缸;11—阀控系统;12—蓄能器;13—单向阀;14—液压泵。

图 6-6　液压弹射原理示意图

无人机置于滑行小车上,滑行小车通过钢丝绳与绳轮连接,绳轮通过花键与增速系统的齿轮输出轴连接,在液压缸的两端设置有齿条。弹射前,滑行小车由卡紧装置固定在导轨上,由液压泵向蓄能器充入高压油液,当油压达到设定值时,溢流阀溢流,该过程为蓄能器储能阶段;弹射时,阀控系统开启,高压油液瞬间进入增速系统液压缸的无杆腔中,缸体在高压油液的推动下向前运动,带动固定在缸体左右两侧的齿条运动,齿条又与增速箱输入轴小齿轮啮合,从而带动固定在两个增速箱高速轴上的绳轮做高速转动,无人机和滑行小车在钢丝绳牵引力的作用下沿导轨迅速加速,达到起飞速度后与设置在导轨末端的缓冲吸能装置上的缓冲块撞击,无人机脱离滑行小车后在自身动力和惯性的作用下弹射起飞(以上过程为无人机弹射起飞过程)。弹射完成后,滑行小车最终通过绳轮制动和撞击缓冲吸能装置上的缓冲块而停止。无人机顺利弹射后液压系统复位,即增速系统液压缸、绳轮制动液压缸活塞杆收回,缓冲吸能装置(液压式)复位,高压油泵向蓄能器充油,蓄能器重新处于满载状态。

6.1.4　电磁弹射

无人机的导轨电磁弹射是近些年出现的一种新的发射技术,它是根据直线电机的原理研制而成的,弹射器导轨相当于直线电机的定子,沿导轨移动的电枢相当于转子,当导轨内通入强电流时,在导轨回路内产生强磁场,电流转化为电磁力,推动电枢带动无人机进行加速。电磁弹射系统由发射电机系统、电力储能系统、主电源连接系统、动力转换电子系统、发射控制系统、能量输送系统等组成。电磁弹射原理如图6-7所示。

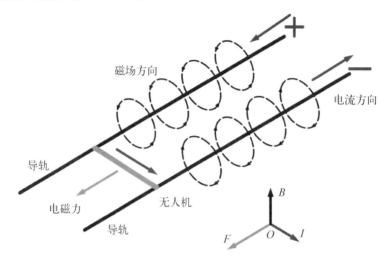

图6-7　电磁弹射原理图

与火箭助推弹射方式相比,电磁弹射省去了火工品,安全性提高。与气压弹射或液压弹射相比,其机构简单,控制高效,可靠性高。电磁弹射如果能解决好电容储能问题,应用前景广阔。

6.1.5　导轨动能弹射动力学原理

将无人机视为一个质点,发射架导轨仰角为 θ,无人机上的可用推力始终与导轨平行,所有关键部件均为刚体,无人机弹射加速过程中的受力情况如图6-8所示。

无人机加速过程的运动方程如下:

$$m\frac{\mathrm{d}^2 x}{\mathrm{d}t^2} = F_{\mathrm{t}} + T - mg\sin\theta - F_{\mathrm{f}} - F_{\mathrm{d}} \tag{6-1}$$

式中,F_{t} 为牵引力,单位为 N;T 为无人机发动机推力,单位为 N;F_{d} 为空气阻力,单位为 N,表达式见式(6-2);F_{f} 为摩擦力,单位为 N,表达式见式(6-3);m 为滑行小车与无人机的总重量,单位为 kg;x 为滑行小车位移,单位为 m(沿机体坐标 X_{c} 方向)。

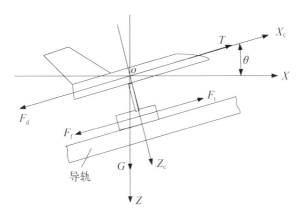

图 6-8 无人机加速过程受力分析

$$F_d = \frac{1}{2} S C_D \rho v^2 \qquad (6-2)$$

$$F_f = mg\mu\cos\theta \qquad (6-3)$$

式中,S 为机翼面积,单位为 m^2;C_D 为阻力系数;ρ 为空气密度,单位为 kg/m^3;v 为无人机沿导轨方向的速度,单位为 m/s;μ 为滑行小车与导轨间的摩擦系数。

将式(6-2)和式(6-3)代入式(6-1)中,可得到加速过程中的动力学方程:

$$m \frac{\mathrm{d}^2 x}{\mathrm{d}t^2} = F_t + T - mg(\sin\theta + \mu\cos\theta) - \frac{1}{2} S C_D \rho v^2 \qquad (6-4)$$

假设发射过程中无人机与滑行小车处于匀加速过程,通过轨道距离和无人机末速度可求出加速度和时间,和其他参数一起代入式(6-4)可得到无人机加速过程中需要的平均牵引力。

在减速过程中滑行小车的运动方程为

$$m_1 \frac{\mathrm{d}^2 x_1}{\mathrm{d}t^2} = T_1 + m_1 g \sin\theta + m_1 g \mu \cos\theta \qquad (6-5)$$

式中,m_1 为滑行小车质量,单位为 kg;x_1 为减速过程中滑行小车位移,单位为 m(沿机体坐标 X_c 方向);T_1 为减速过程中的拦阻力,单位为 N。

通过式(6-5)可以得到减速过程需要的拦阻力。

气压和液压发射系统需要的能量为无人机达到起飞速度时无人机与滑行小车的动能与势能的总和。

$$E = \frac{1}{2} m v^2 + mgh \qquad (6-6)$$

系统需要提供的功率为

$$P = \frac{E}{t} \tag{6-7}$$

6.1.6　弹射系统设计

前面介绍过,根据发射动力源的不同,导轨动能弹射可分为弹力弹射(橡筋或弹簧)、气压弹射、液压弹射和电磁弹射几种方式。

不同起飞速度和重量的无人机可选择不同的无人机导轨动能弹射起飞方式。

弹力弹射起飞方式原理简单、机构轻便,但适用范围较窄,仅限于低速的微、小型无人机发射;气压弹射和液压弹射方式除工作介质不同外,其工作原理基本相同、适用范围相当。

6.1.6.1　导轨设计

导轨一般选择槽钢或工字钢,也可选择圆形截面,导轨参数应满足以下几个方面的需求。

1) 导轨承载能力

导轨主要承受无人机和滑行小车的重力、牵引滑行小车的力、锁闭滑行小车的锁闭力、滑行小车碰撞缓冲吸能装置的撞击力等,由此可计算出导轨各部分应承受的载荷。

2) 导轨长度

导轨长度包括滑行小车的安装长度、加速段长度、缓冲段长度以及缓冲装置的安装长度。其中加速段导轨长度 S 可由式(6-8)进行计算。假设弹射过程是一个匀加速直线运动,弹射牵引力为 F、无人机质量为 m、弹射末速度为 V、弹射加速度为 a(或过载系数),则弹射过程可表示为

$$S = \frac{V^2}{2a} = \frac{mV^2}{2F} \tag{6-8}$$

对一架特定的无人机,弹射末速度 V 是一定的,所以加速段导轨长度 S 越大,所需过载及弹射器牵引力就越小,对弹射器结构强度、储能系统输出功率和无人机机体结构强度的要求就越低,反之亦然。无人机弹射时,过载系数一般为 $3g \sim 5g$。

3) 导轨支架

支架主要为导轨结构提供支撑作用,分为前后支撑,按导轨的发射角设计前后支撑的高度。也可以将后支撑高度设计为可调节形式,以便调节无人机弹射

时的发射角。

6.1.6.2　储能系统

不同的弹射方式采用不同的储能系统,即使是相同的导轨动能弹射方式其储能系统的设计也各有差异。因需要储存能源并将其在瞬间转化为无人机的动能,所以储能系统瞬时功率高,所以安全可靠是设计时首要考虑的因素。

合理选择储能方式可优化弹射器的系统结构、提高安全性并降低成本。以电磁弹射为例,其储能方式可选择超级电容或者飞轮等方式。超级电容的瞬时功率高,充电储能快,但储能成本高,导致发射动能通常不高;而飞轮则与其相反。根据其特点,不同的储能方式可用在不同的电磁弹射领域。如超级电容通常用在对峰值功率要求高但是发射动能较低的电磁炮上,而飞轮则用在航母舰载机弹射起飞上。

6.1.6.3　缓冲吸能装置

无人机弹射起飞加速到起飞速度后与滑行小车脱离升空,滑行小车继续向前滑行,其前行动能由缓冲吸能装置吸收后运动终止。

常见的缓冲吸能装置有橡胶绳、弹簧缓冲器、油气缓冲吸能装置和水涡轮等。

1) 橡胶绳

橡胶绳在拦阻滑行小车的过程中产生弹性拉力,可使滑行小车减速直至停止运动。其优点是结构简单、价格便宜;缺点是橡胶绳拦阻减速过载较小,无人机与滑行小车分离过程拖延时间较长,由于橡胶绳的回弹特性,滑行小车会出现反向运动。

2) 弹簧缓冲器

弹簧缓冲器安装在导轨末端,可将滑行小车滑行的动能转变为弹簧的势能,从而达到使滑行小车减速直至停止的目的。与橡胶绳一样,其结构简单、成本低;缺点也一样,即无人机与滑行小车分离过程拖延时间较长,滑行小车会出现反向运动。

3) 油气缓冲吸能装置

油气缓冲吸能装置利用其活塞收缩运动来吸收滑行小车的冲击动能,使滑行小车减速制动,可适用于缓冲速度和重量不同的滑行小车,且滑行小车在缓冲过程中不会出现反向回弹运动。

4) 水涡轮

水涡轮是一种利用涡轮在水中旋转产生阻力的装置。弹射行程末端,滑行小车释放飞机后继续前行,冲击并带动水涡轮在流体中旋转,从而产生反作用力使小车减速停止。这种缓冲方式的优点如下:① 冲击速度越大,产生的阻尼力就越大;② 滑行小车冲击缓冲过程中不会出现回弹运动。

6.1.6.4　滑行小车

滑行小车设计时应遵循以下原则:

(1)滑行小车的外形结构应不妨碍无人机的分离起飞。

(2)在满足加速和缓冲过程中所承受载荷作用的前提下,滑行小车按最小重量设计。

(3)滑行小车对无人机应有足够的支承刚度,并满足无人机的安装和发射姿态要求。

滑行小车可分为滚动式和滑动式两种。

滚动式是指通过车轮与导轨接触的滑行小车。这种方式通过车轮实现上下、左右运动方向的限位,使滑行小车在沿导轨滑跑的过程中不会脱离导轨。车轮与导轨表面的配合是间隙配合,保证滑行小车沿导轨运动顺畅且摩擦力较小。滚动式适用于起飞速度较小的无人机。

滑动式是指没有车轮,通过滑块与导轨接触的滑行小车。导轨截面形状常用标准型材(如工字钢等),滑块与导轨接触面的材料为减磨或耐磨材料。滑块与导轨表面的配合精度较高,通常按导轨型材截面形状来设计滑块截面形状,使滑块抱在导轨表面上。这种结构形式保证了滑动式滑行小车可承受更大的缓冲载荷。滑动式适用于起飞速度较大的无人机。

6.2　火箭助推弹射

火箭助推弹射是指利用火箭助推器的能量,在几秒内将无人机加速到起飞所需的速度和高度,火箭随后脱落,无人机靠自身动力继续完成起飞的一种发射方式。火箭助推弹射方式的优点是机动灵活、通用性好、应用范围广,几乎适用于所有类型的无人机,是常用的无人机发射方式之一;其缺点是涉及火工品的贮存、运输和使用,发射时具有声、光、烟等容易暴露发射阵地的较强物理特征。

按弹射时有无导轨,火箭助推弹射可分为零长弹射和短轨弹射;按火箭助推器的使用数量和在无人机上的连接形式,火箭助推弹射又可分为单发共轴式、单发夹角式、双发夹角式和箱式自动连续弹射等几种。

6.2.1　单发共轴式

单发共轴式火箭助推弹射方式采用单枚火箭助推起飞,且助推火箭推力线沿无人机轴线与无人机飞行方向一致。无人机安装在零长弹射装置上,其后通过推力杆连接一台助推火箭。发射时,无人机在助推火箭的推动下,从弹射装置上发射,助推火箭工作几秒钟后自动脱落,无人机靠自身发动机工作完成飞行任务。该弹射方式的优点是火箭推力沿无人机轴线方向,发射平稳,推力线控制与调整简单;其缺点是助推火箭安装在飞机正后方,推力座设置复杂,特别是与后置式动力装置协调困难。

采用单发共轴式火箭助推弹射方式的典型无人机为德国和加拿大共同研制的 CL‑289 无人机,如图 6‑9 所示。

图 6‑9　CL‑289 无人机(图片源自网络)

6.2.2　单发夹角式

单发夹角式火箭助推弹射方式也采用单枚火箭助推起飞。助推火箭安装于后机身下部,与飞机轴线成一定的夹角,以保证火箭推力线经过飞机重心。其优点是推力座设置简单,适用范围广;其缺点是对助推火箭的安装位置和夹角的精度要求较高,推力线要尽量靠近重心,重心与推力线协调过程复杂。

国外采用单发夹角式火箭助推弹射方式的典型无人机有美国和以色列的"猎人(Hunter)"(见图 6‑10)、意大利的"Mirach‑26"等。

图 6-10　"猎人"无人机(图片源自网络)

国内采用单发夹角式火箭助推发射方式的无人机也很多,西北工业大学研制的 T-6 系列、南京航空航天大学研制的锐鹰 FX500 和成都飞机工业(集团)有限责任公司研制的"天翼 1"无人机(见图 6-11)都采用此种弹射方式。

图 6-11　"天翼 1"无人机

6.2.3 双发夹角式

采用双发夹角式火箭助推弹射方式起飞的无人机主要为起飞重量较大的无人机。助推火箭安装于后机身下部,左右各一,与飞机轴线成一定的夹角。发射时,无人机在两枚助推火箭的共同推动下从弹射装置上发射,助推火箭工作几秒钟后一起自由脱落,无人机靠自身发动机继续完成起飞任务。该弹射方式的优点是推力大,适合重量较大的无人机;其缺点是发射准备过程复杂,两枚火箭的一致性和同步性要求较严。

采用双发夹角式火箭助推发射的典型无人机有法国的 C - 22、南非的"大鸥(Skua)"、美国的"石鸡(Chukar)"、英国的"小猎鹰(Folconet)"、意大利的"Mirach - 100"以及我国的 CK - 1(见图 6 - 12)等。

图 6 - 12　CK - 1 无人机(图片源自网络)

6.2.4 箱式自动连续弹射

采用箱式自动连续弹射的无人机主要是一些需要高密度发射起飞的小型攻击类无人机或干扰无人机。例如,德国的"KDAR/Harassment Drone"反雷达/骚扰无人机和"Expendable Combat Drone"一次性使用战斗无人机、以色列的"哈比(Harpy)"反辐射无人机(见图 6 - 13)、南非的"百灵鸟(Lark)"反辐射无人机等。

图 6‑13　"哈比"反辐射无人机(图片源自网络)

6.2.5　火箭助推弹射仿真分析技术

6.2.5.1　弹射仿真分析技术

无人机弹射过程仿真的目的是根据已掌握的设计和试验数据,验证无人机本体、动力系统、飞行控制系统、控制律、助推火箭推力等在发射段的适应性、合理性、匹配性及协调性等,分析飞机姿态对弹射初始参数变化的敏感性,为合理控制发射参数偏差提供依据。

无人机安全弹射是无人机发射过程仿真的评价依据。为了保证无人机发射安全,除要求火箭脱落时无人机达到安全速度和安全高度之外,还要求:

(1) 在整个发射过程中(尤其是 $t > 0.5\,\mathrm{s}$ 时),气动迎角 $\alpha < \alpha_{\max}$ (最大可用迎角), $\alpha > \alpha_{\min}$ (最小可用负迎角),且振荡幅度小。

(2) 在整个发射过程中,气动侧滑角 $|\beta| < 6°$,且振荡幅度小。

(3) 在整个发射过程中,气动舵面偏度不进入非线性区域,要求的舵面偏转速率在舵机能承受的范围(一般 $|\delta| < 12°$)内。

(4) 保证发射姿态平稳。

如前所述,在弹射阶段,无人机的受力及运动参数工况较多,纵向、横航向相互交联,具有很强的非线性,因此无人机弹射过程仿真的数学模型相当复杂,而发射过程仿真对数学建模依赖性很高。仿真模型由一系列物理和数学模型组成,主要包括六自由度非线性全量运动方程、飞机姿态数学模型、飞机的质点运动方程、空气动力模型、动力系统模型、控制系统模型、助推火箭推力模型以及重力模型。本节以螺旋桨驱动无人机为例开展分析,与采用其他动力形式的无人机方法类似。

6.2.5.2　弹射仿真模型涉及的参考坐标系

火箭弹射仿真模型使用的参考坐标系包括牵连于飞机的地面坐标系、气流坐标系、机体坐标系。

1) 牵连于飞机的地面坐标系 $F_V(O_VX_VY_VZ_V)$

此坐标系的原点 O_V 固联于飞机(通常取在质心 C), O_VZ_V 轴垂直向下,即当地的 g 矢量方向, $O_VX_VY_V$ 平面与水平面平行。在本章中,原点 O_V 取发射架上飞机的质心位置; O_VX_V 轴选为发射初始状态无人机机头在地平面上的投影方向; O_VY_V 轴按右手法则确定。

2) 气流坐标系 $F_w(O_wX_wY_wZ_w)$

该坐标系固联于飞行器质心 C, O_wX_w 轴指向飞行器相对于大气的速度矢量 V 的方向; O_wZ_w 轴位于飞机对称平面内,垂直于 O_wX_w 轴向下; O_wY_w 轴垂直于 O_wX_w 轴和 O_wZ_w 轴,指向右。

3) 机体坐标系 $F_B(O_BX_BY_BZ_B)$

该坐标系固联于飞行器。其原点与飞行器质心重合; O_BX_B 轴位于飞机对称平面内,沿结构纵轴指向前; O_BZ_B 轴在对称平面内,垂直于 O_BX_B 轴指向下; O_BY_B 轴垂直于对称平面指向右。

6.2.5.3　弹射仿真模型相关参数的定义

1) 飞机欧拉角

飞机姿态用欧拉角 ψ、θ 和 ϕ 来表示,其物理定义如图 6-14 所示。

(1) 绕 O_VZ_V 转 ψ, 使轴系转到 $O_VX_2Y_2Z_2$, ψ 为偏航角。

(2) 绕 O_VY_2 转 θ, 使轴系转到 $O_VX_3Y_3Z_3$, θ 为俯仰角。

(3) 绕 O_VX_3 转 ϕ, 使轴系转到最终位置 O_VXYZ, ϕ 为滚转角。

为避免因混淆而得出多组 (ψ, θ, ϕ) 角,将角度范围做如下限制:

$$-\pi \leqslant \psi < \pi \quad 或 \quad 0 \leqslant \psi < 2\pi$$

$$-\frac{\pi}{2} \leqslant \theta \leqslant \frac{\pi}{2}$$

$$-\pi \leqslant \phi < \pi \quad 或 \quad 0 \leqslant \phi < 2\pi$$

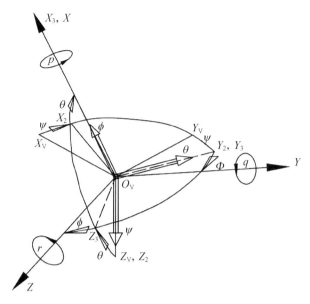

图 6‑14　飞机姿态欧拉角

2) 气动角

飞机相对于大气的线速度 $\boldsymbol{V}$ 可用两种方法来表示：一种是用 $\boldsymbol{V}$ 在机体坐标系上的三个正交分量 u、v、w 表示，另一种是用 $\boldsymbol{V}$ 的大小和两个角度表示，这两个角度定义如下：

迎角：

$$\alpha_x = \tan^{-1} \frac{w}{u} \quad -\pi \leqslant \alpha_x \leqslant \pi \tag{6-9}$$

侧滑角：

$$\beta = \sin^{-1} \frac{v}{|\boldsymbol{V}|} \qquad -\pi \leqslant \beta \leqslant \pi \tag{6-10}$$

这里定义的迎角与计算空气动力的迎角存在一定的差别，通常差一个常数。两者的关系是

$$\alpha = \alpha_x + i_w - \alpha_0 \tag{6-11}$$

式中，i_w 为机翼安装角；α_0 为机翼零升力迎角；这两个都是常数。

6.2.5.4　仿真动力学模型

1) 变化风场风坐标系中飞机质心动力学方程

变化风场风坐标系中飞机质心动力学方程表示为

$$\begin{cases} \dot{V} - \cos\beta W_{z_w} \dot{\alpha} - W_{y_w} \dot{\beta} = \dfrac{f_{x_w}}{m} - \dot{W}_{x_w} + W_{y_w}(-p\sin\alpha + r\cos\alpha) - \\ \qquad W_{z_w}(-p\cos\alpha\sin\beta + q\cos\beta - r\sin\alpha\sin\beta) \\ W_{z_w}\sin\beta\,\dot{\alpha} + (V+W_{x_w})\dot{\beta} = \dfrac{f_{y_w}}{m} - \dot{W}_{y_w} - (V+W_{x_w})(-p\sin\alpha + r\cos\alpha) + \\ \qquad W_{z_w}(p\cos\alpha\cos\beta + q\sin\beta + r\sin\alpha\cos\beta) \\ \left[(V+W_{x_w})\cos\beta - W_{y_w}\sin\beta\right]\dot{\alpha} = \dfrac{f_{z_w}}{m} - \dot{W}_{z_w} + (V+W_{x_w}) \cdot \\ \qquad (-p\cos\alpha\sin\beta + q\cos\beta - r\sin\alpha\sin\beta) - W_{y_w}(p\cos\alpha\cos\beta + q\sin\beta + r\sin\alpha\cos\beta) \end{cases}$$

$$(6-12)$$

式中，f_{x_w} 为所有作用于无人机的合外力在风坐标系 x 轴向的分量；f_{y_w} 为所有作用于无人机的合外力在风坐标系 y 轴向的分量；f_{z_w} 为所有作用于无人机的合外力在风坐标系 z 轴向的分量；V 为飞机前方来流速度；W_{x_w} 为外界大气风在风坐标系 x 轴向的分量；W_{y_w} 为外界大气风在风坐标系 y 轴向的分量；W_{z_w} 为外界大气风在风坐标系 z 轴向的分量；$\dot{W}_{x_w}$ 为外界大气风变化率在风坐标系 x 轴向的分量；$\dot{W}_{y_w}$ 为外界大气风变化率在风坐标系 y 轴向的分量；$\dot{W}_{z_w}$ 为外界大气风变化率在风坐标系 z 轴向的分量；p 为飞机相对于机体坐标系的滚转角速率；q 为飞机相对于机体坐标系的俯仰角速率；r 为飞机相对于机体坐标系的偏航角速率。

2）飞机转动动力学方程

计及螺旋桨陀螺效应的飞机转动动力学方程为

$$\begin{cases} \dot{p} = \dfrac{1}{I_x I_z - I_{xz}^2}\left[qr(I_z^2 + I_{xz}^2 - I_z I_y) + pq I_{xz}(I_y - I_x - I_z) + \right. \\ \qquad \left. (I_z L + I_{xz} N - I_{xz} I_p \omega_p q)\right] \\ \dot{q} = \dfrac{1}{I_y}(M + I_x pr - I_{xz} r + I_p \omega_p r) \\ \dot{r} = \dfrac{1}{I_x I_z - I_{xz}^2}\left[pq(I_x I_y - I_x^2 - I_{xz}^2) + qr I_{xz}(I_x + I_z - I_y) + \right. \\ \qquad \left. (I_{xz} L + I_x N - I_x I_p \omega_p q)\right] \end{cases}$$

$$(6-13)$$

式中，I_x 为绕机体 x 轴的转动惯量；I_y 为绕机体 y 轴的转动惯量；I_z 为绕机体 z 轴的转动惯量；I_{xz} 为绕机体 x 轴及 z 轴的转动惯量积；L 为绕机体 x 轴合力矩;M 为绕机体 y 轴合力矩;N 为绕机体 z 轴合力矩;I_p 为螺旋桨绕旋转轴的转动惯量;ω_p 为螺旋桨转动角速率。

3) 飞机姿态角运动方程

飞机姿态角运动方程为

$$
\begin{cases}
\dot{\emptyset} = p + (q\sin\emptyset + r\cos\emptyset)\tan\theta \\
\dot{\theta} = q\cos\emptyset - r\sin\emptyset \\
\dot{\Psi} = (q\sin\emptyset + r\cos\emptyset)/\cos\theta
\end{cases} \tag{6-14}
$$

4) 飞机空间位移参数方程

飞机对地飞行速度在地面坐标轴系中的表达式如下:

$$
\begin{cases}
X = \cos\theta\cos\Psi\cos\alpha_x\cos\beta + (\sin\emptyset\sin\theta\cos\Psi - \cos\emptyset\sin\Psi)\sin\beta + \\
\quad (\cos\emptyset\sin\theta\cos\Psi + \sin\emptyset\sin\Psi)\sin\alpha_x\cos\beta \\
Y = \cos\theta\sin\Psi\cos\alpha_x\cos\beta + (\sin\emptyset\sin\theta\sin\Psi + \cos\emptyset\cos\Psi)\sin\beta + \\
\quad (\cos\emptyset\sin\theta\sin\Psi - \sin\emptyset\sin\Psi)\sin\alpha_x\cos\beta \\
Z = -\sin\theta\cos\alpha_x\cos\beta + \sin\emptyset\cos\theta\sin\beta + \cos\emptyset\cos\theta\sin\alpha_x\cos\beta
\end{cases}
$$
$$\tag{6-15}$$

其中,X 为飞机在地面坐标系中 x 轴上的位置坐标;Y 为飞机在地面坐标系中 y 轴上的位置坐标;Z 为飞机在地面坐标系中 z 轴上的位置坐标。

6.2.5.5　弹射过程所受外力一般表达式

在无人机弹射过程中,受到的外力有重力、空气动力、螺旋桨推力、助推火箭推力、发动机进排气产生的力以及力矩,综合表示如下:

$$
\boldsymbol{F} = \boldsymbol{F}_{\text{aerodynamic}} + \boldsymbol{F}_{\text{prop}} + \boldsymbol{F}_{\text{rocket}} + \boldsymbol{F}_{\text{engine}} + \boldsymbol{g} \tag{6-16}
$$

$$
\boldsymbol{M} = \boldsymbol{M}_{\text{aerodynamic}} + \boldsymbol{M}_{\text{prop}} + \boldsymbol{M}_{\text{rocket}} + \boldsymbol{M}_{\text{engine}} \tag{6-17}
$$

1) 空气动力数学模型

气动升力、阻力、侧力通常是参考风坐标系进行定义的,表示为

$$
\boldsymbol{F}_{\text{aerodynamic}} = \begin{bmatrix} -L & -D & Y \end{bmatrix}^{\text{T}} \tag{6-18}
$$

气动俯仰力矩、滚转力矩及偏航力矩通常是参考机体坐标系进行定义的,表示为

$$
\boldsymbol{M}_{\text{aerodynamic}} = \begin{bmatrix} L & M & N \end{bmatrix}^{\text{T}} \tag{6-19}
$$

为表述问题方便,空气动力常以无因次量纲形式给出,其转换关系如下:

升力 $\qquad L = 0.5 \rho V^2 S C_L$

阻力 $\qquad D = 0.5 \rho V^2 S C_D$

俯仰力矩 $\qquad M = 0.5 \rho V^2 S \bar{c} C_m$

侧向力 $\qquad Y = 0.5 \rho V^2 S C_y$

滚转力矩 $\qquad L = 0.5 \rho V^2 S b C_l$

偏航力矩 $\qquad N = 0.5 \rho V^2 S b C_n$

无人机在发射阶段的空气动力存在很强的非线性,因此不能用简单的线性方程来描述,而应表达如下:

升力系数 $\qquad C_L = C_L(\alpha, \delta_s, T_c) + C_{L_q} q \dfrac{\bar{c}}{2V} + C_{L_{\dot{\alpha}}} \dot{\alpha} \dfrac{\bar{c}}{2V}$ $\qquad (6-20)$

阻力系数 $\qquad C_D = C_D(\alpha, \delta_s, T_c)$ $\qquad (6-21)$

俯仰力矩系数 $C_m = C_m(\alpha, \delta_s, T_c) + C_{m_q} q \dfrac{\bar{c}}{2V} + C_{m_{\dot{\alpha}}} \dot{\alpha} \dfrac{\bar{c}}{2V}$ $\qquad (6-22)$

侧力系数 $\qquad C_y = C_y(\beta, \delta_a, \delta_r, T_c) + C_{y_p} p \dfrac{b}{2V} + C_{y_r} r \dfrac{b}{2V}$ $\qquad (6-23)$

滚转力矩系数 $C_l = C_l(\beta, \delta_a, \delta_r, T_c) + C_{l_p} p \dfrac{b}{2V} + C_{l_r} r \dfrac{b}{2V}$ $\qquad (6-24)$

偏航力矩系数 $C_n = C_n(\beta, \delta_a, \delta_r, T_c) + C_{n_p} p \dfrac{b}{2V} + C_{n_r} r \dfrac{b}{2V}$ $\qquad (6-25)$

重心偏离力矩参考作用点空气动力修正模型。

重心偏移的定义如下:

$\Delta X_G = X_G - X_{ref}$ $\qquad$ 当重心前移时, $\Delta X_G > 0$

$\Delta Y_G = Y_G - Y_{ref}$ $\qquad$ 当重心向右机翼方向移动时, $\Delta Y_G > 0$

$\Delta Z_G = Z_G - Z_{ref}$ $\qquad$ 当重心向下移动时, $\Delta Z_G > 0$

动态力和力矩系数修正公式如下:

$$C_{L_q} = C_{L_q} \frac{L_{ht} + \Delta X_G}{L_{ht}} \qquad (6-26)$$

$$C_{L_{\dot{\alpha}}} = C_{L_{\dot{\alpha}}} \frac{L_{ht} + \Delta X_G}{L_{ht}} \qquad (6-27)$$

$$C_{m_q} = C_{m_q} \frac{L_{ht} + \Delta X_{\mathrm{G}}}{L_{ht}}^2 \qquad (6-28)$$

$$C_{m_{\dot{\alpha}}} = C_{m_{\dot{\alpha}}} \frac{L_{ht} + \Delta X_{\mathrm{G}}}{L_{ht}} \qquad (6-29)$$

$$C_{y_p} = C_{y_p} \frac{v_{vt} + \Delta Z_{\mathrm{G}}}{v_{vt}} \qquad (6-30)$$

$$C_{y_r} = C_{y_r} \frac{L_{vt} + \Delta X_{\mathrm{G}}}{L_{vt}} \qquad (6-31)$$

$$C_{l_r} = C_{l_r} \left(\frac{v_{vt} + \Delta Z_{\mathrm{G}}}{v_{vt}} \right)^2 \qquad (6-32)$$

$$C_{n_p} = C_{n_p} \frac{L_{vt} + \Delta X_{\mathrm{G}}}{L_{vt}} \frac{v_{vt} + \Delta Z_{\mathrm{G}}}{v_{vt}} \qquad (6-33)$$

$$C_{n_r} = C_{n_r} \left(\frac{L_{vt} + \Delta X_{\mathrm{G}}}{L_{vt}} \right)^2 \qquad (6-34)$$

静态空气动力需要修正的是力矩系数,定常气动力修正公式如下:

俯仰力矩修正 $\qquad \Delta M = -L \cdot \Delta X_{\mathrm{G}} \qquad (6-35)$

滚转力矩修正 $\qquad \Delta L = L \cdot \Delta Y_{\mathrm{G}} + Y \cdot \Delta Z_{\mathrm{G}} \qquad (6-36)$

偏航力矩修正 $\qquad \Delta N = D \cdot \Delta Y_{\mathrm{G}} + Y \cdot \Delta X_{\mathrm{G}} \qquad (6-37)$

2) 螺旋桨作用力和力矩数学模型

螺旋桨产生的力有螺旋桨拉力和法向力;螺旋桨产生的力矩有由于拉力和法向力不通过重心而产生的力矩和螺旋桨反扭矩。

螺旋桨拉力在气流坐标系中的表达式为

$$\begin{cases} T_{x\,\mathrm{prop}} = T_{\mathrm{prop}} (\cos \varphi_{\mathrm{prop}} \cos \alpha_x - \sin \varphi_{\mathrm{prop}} \sin \alpha_x) \cos \beta \\ T_{y\,\mathrm{prop}} = -T_{\mathrm{prop}} (\cos \varphi_{\mathrm{prop}} \cos \alpha_x - \sin \varphi_{\mathrm{prop}} \sin \alpha_x) \sin \beta \\ T_{z\,\mathrm{prop}} = -T_{\mathrm{prop}} (\cos \varphi_{\mathrm{prop}} \sin \alpha_x + \sin \varphi_{\mathrm{prop}} \cos \alpha_x) \end{cases} \qquad (6-38)$$

螺旋桨拉力产生的俯仰力矩为

$$M_{\mathrm{prop}} = Z_{\mathrm{prop}} T_{\mathrm{prop}} \cos \varphi_{\mathrm{prop}} + X_{\mathrm{prop}} T_{\mathrm{prop}} \sin \varphi_{\mathrm{prop}} \qquad (6-39)$$

螺旋桨产生的反扭矩为

$$L_{\mathrm{prop反扭矩}} = \frac{N_{\mathrm{prop}}}{\omega_{\mathrm{prop}}} \tag{6-40}$$

式中，T_{prop} 为螺旋桨拉力；φ_{prop} 为螺旋桨安装角；X_{prop} 为螺旋桨在机体坐标系中 X 轴向的位置坐标；Z_{prop} 为螺旋桨在机体坐标系中 Z 轴向的位置坐标；N_{prop} 为螺旋桨的输入功率；ω_{prop} 为螺旋桨转动角速率。

3）火箭作用力数学模型

参考风坐标系表示为

$$\begin{cases} T_{x\mathrm{w}} = T_{\mathrm{rkt}} \cos \alpha_{\mathrm{连接}} \cos \beta_{\mathrm{连接}} \cos \alpha_x \cos \beta + T_{\mathrm{rkt}} \sin \beta_{\mathrm{连接}} \sin \beta - \\ \qquad T_{\mathrm{rkt}} \sin \alpha_{\mathrm{连接}} \cos \beta_{\mathrm{连接}} \sin \alpha_x \cos \beta \\ T_{y\mathrm{w}} = -T_{\mathrm{rkt}} \cos \alpha_{\mathrm{连接}} \cos \beta_{\mathrm{连接}} \cos \alpha_x \sin \beta + T_{\mathrm{rkt}} \sin \beta_{\mathrm{连接}} \cos \beta + \\ \qquad T_{\mathrm{rkt}} \sin \alpha_{\mathrm{连接}} \cos \beta_{\mathrm{连接}} \sin \alpha_x \sin \beta - T_{\mathrm{rkt}} \sin \alpha_{\mathrm{连接}} \cos \beta_{\mathrm{连接}} \\ T_{z\mathrm{w}} = -T_{\mathrm{rkt}} \cos \alpha_{\mathrm{连接}} \cos \beta_{\mathrm{连接}} \sin \alpha_x \cos \beta \end{cases}$$

$$\tag{6-41}$$

由于火箭推力并不通过重心，因此火箭对无人机的力矩作用为

$$\begin{cases} L_{\mathrm{rkt}} = T_{\mathrm{rkt}} \sin \beta_{\mathrm{连接}} Z_{\mathrm{rkt}} - T_{\mathrm{rkt}} \sin \alpha_{\mathrm{连接}} \cos \beta_{\mathrm{连接}} Y_{\mathrm{rkt}} \\ M_{\mathrm{rkt}} = T_{\mathrm{rkt}} \cos \alpha_{\mathrm{连接}} \cos \beta_{\mathrm{连接}} Z_{\mathrm{rkt}} + T_{\mathrm{rkt}} \sin \alpha_{\mathrm{连接}} \cos \beta_{\mathrm{连接}} X_{\mathrm{rkt}} \\ N_{\mathrm{rkt}} = -T_{\mathrm{rkt}} \cos \alpha_{\mathrm{连接}} \cos \beta_{\mathrm{连接}} Y_{\mathrm{rkt}} + T_{\mathrm{rkt}} \sin \beta_{\mathrm{连接}} X_{\mathrm{rkt}} \end{cases} \tag{6-42}$$

式中，T_{rkt} 为火箭推力；$\alpha_{\mathrm{连接}}$ 为火箭轴线与机体 OXZ 平面的夹角；$\beta_{\mathrm{连接}}$ 为火箭轴线与机体 OXY 平面的夹角，推力产生正侧力分量为正；X_{rkt} 为火箭推力作用点在机体坐标系中 X 轴向的位置坐标；Y_{rkt} 为火箭推力作用点在机体坐标系中 Y 轴向的位置坐标；Z_{rkt} 为火箭推力作用点在机体坐标系中 Z 轴向的位置坐标；L_{rkt} 为火箭推力产生的滚转力矩；M_{rkt} 为火箭推力产生的俯仰力矩；N_{rkt} 为火箭推力产生的偏航力矩。

4）重力数学模型

在风坐标系中表示为

$$\begin{cases} G_{x\mathrm{w}} = mg(-\cos \alpha_x \cos \beta \sin \theta + \sin \beta \sin \varnothing \cos \theta + \sin \alpha_x \cos \beta \cos \varnothing \cos \theta) \\ G_{y\mathrm{w}} = mg(\cos \alpha_x \sin \beta \sin \theta + \cos \beta \sin \varnothing \cos \theta - \sin \alpha_x \sin \beta \sin \varnothing \cos \theta) \\ G_{z\mathrm{w}} = mg(\sin \alpha_x \sin \theta + \cos \alpha_x \cos \varnothing \cos \theta) \end{cases}$$

$$\tag{6-43}$$

式中，G_{x_w} 为重力在风坐标系中 X 轴向的分量；G_{y_w} 为重力在风坐标系中 Y 轴向的分量；G_{z_w} 为重力在风坐标系中 Z 轴向的分量。

6.2.6　弹射系统设计

从前面章节的介绍可知，无人机火箭助推弹射方式可分为单发共轴式、单发夹角式、双发夹角式和箱式自动连续弹射等几种。由于助推火箭的动能可根据弹射对象来设计选取，因此火箭助推弹射已成为无人机最常用的起飞方式。

6.2.6.1　助推火箭与无人机匹配设计

助推火箭与无人机的匹配设计要求包含以下主要内容。

1）助推火箭主要参数选择

根据无人机的总体参数确定火箭助推器的技术要求和主要参数。

（1）工作时间及允许偏差。根据火箭总冲及平均推力，确定火箭助推器的工作时间，给出其在使用温度范围内的偏差值。

（2）推力。包括火箭助推器的平均推力、从点火至到达最大推力的时间、推力误差、点火峰值推力、燃烧结束时的推力等。

（3）燃气扩散角。一般情况下不对火箭助推器的燃气扩散角做特殊要求，而是由火箭助推器设计者根据助推器性能确定。但有时会根据总体协调的需要进行适当规定。

（4）重量及体积。火箭助推器的重量及体积由总体设计需求提出。

（5）可靠点火电流及最大安全电流。这是保证火箭助推器工作可靠性和检测安全性的重要指标。

（6）可靠性和安全性指标。对火箭助推器来说，其可靠性指标根据系统总体指标进行分配，但安全性指标要按照火工品设计要求确定。

（7）环境适应性及贮存期要求。火箭助推器设计要充分考虑环境适应性及贮存期要求，该要求由使用要求确定。

2）火箭助推器连接方式

根据无人机总体布置及结构参数确定助推器在无人机上的传力点及连接方式。单发助推火箭一般安装在无人机尾部或机身后下方，双发助推火箭一般对称地安装、布置在机翼或机身两侧。

3）火箭助推器脱落方式

根据无人机的具体要求确定助推火箭在工作结束后是否需要自行脱落。如需脱落，则助推火箭与无人机通过采用自由连接及投放机构或电爆控制机构来实现两者的连接和分离;如不需脱落,则助推火箭的安装布置原则为尽量不影响无人机的气动外形。

6.2.6.2   火箭助推弹射涉及的主要发射参数

火箭助推弹射无人机涉及的主要发射参数如下。

1) 无人机发射角

无人机发射角(见图6-15)需根据无人机的总体性能参数(如最佳爬升角、失速迎角、失速速度、最低开伞高度及火箭助推器基本性能等),进行综合权衡后确定,基本原则是保证无人机在最短的时间内达到并超过最小安全速度和最低安全高度。

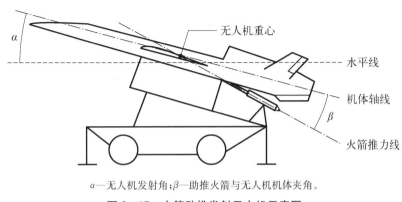

α—无人机发射角;β—助推火箭与无人机机体夹角。

图6-15   火箭助推发射无人机示意图

2) 助推火箭与无人机机体夹角

助推火箭与无人机机体夹角(见图6-15)的确定不但要考虑无人机总体性能参数,而且要考虑助推火箭推力垂直分量与无人机轴向加速分量的匹配。若垂直分量大,则无人机上升快,可以很快到达安全高度。但此时加速力可能不足,助推火箭工作结束后无人机不能获得足够的飞行速度,影响飞行安全。另外,垂直分量过大,会使无人机在上升过程中具有较大的负迎角,不利于发射安全。反之,如果垂直分量小而加速分量较大,则无人机速度增加快,高度上升慢,速度很快到达安全速度以上,但高度不能尽快到达安全高度,这时遇到外界气流干扰就比较危险。

助推火箭的安装应使无人机和助推火箭的组合体在助推火箭推力、发动机推力、气动力和重力等组成的空间力系作用下,保持俯仰、偏航和滚转三个方向的力矩基本平衡。

纵向安装角决定了火箭推力线与重心的距离,它对纵向飞行姿态的影响是显著的,而对横航向姿态的影响不大。同时,火箭推力线从重心上方通过与从重心下方通过的效果是相反的。

横向安装角是为了在火箭发射初期消除螺旋桨反扭矩造成的部分滚转力矩。此时飞行速度较低,操纵面效率有限,不足以抑制无人机的滚转。采用火箭横向安装角可以有效地抑制无人机发射初期的滚转,且在安装时也比较容易控制。

3) 火箭推力线与无人机组合重心的关系

火箭助推弹射的推力线(见图 6-15)设置的核心就是确定火箭推力线与无人机(含火箭)组合重心的相互关系,确保无人机能够平衡发射。火箭推力线与无人机组合重心的相互关系要根据火箭参数、无人机的气动参数、发动机性能和控制系统的控制方式,通过设计计算和仿真确定。在确定推力线的范围时既要考虑发射安全,又要考虑工程可实现性,保证可以将推力线调整到允许的范围内。

发射中,调整推力线与重心的位置,可以产生有利于发射安全的力矩。推力线沿无人机法向向上偏离重心,会产生一定的低头力矩,可克服发射初期正迎角时较大的抬头力矩。推力线沿无人机展向偏离重心,会产生一定的滚转力矩,可抵消螺旋桨的反扭矩,但同时产生的偏航力矩对发射不利,推力线展向偏离太大还会产生很大的侧滑,在发射初期,该侧滑引起的滚转力矩与推力线展向偏离产生的滚转力矩相反,削弱了抵消螺旋桨反扭矩的作用。因此,侧向偏离量必须限制在一定的范围内,该范围一般通过六自由度发射仿真来确定。

4) 闭锁力

闭锁力是保证火箭推力未达到释放要求时,无人机可靠地连接在发射装置上的重要参数。闭锁力过大会导致发射延缓、无人机机体及发射架受载过大等。闭锁力过小则会使无人机离架后下沉明显甚至提前离架,导致发射失败。闭锁力的确定要考虑下列因素:

(1) 无人机起飞重量及助推火箭推力。

(2) 助推火箭与无人机机体夹角。

(3) 无人机发射角。

(4) 无人机结构的承载能力。

(5) 助推火箭的工作特性。

(6) 无人机发动机推力。

闭锁力可通过定力锁扣、弹簧、拉断螺栓或剪切销等闭锁机构产生。

6.2.6.3 弹射架设计

弹射架的功能是对无人机弹射起支承和导向作用,并保证无人机弹射的初始姿态。弹射架的设计主要考虑下列因素：

(1) 无人机起飞重量、主发动机推力及火箭助推器推力。

(2) 火箭助推器的安装。

(3) 定力释放的稳定性与可靠性。

(4) 无人机上、下架的便利性。

(5) 无人机发动机启动装置的进入与退出。

按无人机在弹射架上的相对位置关系，弹射架结构型式一般可分为下托式（见图 6-11）、悬挂式（见图 6-9）和箱式（见图 6-13）三种。

除了支承无人机的功能以外，弹射架设计有俯仰和偏航的调节机构，可给无人机发射提供合适的发射角和偏航角，该调节机构一般采用液压或电机驱动。

闭锁机构是用于确保只有当发射动力达到足以使无人机安全分离的程度时，无人机才能在弹射架上向前运动的保险装置。典型的无人机闭锁机构有可重复使用的弹簧式闭锁机构、一次性使用的剪切销或拉断销闭锁机构。

6.3 弹射流程

不同动能弹射起飞方式的弹射流程类似，都包含弹射准备、弹射、复位及连续弹射几个过程。

6.3.1.1 弹射准备

指挥员决定执行无人机弹射任务，选取空旷场地作为发射阵地，准备工作开始，进行弹射器准备、无人机准备及地面站准备等。

1）弹射器准备

完成弹射器的展开、安装、固定、检查和调试。弹射器与地面站之间的距离应满足测控链路的要求，对火箭助推弹射还应保证助推火箭与地面设备、人员的安全距离要求。

对导轨动能弹射器，储能装置需要进行储能；检查锁死机构、滑行小车、缓冲机构的工作状态，确定滑轨上无异物，发控程序测试、自检；设立弹射作业禁入区，防止弹射作业造成人员伤害，同时布置应急处置措施，如在恰当位置布置灭火器等；检查并演练弹射程序、应急处置程序等；最后滑行小车复位锁死，等待无人机装机。

2）无人机准备

对拆解存放的无人机，首先应从包装箱或存放支架上将无人机取出，完成无人机的现场组装。对采用燃油动力的无人机，需要现场加注燃油。对采用伞降回收方式的无人机还需要现场安装回收伞并进行检查。完成以上准备措施后，无人机将被安放到发射架上或滑动小车上，无人机上电检查，发动机启动。

对采用火箭助推弹射方式的无人机，还要安装火箭助推器并检查点火电路和控制电路。对采用箱式连续发射方式的无人机，一般情况下无人机的准备工作在出发前就应当做好，无人机直接储存于发射箱内，随发射系统一起部署到发射场地。

3）地面站准备

首先完成地面站的部署工作，架设好测控天线，地面站上电。然后完成以下工作：地面站信号拉距测试；地面站遥测、遥控信号测试；无人机完成发动机调试后获得无人机控制权限，进行发射预备准备，由地面站控制发动机进入大车状态，无人机进入自控状态；地面站获得发控信号权限。

6.3.1.2　无人机弹射

对导轨动能弹射，工作人员进入发射阵地，完成最后检测后，储能装置储能，指挥员下达发射指令，弹射器工作，无人机完成弹射。

对火箭助推弹射，工作人员确认无人机各系统工作正常后，启动点火按钮，火箭助推器点火；火箭助推器推力达到闭锁力时，闭锁机构解锁释放无人机，无人机按预定航迹飞离弹射架；当火箭助推器推力逐渐下降为零时，无人机的速度已达到预定的发射末速度。火箭助推器在重力等的作用下从推力锥上脱落。无人机完成火箭助推弹射。

6.3.1.3　复位及连续弹射

对导轨动能弹射，无人机完成发射后，待滑动小车完成缓冲。若指挥员下达再次弹射指令，进行滑动小车复位，复查各作动部件工作状态，再次重复弹射流程。对火箭助推弹射，则复查各作动部件的工作状态，再次重复发射流程。

指挥员下达完成弹射指令后，进行弹射器分解、撤收工作，撤离发射场地。

6.4　无人机控制系统设计

无论是导轨动能弹射还是火箭助推弹射，都具有起飞距离短、加速快、动态特性复杂等特点，与正常滑跑起飞相比存在较高的安全风险。控制策略是否合理、控制器结构和参数是否满足控制需求、弹射装置是否与无人机本体特性匹配等问题都将直接决定弹射起飞的成败。

一般情况下，影响弹射起飞成败的因素包括但不限于如下几方面：

（1）导轨仰角。导轨仰角的选择与无人机本体特性息息相关，具有不同升阻比特性的无人机，对应的最佳导轨仰角不同。

（2）推力线。推力线与重心的位置关系到无人机离轨后的速度与姿态，在较大程度上决定了无人机能否成功放飞。

（3）结构承载能力。影响离轨最大速度。

（4）弹射动能。影响离轨可用速度。

（5）弹射地高度。影响无人机可控的安全边界。

（6）无人机自身重心位置。影响无人机离轨时的飞行姿态角和离轨后的可控性等。

（7）风场。选择合适的风场进行起飞，有利于飞行安全。

（8）无人机重量。导轨动能弹射和火箭助推适用于中小型无人机，需要选择导轨或发射架可承受重量的无人机进行放飞。

下面以火箭助推弹射为例，说明控制策略与控制律设计的具体过程。

6.4.1　控制策略设计

在控制策略方面，与常规滑跑起飞无人机不同的是，采用火箭助推弹射的无人机在离轨之前及离轨之后的一段时间内，火箭动力十足且导轨仰角一般为正，故没有姿态拉起段，离轨后迅速进入爬升段。与常规滑跑起飞无人机相同的是，不使用单一物理量作为判据，如设置时间、高度等多个判据进行判断，增加控制余度，提高飞行安全性。整个弹射起飞过程可以分为弹射等待段、弹射起飞段、起飞爬升段，如图 6-16 所示。

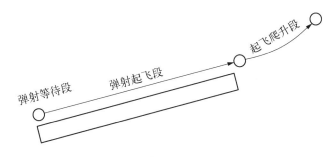

图 6-16　弹射起飞过程示意图

1）弹射等待段

弹射等待段是指无人机处于起飞前的停机状态。

进入条件：无人机上电后自动进入该阶段，或无人机机载设备与地面设备通信中断一定时间后,转入该阶段。

系统上电后,完成任务数据装订,飞控系统检测到弹射指令,飞控系统执行"放飞"指令,等待发动机达到最大转速,然后启动弹射装置。

退出条件:收到有效的"弹射起飞"指令。

执行动作:

(1)纵向控制:直接舵面控制,升降舵舵面给定为 $0°$。

(2)横侧向控制:直接舵面控制,副翼和方向舵舵面给定为 $0°$。

(3)发动机控制:初始化油门为慢车。

2)弹射起飞段

弹射起飞(平滑过渡)段是指无人机收到"弹射起飞"信号,直至无人机离轨的过程。

进入条件:① 无人机处于弹射等待段;② 无人机收到"弹射起飞"指令;③ 无人机满足弹射起飞条件(由飞行控制系统根据机载设备及数据装订状况自动判定,如不满足弹射起飞条件,则飞行控制系统无法执行"弹射起飞"指令,无法放飞)。

退出条件:相对高度超过 H_1 时进入起飞爬升段(H_1 根据无人机载重、气动性能等条件综合判定)。

执行动作:

(1)纵向控制:升降舵舵面预置默认值为 δ_e^{pre},可根据需要调整该装订值,升降舵通道为俯仰角控制器,该模态介绍详见 6.4.2 节。

(2)横侧向控制:副翼通道为滚转角控制器,控制目标为 $0°$,方向舵通道为增稳控制器,模态介绍详见 6.4.2 节。

(3)发动机控制:定油门控制,控制目标为最大转速。

3)起飞爬升段

起飞爬升段是指无人机快速爬升进入航行段执行任务的过程。

进入条件:无人机处于弹射起飞段且无人机相对于发射点的高度 $\geqslant H_1$。

退出条件:① 无人机相对于发射点的高度 $\geqslant H_2$(H_2 根据无人机性能数据以及仿真试验数据进行判定);② 无人机姿态处于控制要求范围内(保证无人机以合适的姿态进入航行段)。

执行动作:

(1)纵向控制:升降舵通道为俯仰角保持模态,俯仰角指令值随重量、高度等物理量变化,并需要执行一定软化。

(2)横侧向控制:副翼通道为滚转角控制模态,控制目标为 $0°$。方向舵通道为增稳控制模态,控制目标为 0°。

（3）发动机控制：定油门控制,控制目标为最大转速。

6.4.2 控制律设计

控制律设计一般包括发动机通道、升降舵通道、副翼通道和方向舵通道。在交接过程中,无人机需要建立合适的姿态,以平稳接入正常飞行阶段。一般地,主体控制律采用 PID 控制,主控物理量为姿态角,控制参数随动压或速度变化而变化。同时需要对控制器中各项(如 $K \cdot \theta$)设置阈值,防止某项过大或过小引起参数适配性差的问题。

弹射起飞过程中,升降舵通道一般采用俯仰角控制器,其以俯仰角的 PID 控制作为主控制器,增稳回路采用俯仰角速率 q 调整纵向短周期阻尼,采用俯仰角 θ 或者爬升角 γ 等调整纵向长周期品质。

副翼通道一般采用滚转角控制器,其以滚转角的 PID 控制作为主控制器,增稳回路一般采用滚转角速率 p、侧滑角 β 等物理量调整荷兰滚阻尼。

升降舵和副翼的控制结构如图 6-17 所示。

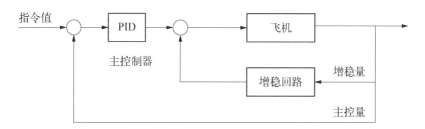

图 6-17 升降舵和副翼的控制结构

方向舵通道为增稳控制器,主要使用航向角速率 r、滚转角速率 p 等作为增稳物理量。如果飞机为飞翼布局,则还需要考虑侧滑角 β、侧滑角速率 $\dot{\beta}$ 等作为增稳项。方向舵控制结构如图 6-18 所示。

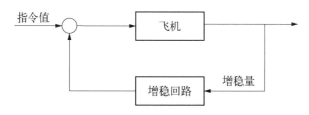

图 6-18 方向舵控制结构

发动机通道一般设计为最高转速,在弹射后整个弹射起飞过程中保持不变,以保证无人机的安全性。

6.5　安全性分析

本节仅以螺旋桨驱动火箭助推弹射起飞无人机为例开展安全性分析。无人机采用火箭助推器,实现零长发射,对发射场地的要求不高,便于车载机动,快捷并具隐蔽性,为部队在野战环境中使用无人机带来很大方便。

但是,火箭助推零长发射具有一定的风险。主要表现如下:无人机主要受助推火箭推力作用,在很短的时间内(一般为 2~5 s)从静止状态迅速达到理想的爬升飞行状态。在此过程中,其飞行速度和飞行姿态等参数均剧烈变化,振荡频率及幅值都较大,螺旋桨的拉力和气动载荷也随之变化,反过来又影响无人机的飞行速度和飞行姿态,所有这些参数的非线性影响耦合起来,使得无人机在助推发射阶段做显著的非线性运动。因此,发射过程的确定性差增大了飞行控制的难度,加剧了发射的风险。

在影响无人机发射过程的众多复杂因素中,首要的是源于无人机系统本身的固有特性。所谓无人机系统的固有特性,主要是指其质量与质量分布特性、空气动力特性、螺旋桨及发动机动力特性、飞行控制系统特性和助推火箭动力特性等。这些特性对发射过程的影响作用一般表现如下:

(1) 在整个发射阶段,因火箭燃料不断被燃烧到火箭最后与无人机分离,无人机的质量与质量分布特性发生明显变化,即重心、重量和转动惯量都会有所改变,使得作用于飞机的力和力矩相应变化。

(2) 带上火箭之后,无人机的重心位置向后移动。由于重心后移,因此无人机的空气动力特性发生变化,主要表现在:① 降低了无人机的纵向静稳定性和航向静稳定性;② 减小了无人机的纵向运动及航向运动阻尼;③ 升降舵操纵导数减小。一般来说,因重心后移带来的空气动力特性变化会对无人机发射产生不利的影响。随着火箭推进剂不断地燃烧直至最终火箭与飞机分离,重心位置向前移动,空气动力特性逐步恢复。

(3) 螺旋桨为无人机飞行提供动力,同时也将螺旋桨反扭矩作用于无人机。当飞行速度较高时,螺旋桨反扭矩给飞机带来的影响不大。但是,在发射阶段,飞行速度较低,无人机各升力面产生的平衡力矩较小,操纵舵面产生的操纵力和操纵力矩也不足,此时螺旋桨反扭矩对飞机的影响作用明显。

（4）当前方来流偏离螺旋桨轴线时，作用于桨盘的法向力产生附加力矩。

（5）如果螺旋桨拉力线偏离重心，则拉力还会产生附加的俯仰或偏航力矩。

（6）当火箭推力线偏离重心时，推力也产生一定的附加力矩。

（7）无人机重心偏离纵向对称面也会对发射产生一定的影响。

（8）此外，来自外界环境的一些因素，诸如弹射车载条件、海拔高度等，也会对无人机发射过程产生一定的影响。

所有上述影响因素复杂多变，而且对无人机发射过程的影响作用相互交联耦合，都构成了无人机发射过程中的安全隐患。

火箭弹射的安全性影响分析

（1）在无人机本体具有较强的纵向安定性的情况下，于发射安全相对有利。

（2）对采用螺旋桨推进的无人机，在短暂的发射过程中，螺旋桨反扭矩使无人机滚转，无控条件下将使得滚转角发散，且发散速度较快；螺旋桨的拉力产生低头力矩，使得无人机不具备升降舵零偏度时的自静平衡，火箭脱落之后无人机逐步转入下滑并进入俯冲，高度损失较快。因此，在发射过程中必须控制升降舵、副翼等舵面产生的气动力和气动力矩来克服这些不利的影响。

（3）在飞控计算机的控制下，如推力线过重心，无人机发射过程相对平稳，各项参数在正常范围内是可控、安全的。但应当注意，在短暂的发射过程中，升降舵的偏度时正时负，运动规律较复杂且偏度幅值较大，副翼偏转规律也较复杂。

（4）火箭纵向安装角相对过重心的推力线允许偏差应尽可能小。火箭侧向安装角为正，有利于克服螺旋桨的反扭矩。

（5）在不采用飞控计算机的情况下，采用预偏置舵面的方法，对改善发射性能有一定的积极作用。预置升降舵向下偏，速度特性相对较好，飞行平稳。如果预置正副翼偏角，则有利于克服螺旋桨反扭矩。但是预偏角的允许取值依发射要求而定，不像在有飞控参与的条件下可以自动响应，因此很难实现对各种复杂要求的兼顾，需慎重选择。

（6）重量变化对发射过程有较为明显的影响。重量过轻，则发射末速度偏高且负迎角偏大。

（7）在始终保持推力线过重心的前提下，重心前后变化时只要对推力线做相应调整即可。总的来说，发射过程影响不是很明显，均在安全范围内。

（8）纵向发射角变化较小的角度对无人机发射过程虽有明显影响，但都在可以接受的安全范围内。侧向发射角变化对无人机发射过程影响很小。

参｜考｜文｜献 •••••••••••••••••••••••••••••••••••••••

［1］李悦,巫成荣,吴泊宁.无人机气液压弹射装置的关键系统设计［J］.南昌航空工业学院学报(自然科学版),2002,16(2)：63－67.

［2］吴泊宁,裴锦华,杜军玲.某型无人机导轨起飞装置气液压能源系统的应用［J］.南京航空航天大学学报,2005,37(4)：427－430.

［3］祝小平.无人机设计手册［M］.北京：国防工业出版社,2007.

［4］刘兴阳,同智宽,李永林,等.无人机液压弹射装置能源系统仿真研究［J］.机床与液压,2008,36(12)：170－172.

［5］苏子舟,张明安,国伟,等.电磁无人机弹射技术研究［J］.火炮发射与控制学报,2009,12(4)：81－84.

［6］李悦,张海黎.无人机气液压发射原理试验研究［J］.南京航空航天大学学报,2010,42(6)：699－703.

［7］秦贞超,周志鸿,梁上愚.无人机起飞弹射液压系统的设计与研究［J］.液压与气动,2010(10)：6－7.

［8］李浩,肖前贵,胡寿松.火箭助推无人机起飞发射段建模与仿真［J］.东南大学学报(自然科学版),2010,40(S1)：136－139.

［9］田新锋,薛鹏,李红泉.某无人机火箭助推发射研究［J］.宇航计算技术,2012,32(2)：30－32.

［10］姜宇.无人机气液压发射系统的研究［D］.哈尔滨：哈尔滨工业大学,2013.

［11］陶于金.小型固定翼无人机零长发射参数安全边界研究［J］.海军航空工程学院学报,2017,32(5)：447－451,468.

［12］毛端华,朱利媛,蔡景,等.无人机零长发射分离安全性分析［J］.教练机,2018(2)：61－65.

［13］许军,张军红,荣海春.小型无人机火箭助推发射动态响应研究［J］.机械与电子,2018,36(1)：15－17,21.

7 车 载 起 飞

车载起飞可使无人机降低对专用跑道的依赖性,只要有一定长度的平直道路即可完成起飞过程,提高了无人机部署的机动性。采用车载起飞方式的无人机可以取消复杂的滑跑机构,减轻无人机的重量,但需特别关注起飞车与无人机的适配性。

7.1 概述

车载起飞是指无人机置于车辆顶部,随车辆加速到起飞速度后与车辆脱离并升空的起飞方式。车载起飞一般分为两种方式:无人驾驶的滑跑小车车载起飞和有人驾驶的汽车车载起飞。

无人驾驶的滑跑小车车载起飞具有以下特点:

(1) 适用于重量较大的无人机,无人机可重 1 t 以上。

(2) 滑跑小车自身不带动力,靠无人机动力带动滑跑。

(3) 滑跑小车功能与无人机起落架类似,具有转弯、刹车、纠偏等功能。

(4) 滑跑小车释放无人机后自行制动停止,制动时除使用刹车装置外还可使用辅助减速装置(如减速伞)。

有人驾驶的汽车车载起飞具有以下特点:

(1) 受汽车载重和速度限制,无人机起飞重量不能太大,一般小于 200 kg。

(2) 起飞阶段主要依靠汽车动力加速使无人机达到起飞速度。

(3) 汽车由人驾驶,不需要为行驶额外加装遥控接收装置、定位装置和控制装置。

(4) 为保证安全,车顶需设置分离机构,满足释放条件后,该机构可释放无人机。

（5）无人机固定于车顶，在起飞加速过程中其流场受汽车形状的影响显著，起飞过程的气动力计算应计及此因素的影响。

（6）不需要专门的机场和跑道，可在任意开阔平直的公路上起飞。

车载起飞与其他起飞方式相比优势如下：

（1）省去了滑跑起飞方式对跑道的依赖。

（2）起飞重心设计调整自由度大，不像火箭弹射方式对重心位置要求那么严苛。

（3）起飞过程平稳加速，无突加的动能冲击过载。

由于无人驾驶滑跑小车须专门设计且控制系统复杂，因此，除特殊需要外，现在的无人机普遍采用有人驾驶的汽车车载起飞方式。本章后续所称"车载起飞"均指有人驾驶的汽车车载起飞方式。

车载起飞过程如图7-1所示，各阶段工作介绍如下：

（1）加速过程：汽车加速行驶，此过程持续到载车达到无人机释放速度。

（2）匀速过程：载车保持此速度做匀速运动，直到满足无人机释放条件，无人机释放。

（3）减速过程：载车先加速离开无人机然后减速直到停止。无人机释放后自主飞行。

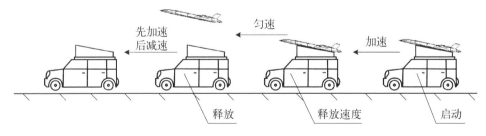

图7-1　车载起飞过程

车载起飞的基本原理如下：当汽车加速到一定速度时，测量无人机的受力状态，若无人机的速度、升力、阻力、俯仰力矩、滚转力矩满足释放条件，则释放无人机，无人机爬升起飞。

本章从无人机设计和车载起飞系统设计两个方面介绍无人机车载起飞的设计技术。其中，无人机设计包含总体设计、控制律设计；车载起飞系统设计包含其组成和功能、车辆的选择和改装、固定释放机构设计、测量和控制系统设计、释放条件设计、车载起飞仿真分析和车载起飞系统试验。

7.2 车载起飞无人机的设计特点

本节从无人机总体设计和起飞控制律设计两个方面介绍车载起飞无人机的设计特点。

7.2.1 无人机总体设计

受汽车载重量、最大速度、加速度等特性影响,无人机的总体设计需要考虑以下因素。

1) 重量

由于汽车载重的限制,无人机的重量应该小于汽车载重的上限。若采用常见的运动型实用汽车(sport utility vehicle,SUV)车型作为起飞车辆,则计及车载起飞系统装置的重量,无人机的重量不宜超过 80 kg;若采用皮卡车作为起飞车辆,则无人机的重量不宜超过 200 kg。

2) 起飞速度

汽车车辆的安全驾驶速度一般在 120 km/h 以内。车辆加速到 100 km/h 所需时间一般为 7~10 s。考虑平直公路不是随处可选,加速距离不宜过大。因此无人机的起飞速度不应过大,一般应不大于 100 km/h。

3) 流场变化的影响

无人机安装在汽车上,汽车运动对无人机周围流场的改变必然会影响无人机的受力状态,无人机在车载起飞系统上的安装位置很难避开流场影响区,因此应进行全流场仿真计算以确定其影响。

以某无人机为例,起飞过程流场仿真情况如图 7-2 所示。通过流场仿真分析,可以看出起飞迎角比无人机在车上的俯仰安装角要大一些。因此设置俯仰安装角时除考虑风力和车辆俯仰角的影响外,还应计及流场变化的影响,确保起飞迎角保持在失速迎角以内。

4) 振动适应性要求

车辆在路面行驶时,受到路面激励而产生振动,振动的频率、幅值特性明显不同于无人机自身飞行时产生的振动。这种振动在车载起飞过程中会传递到无人机上,对部分机载传感器产生影响,导致测量不准确或产生漂移。例如,采用微电子机械系统(micro-electro mechanical systems,MEMS)的航姿传感器,在此振动条件下会产生较大的漂移。因此,无人机传感器、执行机构等应经过试验

图 7‑2 车载起飞流场仿真

考核,选取合适的器件或者采取必要的措施,确保在车载起飞条件下工作的准确性和稳定性。

7.2.2 控制律设计

根据车载起飞的特点,通常将车载起飞控制划分为四个阶段,并可以采用成熟的 PID 控制律设计。

1）车载滑跑段

从载车开始运动到无人机释放前这一阶段称为车载滑跑段。在此阶段,无人机以规定的俯仰角架设在载车上,由汽车的动力带动无人机加速,使前向速度达到规定值,并保持匀速直线运动。同时无人机自身发动机推力保持最大转速,进入等待起飞释放状态。

2）起飞释放段

无人机起飞释放后的初期称为起飞释放段。当无人机达到起飞释放速度后,与载车脱离,靠自身动力起飞。此时无人机速度尚小,且处于爬升阶段,姿态控制不当会出现掉高现象。因此,在释放初期的一定时间内,采用舵偏保持的控制算法,纵向通道无人机升降舵保持某固定角度,可以增大无人机俯仰角,增加无人机的升力,防止无人机掉高。

3）等俯仰爬升段

起飞释放稳定后,无人机以等俯仰角控制律进行爬升的阶段称为等俯仰爬升段。因升力大于重力,无人机在起飞初期将向上弹起一定的高度,这个阶段升降舵偏角变化比较大,为了防止无人机升降舵大角度的变动引起无人机失控,需对无人机升降舵加预偏补偿,减小无人机升降舵偏角的变化幅度,同时迅速增加无人机的高度,维持无人机姿态稳定。

在等俯仰角控制律及俯仰回路控制系统结构中,内环是角速率阻尼回路,外环为姿态角稳定回路。整个阶段,无人机以等俯仰角进行爬升,同时需对无人机加入航向控制,防止无人机偏离航向。

4）等速爬升段

无人机姿态在等俯仰爬升段稳定后,便进入等速爬升控制的阶段,此阶段称为等速爬升段。等俯仰爬升段持续一定时间后转入等速爬升段,无人机俯仰角逐渐减小至某固定值,使无人机在爬高的同时低头加速,直至速度到达安全爬升速度。此时无人机完成等速爬升,转入任务航行段。

无人机等速爬升控制律是在俯仰控制内环的基础上加入空速外环,并加入俯仰角软化。发动机油门在整个爬升过程中保持最大转速。此阶段为起飞后无人机向稳态过渡的重要过程,无人机俯仰角在此阶段面临大幅调整。等速爬升控制律既要保障俯仰角平稳减小以避免失速危险,又要保证俯仰角在调整过程中不出现负值。

7.3 车载起飞系统设计

本节对一般车载起飞系统的组成和功能、车辆的选择和改装、测量和控制系统设计、固定释放机构设计以及释放条件进行介绍,并以"天翼1H"无人机为例进行说明。

7.3.1 组成和功能

车载起飞系统主要由车辆、固定释放机构、测量和控制系统组成。

车辆的功能:承载无人机,为无人机加速提供动力,使无人机到达起飞速度后保持稳定的速度。为固定释放机构、测量和控制系统提供安装支撑和空间。

固定释放机构的功能:平时支撑、固定无人机,到达释放条件后在测量和控制系统的指令下,机构释放无人机。

测量和控制系统的功能:实时测量无人机的受力状态,调节无人机的舵面和发动机的推力,使无人机在放飞瞬间能够保持较好的姿态。在放飞后移交控制权给无人机,无人机自动转为爬升飞行。

车载起飞系统的硬件体系如图7-3所示。

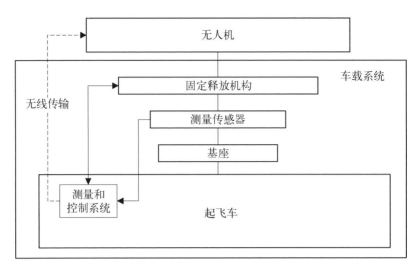

图 7 - 3　车载起飞系统硬件体系

7.3.2　车辆选择和改装

按无人机的起飞速度和起飞重量、附加的起飞车载系统装置重量需求进行汽车选型。

车辆选择考虑以下几点。

1）加速能力

车辆在载重情况下能在要求的距离和时间内达到起飞速度。

2）载重

车辆应至少能安全承载起飞时的所有载荷，包括无人机、驾驶员和操作员、车载起飞系统等。

3）载荷分布

汽车装载车载起飞系统、无人机及操作人员后，应满足车辆的技术要求，例如车辆前、后桥最大承载和承载比例要求。

4）车顶

若车顶不能承载无人机，则应能容易地改装以达到要求。

5）车辆重量和振动特性

装载后车辆的重量和重心变化会对安全性和振动特性产生影响。影响安全性的主要因素有转弯半径、速度和路面质量。振动方面主要考虑振幅、振频是否会超出机载设备的承受能力。

6) 车辆外形

在车载起飞过程中,车辆对处于车顶的无人机流场有较大的改变。因此要求车辆的形状及表面外露物尽量流线化,以减轻这种影响。

选定车辆后,需要按固定释放机构的安装需求进行改装,设计固定方式,布置固定点,安装电缆等。车辆的改装应不破坏车辆的完整性,尽量减小对车辆安全性的影响。

7.3.3 测量和控制系统设计

影响车载起飞的因素比较多,如路面的水平度、平整度、风力的影响、载重引起的车体俯仰角变化、流场改变对气动力的影响等。这些因素使无人机所受气动力与理论数据有不小的差异。因此无人机在车载起飞过程中,不能仅以速度作为判断能否放飞的依据,还应实时监测无人机所受升力、俯仰力矩、滚转力矩、纵向力,调节无人机的舵面和发动机推力,使之满足起飞释放条件后才能够放飞。

测量和控制系统用于监控无人机受力状态,在满足起飞释放条件后,控制系统驱动固定释放机构工作,释放无人机,无人机按照预定的程序与载车脱离,升空起飞。

下面以"天翼1H"无人机为例,介绍测量和控制系统的设计。

7.3.3.1 测量方案及受力分析

首先,建立车载起飞力学模型。以无人机为对象,其测量方案及受力分析如图7-4所示。

图中,$W.L.$为无人机纵轴;M为气动俯仰力矩;L为气动升力;D为气动阻力;G为无人机重力;T为无人机发动机推力;k为无人机发动机推力线到重心的距离;α为无人机在车载起飞系统上的安装角;F_0为安装机构对无人机前后方向的作用力;F_1为安装机构前点对无人机上下方向的作用力,由F_{1z}(左前点作用力)、F_{1y}(右前点作用力)组成;F_2为安装机构后点对无人机上下方向的作用力,由F_{2z}(左后点作用力)、F_{2y}(右后点作用力)组成;h为F_0距重心的高度;a为F_1距重心的距离;b为F_2距重心的距离。

选择重心为力矩参考点,平衡方程为

$$\begin{cases} T\sin\alpha + L - G - F_1 - F_2 = 0 \\ T\cos\alpha - D - F_0 = 0 \\ -F_0 h - F_1 a + F_2 b + M + Tk = 0 \end{cases} \quad (7-1)$$

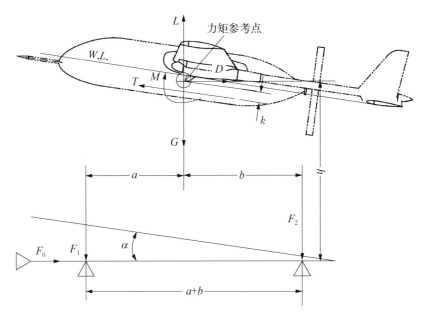

图 7-4　测量方案及受力分析

无人机滚转力矩平衡方程为

$$(F_{1z} + F_{2z} - F_{1y} - F_{2y}) \cdot \cos\alpha \cdot \frac{c}{2} + N = 0 \tag{7-2}$$

式中，c 为左右支点间距；N 为滚转力矩。

根据飞机的设计状态和在起飞车上的安装位置及测量机构的结构尺寸，可以得出 a、b、c、h、k 的值；也可在静止状态测得 G，从而计算得出 a、b 的数值。

由式(7-1)和式(7-2)可以得出飞机的受力为

$$\begin{cases} L = G + F_1 + F_2 - T\sin\alpha \\ D = T\cos\alpha - F_0 \\ M = F_0 h + F_1 a - F_2 b - Tk \\ N = -(F_{1z} + F_{2z} - F_{1y} - F_{2y}) \cdot \cos\alpha \cdot \frac{c}{2} \end{cases} \tag{7-3}$$

由上述分析可以看出，可通过测量安装机构对无人机前后方向作用力、上下方向作用力的方法，推导出车载起飞时无人机所受气动力，从而判断是否能释放。基于这种测量方案进行车载起飞系统的设计。

7.3.3.2 传感器的选择

1）测力传感器的选择和布置

根据测量方案及受力分析结论,车载起飞系统须测量竖直方向的力、前后方向的力以及滚转力矩,因此设置 5 个测力传感器。测力传感器可采用称重测力领域广泛使用的 S 型拉压力传感器。传感器的量程应考虑无人机最大重量状态下的分布载荷、无人机车载起飞过程中的气动载荷、固定释放机构的重量以及振动载荷等因素,考虑一定的安全余量,并尽量使正常载荷处于传感器满量程的 2/3 附近。传感器还应有至少 1.5 倍满量程的强度余度。

测力传感器布置如图 7-5 所示。

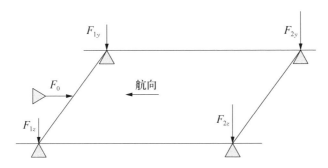

图 7-5 测力传感器布置

"天翼 1H"无人机车载起飞系统测力传感器实际布置如图 7-6 所示。

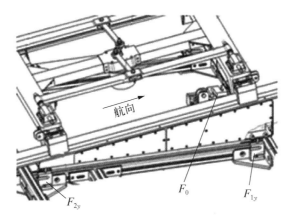

图 7-6 "天翼 1H"无人机车载起飞系统测力传感器实际布置

在无人机起飞过程中,由于车辆处于不断运动的状态,整个测量过程处于振动环境下,因此测量系统应满足如下要求:

（1）测量系统的载荷受感部件是结构传力部件，需能承受各种振动工况的载荷，保证无人机释放前的安全性。

（2）测量系统各连接部件的摩擦阻力应足够小，重复性好，不能影响测量的准确性。

针对以上要求，测力传感器与固定释放机构之间的连接可采用球铰加铜轴瓦组合连接的方式，也可采用直线轴承等连接方式。既满足各种工况，又能将摩擦力的影响减到最小。

2）速度测量

速度作为判断能否放飞的基本参数，其测量可以采用如下三种方式：

（1）汽车速度。直接采用汽车仪表盘的读数，或采用车载诊断装置（on-board diagnostic system，OBD）转换盒，采集车辆的行驶速度。一般情况下，汽车指示的行驶速度大于实际速度，并受轮胎气压影响，准确度不高，且只能得到地速。

（2）GPS 速度。采用 GPS 接收机及天线，采集 GPS 速度，准确度较高，但只能测得地速。在稳定风场下，可事先测得风速和风向，从而判断无人机是否具备安全起飞速度。

（3）风速计或空速管。用风速计或空速管测量风速，可得到无人机的空速，有利于判断无人机是否达到安全速度，但其布置难度较大，数据处理和传输较复杂。

"天翼 1H"无人机的车载起飞系统采用了测量 GPS 速度的方式。

3）释放状态测量

车载起飞时，应对无人机释放正常与否予以监控判断，以便进行应急操作。

释放状态可采用多种方法进行测量，如通过测力传感器的反馈判断是否释放，通过行程开关测量释放机构是否处于释放状态，通过人工目视或声音判断是否释放，通过摄像头监控是否释放等。

"天翼 1H"无人机采用了通过行程开关测量释放机构状态的方式（见图 7-7）。释放机构移动到释放位置后，行程开关的摇臂脱离释放机构的压迫，在自身回复力的作用下弹起，触发行程开关内的开关，发出信息并传递给测量和控制系统的控制计算机。

7.3.3.3　测量和控制系统电气原理

测量和控制系统使用车辆电源供电，采集传感器的测量数据，执行控制系统的指令，进行人机交互。因此测量和控制系统通常包含电源、传感器、AD 采集

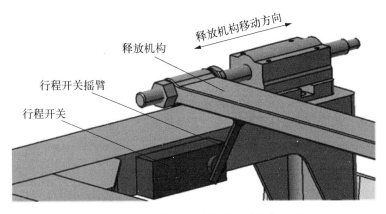

释放机构移动方向

释放机构

行程开关摇臂

行程开关

图 7 - 7　通过行程开关测量释放状态原理

器、通信系统、控制计算机等。由测力传感器实时测量无人机的受力状态,并通过接线盒(AD采集器)进行模数转换后,上传给控制计算机中的控制软件进行解算。GPS接收机通过USB接口上传速度信息给控制计算机中的控制软件进行解算。可通过2.4G高频通信控制系统调节无人机舵面,从而调节无人机的平衡。当达到释放条件后,控制软件给出提示,操作手接通释放按钮,高频通信控制系统将释放命令,同时传送给无人机飞控系统和固定释放机构的舵机遥控接收机。然后固定释放机构的舵机作动,释放无人机。无人机飞控系统收到信息后转入手控状态,控制无人机爬升,释放过程完成。

7.3.3.4　测量和控制系统软件

测量和控制系统软件运行于控制计算机上,用于处理传感器采集的数据,计算无人机的受力情况,根据释放条件判断无人机是否达到释放条件,并提示操作。通常,软件的功能如下:

(1) 实时采集GPS接收机的信息并测量速度。

(2) 通过AD采集器实时采集5个测力传感器的测量数据并进行滤波处理。

(3) 测力传感器去皮清零。

(4) 通过速度、测力传感器的测量数据以及车载起飞系统的几何数据,计算无人机的重量、重心、受力情况。

(5) 根据无人机的受力情况,判断是否达到可放飞条件。

(6) 显示和记录测量数据、受力情况和判断结果,供操作人员决策。

(7) 按下释放按钮后,监测无人机是否正常释放。

软件界面如图7-8～图7-10所示。

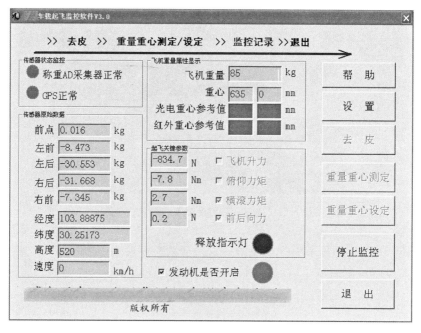

图 7-8　发动机开启复选框

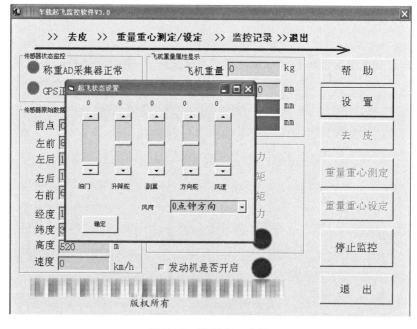

图 7-9　设置起飞参数

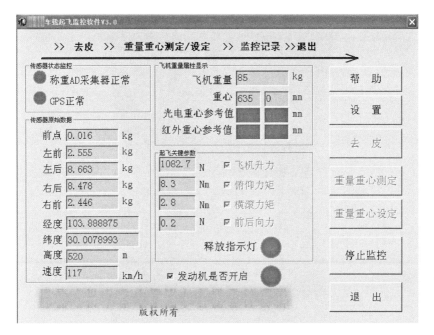

图 7‑10　释放条件满足界面

7.3.3.5　起飞控制箱

除固定释放机构的舵机、传感器和 AD 采集器外,还需对测量和控制系统电气原理图中的设备进行集成,并将其安装到一个仪器箱中,这个仪器箱称为起飞控制箱。起飞控制箱的设计应考虑在汽车上安装和操作的便捷性,通常要求体积小、重量轻。"天翼 1H"无人机的起飞控制箱如图 7‑11 所示。

7.3.4　固定释放机构设计

在放飞前,无人机与车载起飞系统相连接,固定于载车上,保持起飞姿态,并保证在静态和动态条件下均被可靠固定,以保证无人机安全;放飞时,车载起飞系统及时地将无人机释放,无人机脱离车载起飞系统升空。

无人机与车载起飞系统的连接形式多种多样,与车载起飞系统的固定释放机构设计相互影响。因此本节对无人机与车载起飞系统的连接形式和固定释放机构的原理设计等内容分别进行介绍。

7.3.4.1　无人机与车载起飞系统的连接形式

为使无人机方便地与车载起飞系统连接,需对无人机的支撑和固定部位进行专门设计。无人机的支撑和固定部位与车载起飞系统的固定释放机构配合,

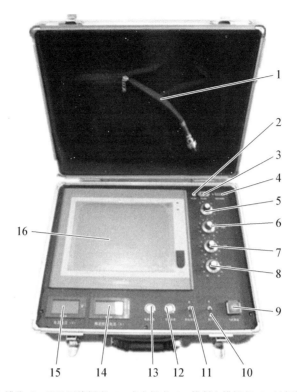

1—电缆袋;2—GPS天线插座;3—充电插座;4—控制电缆插座;5—油门旋钮;
6—升降舵旋钮;7—副翼旋钮;8—方向舵旋钮;9—无人机释放开关;
10—风门开关;11—舵机供电开关;12—充电启动开关;13—电源开关;
14—释放舵机电流显示屏;15—电源电压显示屏;16—工业控制计算机。

图 7 - 11　起 飞 控 制 箱

满足固定和快速释放(解除固定)的功能要求,同时也要满足无人机外形要求和结构强度要求。

　　无人机与车载起飞系统的连接部位应尽量利用无人机已有的框、梁、肋、起落架等承力部件,并确保释放过程中无人机不会与车载起飞系统碰撞。连接形式一般包含单点固定和多点固定两种形式。

　　图 7 - 12 示出了一种采用单点固定的连接方式。图 7 - 13 示出了"天翼 1H"无人机采用的多点固定方式。

　　若采用单点固定形式,则为降低固定点产生的力矩对放飞时无人机姿态的影响,固定点应位于重心附近。

　　若采用多点固定形式,则车载起飞系统应保证各固定点同步释放,避免释放不同步产生意外力矩而导致起飞失败。

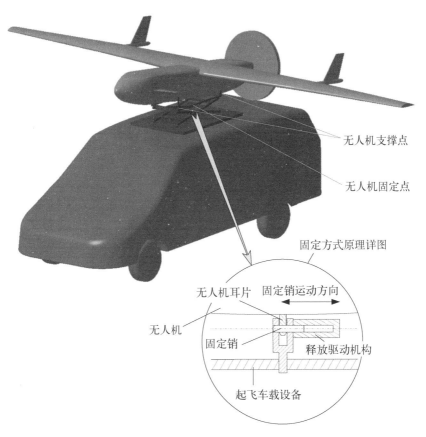

无人机支撑点

无人机固定点

固定方式原理详图

无人机耳片　固定销运动方向

无人机

固定销　释放驱动机构

起飞车载设备

图 7-12　某种单点固定形式及释放机构

无人机缓冲架

固定点

支撑部位

图 7-13　"天翼 1H"无人机的多点固定形式

7.3.4.2　固定释放机构的原理设计

本节以"天翼 1H"无人机为例,介绍固定释放机构的设计。"天翼 1H"无人机采用位于缓冲支架底部的多点固定形式与车载起飞系统进行对接,其优点如下:对无人机机身的强度无特别要求;将无人机安装在载车顶部后,机腹与载车和固定释放机构之间有较大的空隙,对无人机机翼和机腹流场的影响较小。但该固定形式要求释放时保证多个固定点同时释放,因此采用了如图 7‑14 所示的固定释放机构原理。

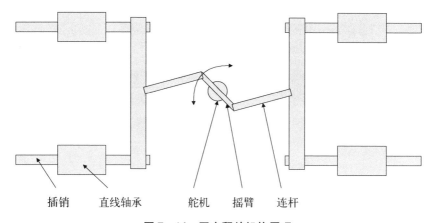

插销　直线轴承　　舵机　摇臂　连杆

图 7‑14　固定释放机构原理

固定释放机构以舵机中心轴线左右对称,由一个大扭矩舵机带动。舵机带动摇臂旋转,由连杆驱动四根插销同步地向内或外运动,使插销拔出或插入无人机上的固定孔,实现无人机的释放或固定功能。

该机构由一个动力源驱动,释放同步性比较好,各固定点释放时间差小于50 ms,理论迟滞释放时间为 100 ms,能满足在高速公路以及一级公路振动条件下对无人机的安全锁紧固定和快速同步释放的要求。

7.3.4.3　固定释放机构的安装

固定释放机构包括上支架、连杆机构、释放舵机、直线轴承、插销等零部件,通过测力传感器安装于基座上(见图 7‑15)。

安装固定释放机构时,要控制好各个插销安装的平行度、各转动副和直线运动副的灵活度,避免运动过程卡滞。要使机构有较好的刚度,调节好每个插销与无人机连接点的距离,以保证达到同步释放的要求。

7.3.4.4　释放机构关键特性

若采用多点固定,则车载起飞系统应保证各固定点同步释放。当一部分固

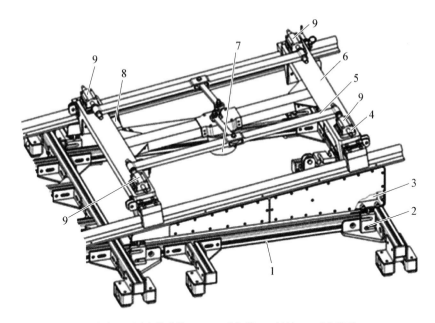

1—基座;2—测力传感器;3—AD采集器;4—插销;5—连杆机构;
6—上支架;7—释放舵机;8—行程开关;9—直线轴承。

图 7 - 15　固定释放机构的安装

定点被释放而另一部分固定点未被释放时,未被释放的固定点会对无人机施加一个力矩,使无人机姿态发生变化,未释放的固定点可能会卡住,使释放失败,从而造成事故。

可根据无人机的受力特点、无人机的惯量以及释放舵机的力学特性等进行建模仿真,推算释放不同步性的要求。一般来说,可要求释放不同步性小于 100 ms。

7.3.5　释放条件

释放条件是在无人机车载起飞过程中,通过车载起飞系统的测量计算,判断能否安全放飞的一些基本要求。

7.3.5.1　释放条件的推导

车载起飞的无人机受力情况见 7.3.3.1 节,其平衡方程见式(7-1)和式(7-2)。

假定放飞后无人机姿态是平衡的,即

$$\begin{cases} M + Tk = 0 & 俯仰平衡 \\ N = 0 & 滚转平衡 \\ T\cos\alpha - D = 0 & 前后向力平衡 \\ L - G = 0 & 升力重力平衡 \end{cases} \tag{7-4}$$

但实际飞行时无人机需要爬升,因此升力应大于重力。俯仰、滚转、前后向力也不可能达到理论平衡。行驶速度也应作为其中一个基本条件。因此结合式(7-1)和式(7-2),释放条件可以定义为

$$
\begin{cases}
F_1 + F_2 + G - T\sin\alpha = L \gg 1.2G & \text{升力} \\
T\cos\alpha - D = F_0 \ll X \to 0(\text{大于 } 0) & \text{前后向力} \\
-F_0 h - F_1 a + F_2 b = M + Tk \ll Y \to 0 & \text{俯仰力矩} \\
(F_{1z} + F_{2z} - F_{1y} - F_{2y})c = N \ll Z \to 0 & \text{滚转力矩} \\
V \gg V_0 & \text{速度}
\end{cases}
\tag{7-5}
$$

式中,$F_1 = F_{1z} + F_{1y}$,$F_2 = F_{2z} + F_{2y}$;X、Y、Z 应在一个合理的范围中,其值的确定见 7.3.5.2 节。

由于车载起飞系统的固定释放机构暴露于车辆顶部,也产生气动力,并作用于测力传感器,因此需排除这个力的干扰。可通过试验测出在相应的速度下,固定释放机构产生的气动力与每个传感器测量值的关系。

$$
\begin{cases}
F_{0a} = f_{0a}(V) \\
F_{1za} = f_{1za}(V) \\
F_{1ya} = f_{1ya}(V) \\
F_{2za} = f_{2za}(V) \\
F_{2ya} = f_{2ya}(V)
\end{cases}
\tag{7-6}
$$

计算起飞过程中无人机受力时,应由传感器直接测得的力减去释放机构的气动力的影响值。传感器直接测得的力分别为 F_0'、F_{1z}'、F_{1y}'、F_{2z}'、F_{2y}',则真实作用于无人机上的力可表示为

$$
\begin{cases}
F_0 = F_0' - F_{0a} \\
F_{1z} = F_{1z}' - F_{1za} \\
F_{1y} = F_{1y}' - F_{1ya} \\
F_{2z} = F_{2z}' - F_{2za} \\
F_{2y} = F_{2y}' - F_{2ya}
\end{cases}
\tag{7-7}
$$

因此释放条件可以由式(7-5)~式(7-7)综合定义为

$$\begin{cases} F'_{1z} - F_{1za} + F'_{1y} - F_{1ya} + F'_{2z} - F_{2za} + F'_{2y} - F_{2ya} + \\ \quad G - T\sin\alpha = L \gg 1.2G \\ T\cos\alpha - D = F'_0 - F_{0a} \ll X \\ -(F'_0 - F_{0a})h - (F'_{1z} - F_{1za} + F'_{1y} - F_{1ya})a + \\ \quad (F'_{2z} - F_{2za} + F'_{2y} - F_{2ya})b = M + Tk \ll Y \\ (F'_{1z} - F_{1za} + F'_{2z} - F_{2za} - F'_{1y} - F_{1ya} - F'_{2y} - F_{2ya})c = N \ll Z \\ V \gg V_0 \end{cases} \quad (7-8)$$

7.3.5.2 释放判据的确定

通过释放条件的推导,确定了影响起飞的关键参数及其测量计算方法,这些关键参数包括速度、升力、俯仰力矩、滚转力矩、前后向力。还需对判断起飞的关键参数值的范围(称为"释放判据"或"释放条件")进行界定。

在起飞过程中,由于车辆振动、无人机发动机振动、惯性和风载荷等因素影响,无人机的受力也不是稳定的,测量与控制系统所测得的数据不能完全准确地反映无人机的受力情况。因此,一方面,必须对测量数据进行合理的滤波处理,得到尽量准确的无人机受力状态;另一方面,必须对释放判据给出一个合理的范围。通常通过仿真分析对释放判据进行定义,并通过试飞进行验证。

1) 升力释放条件

升力主要影响竖直方向上无人机的运动。根据仿真可知:升力越大,无人机在竖直方向上运动越快,离开载车平台所需时间越短。在载车硬件条件满足的情况下,升力越大,对释放后无人机爬升越有利。但是升力越大要求速度越快,而对车辆来说,速度越小,行驶越安全,对车辆的要求越低。升力应通过仿真分析来确定,通常情况下升力范围可定为(120%~150%)×无人机起飞重量。

2) 俯仰力矩释放条件

释放时无人机应能保持姿态基本稳定。在起飞过程中,由于产生了爬升的速度,无人机迎角变小,同时车辆外形对流场的影响逐步消失,因此无人机有低头的趋势。但这种趋势随无人机惯性矩的增大而减小,并且在无人机离开车顶3 m 以后才比较明显,此时飞控系统已接手控制,并不影响起飞安全。

考虑到起飞过程中的人员和车辆安全,应杜绝无人机在起飞过程中俯冲的可能性,因此应经仿真分析和试验验证来设定俯仰力矩范围 Y。

3) 滚转力矩释放条件

释放时无人机应能保持姿态基本稳定。滚转力矩过大可能会造成释放机构受力严重不均匀,影响左右机构释放的同步性,从而造成机构将无人机拉侧翻;即使没有拉侧翻,也可能造成无人机释放后由于滚转,其连接部位碰撞固定释放机构。因此必须对滚转力矩加以限制。

滚转力矩主要由无人机的对称性、副翼的偏度、发动机反扭矩以及侧风的影响造成。起飞过程中应根据风向和力矩测量结果调节副翼加以平衡。

应经仿真分析和试验验证来设定的滚转力矩范围 Z。

4)前后向力释放条件

前后向力的状态影响无人机释放后相对于载车的位置:前向力太大,无人机具有较大剩余推力,释放后相对于载车加速向前运动,具有对载车及车上乘员的安全隐患;后向力太大,无人机推力严重不足,释放后无人机一边爬升一边减速,可能造成失速,但释放后飞控接管,立即加大油门,发动机将在一定周期内将推力提高。

应通过仿真分析和试验验证来设定前后向力范围 X。

5)速度释放条件

在起飞加速过程中,由于路面情况产生较大冲击时,测量和控制系统测得的无人机瞬态受力也可能满足释放条件。因此需增加行驶速度作为其中一个约束条件,避免误提示,确保释放条件提示的准确性。或者即使误提示,也能保证起飞过程不会因速度不够而失速。

应参考无人机的最小平飞速度,计及当时风速,考虑一定的余量,并经仿真分析来设定最小放飞速度 V_0。

7.3.6　车载起飞仿真

随着计算机及其相应技术的不断发展,日趋成熟的计算机仿真技术已经成为真实试飞的重要辅助手段,引起了各领域的广泛重视,并得以普遍应用。这是因为:一方面,真实试飞受时间、场地等多种因素限制,并具有一定的风险性;另一方面,仿真技术也以其"物美价廉"而颇受工程技术人员的青睐。仿真程序能够在计算机上模拟车载起飞的全过程,这一点的重要意义在于它能够为设计师们快捷地提供因释放机构设计、释放判据、外界环境因素等变化对车载起飞影响的重要规律,从而判断车载起飞设计的合理性和安全性。

通常可以采用 MATLAB 对车载起飞进行数值仿真,可以采用 ADAMS 进行释放过程的多体动力学仿真。本节以"天翼 1H"无人机为例,介绍采用 MATLAB 进行对车载起飞的建,对地面冲击及风载荷影响的仿真。

7.3.6.1　建模

采用 MATLAB-simulink 建立车载起飞仿真模型,如图 7-16 所示。

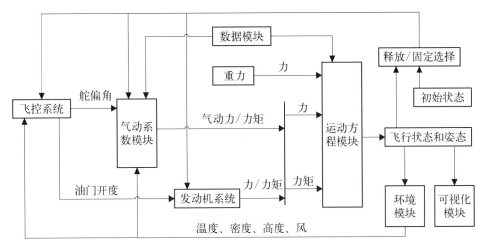

图 7-16　车载起飞仿真模型框图

7.3.6.2　地面冲击及风载荷影响的仿真

无人机固定在载车平台上,其释放过程会受到地面不平整度及风载荷干扰。因此,主要针对地面冲击及风载荷进行仿真。

地面不平整的随机激励通过汽车传递到无人机,造成无人机在竖直方向产生冲击,此冲击会对无人机释放后的飞行状态产生影响。载车运动时对无人机释放瞬间随机激励的产生方式可以分为以下两种:

(1)最大向上冲击。无人机释放瞬间,载车处于激励加速度最大值,加速度方向向上,随机路面对无人机产生最大向上冲击。

(2)最大向下冲击。无人机释放瞬间,载车处于激励加速度最大值,加速度方向向下,随机路面对无人机产生最大向下冲击。

1)最大向上冲击时无人机状态分析

根据《车辆振动输入　路面平度表示方法》(GB 7031—86)的路面平整度等级分类,假定载车在 A 级路面行驶,分析无人机释放瞬间的飞行状态变化。

无人机在无冲击与有冲击载荷下起飞过程各参数对比如图 7-17～图 7-19 所示。

2)最大向下冲击时无人机状态分析

根据 GB 7031—86 的路面平整度等级分类,假定载车在 A 级路面行驶,分析无人机释放瞬间的飞行状态变化。

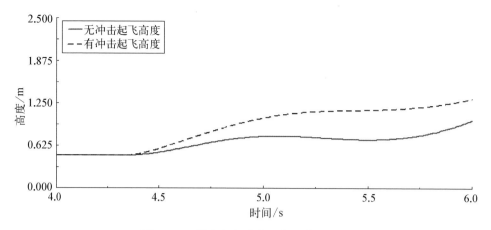

图 7-17   最大向上冲击时高度变化对比

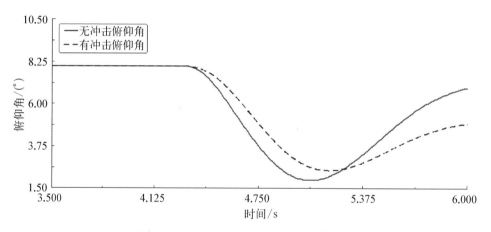

图 7-18   最大向上冲击时俯仰角变化对比

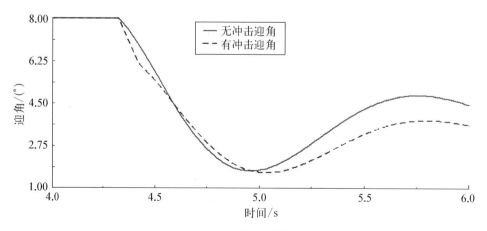

图 7-19   最大向上冲击时迎角变化对比

无人机在无冲击与有冲击载荷下起飞过程各参数对比如图 7 - 20～图 7 - 22 所示。

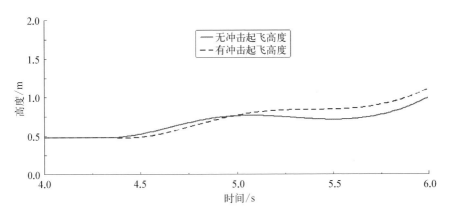

图 7 - 20 最大向下冲击时高度变化对比

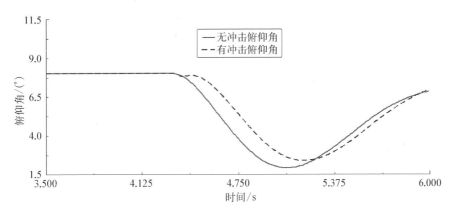

图 7 - 21 最大向下冲击时俯仰角变化对比

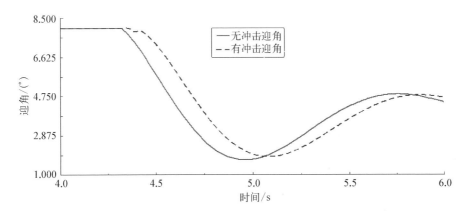

图 7 - 22 最大向下冲击时迎角变化对比

3) 风载荷下无人机状态分析

无人机在释放过程中受到正侧风作用,可能对无人机释放后的飞行状态产生一定的影响。

根据空气动力学原理,无人机所受风载荷侧偏力为

$$F = \frac{C_w \rho v^2 A}{2} \qquad (7-9)$$

式中,C_w 为机体外形的风阻系数;ρ 为空气密度;v 为有效初始流速;A 为侧面面积。

图 7-23 和图 7-24 所示为无人机分别在侧风 $V=2$ m/s、3 m/s、4 m/s、5 m/s 及 6 m/s 时释放后的状态。

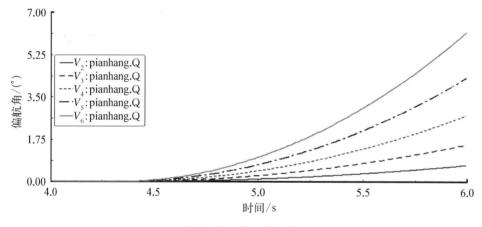

图 7-23　偏　航　角

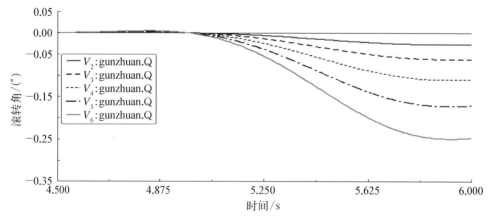

图 7-24　滚　转　角

通过仿真得知,风速越大,其偏航角与滚转角越大。

7.3.7　试验

在试飞前,必须通过试验验证车载起飞系统的功能和性能,确保其达到了规定的要求,以保证飞行安全。测量和控制系统的测量准确性和释放机构的可靠性、同步性是影响车载起飞安全的重要因素,重点对测量和控制系统以及固定释放机构进行试验验证。通常,试验项目如下。

1）竖直传感器称重试验

在固定释放平台上放置标准重物,通过测量,结果应满足设计要求。

2）水平传感器测力试验

在固定释放平台上施加水平方向的力,通过测量,结果应满足设计要求。

3）脱落试验

在地面零速度情况下,模拟无人机释放过程,检测脱落情况,使系统满足规定要求,确保满足无人机释放的性能要求。

4）气动力测试试验

车载起飞系统固定在起飞车上,按规定速度行驶,检测车载起飞系统自身的气动力参数。

5）地面滑跑试验

模拟无人机放飞的实际工况,进行滑跑试验(无人机不放飞),试验结果应满足设计要求。

6）起飞控制箱遥控功能检查

验证起飞控制箱无线控制盒的信号发射距离、比例尺以及通道的正确性,结果应满足要求。

7）电气试验

检测起飞控制箱的电气系统,结果应满足设计要求。

8）高低温试验

根据高低温要求,对起飞系统安装于车外的部件进行高低温试验,试验结果应满足设计要求。

9）振动试验

模拟车载起飞振动环境,车载起飞系统应能够在振动环境下正常工作,满足设计要求。

7.4　车载起飞安全性分析

对采用车载起飞的无人机,主要从以下几方面来考虑其安全性。

1) 固定释放机构

一方面,固定释放机构应在释放前保证无人机在各种载荷下均可靠固定。这些载荷包括无人机的重量、加速过程产生的惯性载荷、气动载荷、由路面激励和车辆以及无人机发动机产生的振动载荷。一旦固定不可靠,就可能发生无人机从车辆坠落的安全事故。

另一方面,释放机构应具有足够的驱动力并具有良好的释放同步性。足够的驱动力能确保释放过程的动作流畅,不至于卡滞。释放不同步会导致释放过程中对无人机的一部分约束已解除而另一部分未解除,约束未解除的那部分约束点的受力会急剧增大,甚至导致卡死。更为严重的是,无人机的姿态可能因此发生剧烈变化,引起安全事故。

2) 释放条件、释放判据

在起飞过程中由于存在车辆振动、无人机发动机振动、惯性和风载荷等因素,加上无人机的受力也不是稳定的,测量和控制系统所测得的力会受这些因素的影响;同时不能过高地要求控制精度,以降低设计和使用的难度。因此,一方面,应采取隔振、滤波、试验修正等措施,提高无人机受力测试的准确性;另一方面,必须对影响起飞的关键参数给出一个合理的范围。应使无人机在释放起飞的瞬间保持较好的状态,避免由于各种因素的影响而造成安全事故。

3) 起飞阶段控制律

车载起飞释放时,无人机升降速度从零增加,导致无人机迎角变小。同时,受载车周围流场影响,无人机有低头的趋势,导致速度减小且升力有下降趋势,可能会导致短暂掉高,控制不好会发生安全事故。因此在无人机起飞阶段的控制律应特别考虑:在释放初期的短时间内采用舵偏保持的控制,纵向通道无人机升降舵偏角固定为较大的负偏度,可以增大无人机的俯仰角和迎角,从而增加无人机的升力,防止无人机掉高,避免发生事故。

参|考|文|献 ●

[1] 常健,李荣冰,刘建业,等.MEMS航姿系统振动环境适应性研究[J].电子测量技术,

2015,38(9)：93-97.

[2] 车辆振动输入 路面平度表示方法：GB 7031—86[S].北京：中华人民共和国国家标准局,1986.

[3] 无人机发射系统通用要求：GJB 2018A—2006[S].北京：中华人民共和国国防科学技术工业委员会,2006.

8 伞 降 回 收

　　小型低成本固定翼无人机大多采用伞降着陆方式回收。一些中型固定翼无人机在完成空中任务后，为有效地保护机上设备和数据，也采用伞降和缓冲着陆方式回收。为进一步减轻着陆冲击，飞机上一般还设置有缓冲装置，如缓冲支架、气囊等。

8.1　回收过程

　　伞降回收系统利用气流的反作用力放伞并减速，并辅以缓冲装置减震，从而达到安全回收无人机的目的。伞降回收过程如下：无人机接收到回收指令后，发动机停车，伞舱盖打开，引导伞在气流的作用下张开，引导伞产生的拉力将主伞包从伞舱中拉出；主伞包两端拉绳拉直后，主伞包受力打开，主伞充气张满开始工作；飞机在回收伞的作用下减速，直至系统重力与回收伞阻力平衡，无人机与回收伞系统达到稳定速度缓慢下降；如无人机配备缓冲气囊，则在无人机触地前打开缓冲气囊；无人机触地瞬间，机腹的缓冲装置触碰地面，吸收无人机撞击能量，使无人机柔和地着陆。无人机着陆后立即通过分离接头做功，切断回收伞与无人机的连接，脱离回收伞以避免无人机被伞拖拽而造成损伤，回收过程完成。回收过程如图 8-1 所示，回收伞系统的开伞过程如图 8-2 和图 8-3 所示。

8.2　回收伞

　　回收伞系统需要根据无人机的实际需求进行设计，重点关注回收方式、回收场要求、回收落点精度、最小开伞高度、回收重量、开伞速度、稳降速度、开伞过载、

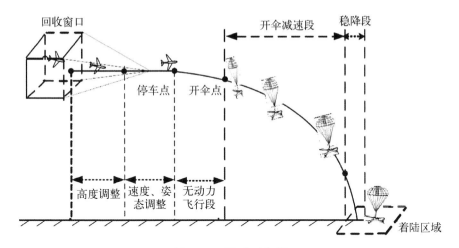

图8-1 回收过程

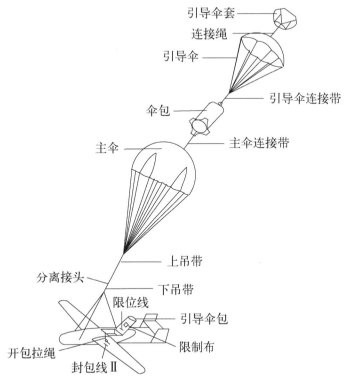

图8-2 回收伞系统开伞

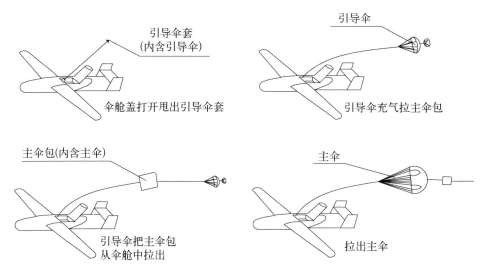

引导伞套
(内含引导伞)

伞舱盖打开甩出引导伞套

引导伞

引导伞充气拉主伞包

主伞包(内含主伞)

引导伞把主伞包
从伞舱中拉出

主伞

拉出主伞

图8-3　回收伞开伞过程

开伞姿态角、使用次数及可靠性。其中回收重量和稳降速度决定着回收伞阻力面积的大小。

8.2.1　回收伞的组成

回收伞是阻力伞的一种,与人穿戴的降落伞减速原理相同,其采用柔性织物制造而成,张紧后靠气动力减速,降低无人机下沉速度。

除采用火箭射伞而取消引导伞的回收伞之外,回收伞一般由引导伞、主伞、连接装置、保护装置、装伞套、伞袋、包装工具、包装设备等组成,如图8-4所示。

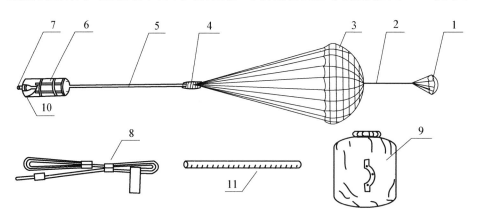

1—引导伞;2—引导伞连接绳;3—主伞;4—绳环套;5—连接绳索;6—装伞套;
7—固定连接挂环;8—封伞钢丝绳;9—伞袋;10—挂环保护套;11—包装棒。

图8-4　回收伞的组成

回收伞各组成部分的主要功能、特点如下所示。

1）主伞

主伞为回收伞组件中最主要的功能部件,其参数直接决定了无人机的稳降速度。下降过程中,回收伞与回收物系统主要受重力 G 和气动阻力 F 共同作用,其中阻力 F 满足式(8-1):

$$F = \frac{1}{2}\rho v^2 A_S C_D \qquad (8-1)$$

式中,ρ 为海平面空气密度;v 为系统速度;A_S 为回收伞阻力面积;C_D 为阻力系数。

在主伞刚张开时,主伞位于无人机后上方,无人机前进方向分速度仍然较大,主伞受到的气动阻力最大,整个系统开始减速,如图8-5所示。

随着系统速度 v 的降低,气动阻力 F 也随之减小;直至系统水平方向的分速度降至0,主伞位于回收物上方,系统在竖直方向的合速度达到某一稳定值时,重力 G 与阻力 F 平衡,如图8-6所示。

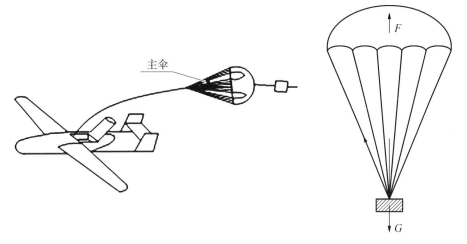

图8-5　主伞刚张开时示意图　　　　图8-6　稳降时系统受力

2）引导伞

引导伞的主要作用是将主伞包从伞舱中拉出,其拉力即为引导伞气动阻力的反作用力,计算方法与主伞一致。

引导伞根据安装方式的不同主要分为固定式引导伞和弹簧引导伞,两者的伞衣无明显区别,但弹簧引导伞内部有一副弹簧骨架。如图8-7所示,固定式引导伞通常在伞舱盖上固定着一块引导伞包布,引导伞折叠于其中。当伞舱盖打开后,引导伞在气动力的作用下张开。弹簧引导伞除伞衣外还拥有一副弹簧骨架,飞行时弹簧被压缩在伞舱盖下,舱盖打开后弹簧引导伞从伞舱内弹出,弹出过程中引导伞张开。

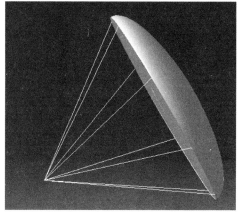

图 8-7　弹簧引导伞和固定式引导伞

固定式引导伞体积小,但引导伞包布的安装比较烦琐,且出伞高度受伞舱盖的制约,通常用于伞舱盖不抛离、尾翼较矮的无人机上;弹簧引导伞体积较大,但安装固定简单,出伞高度较高,使用较为广泛。

3) 连接装置

连接装置主要包含吊带、引导伞连接绳、主伞连接绳等,作为回收伞各零部件之间以及回收伞和回收物之间的连接件与承力件,对其强度要求较高。

多根吊带需根据挂点、系统重心位置配比合适的长度,以保证回收过程中回收伞在系统重心上方,如图 8-8 所示。

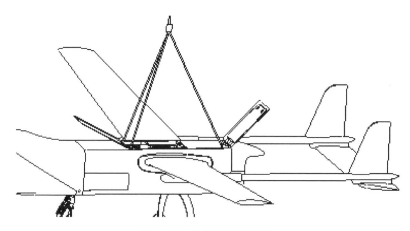

图 8-8　吊带设置示意图

4) 分离接头

分离接头又称脱离锁,工作时可将回收伞与回收物分离。通常分离接头采用机械结构内置火工品的形式,工作时给火工品通电激发,机械结构做功。某型分离接头结构如图 8-9 所示,处于闭合状态时上下接头通过钢珠进行锁闭,当脱离锁工作时,抛伞电爆管通电做功,推动活塞剪断剪切销,钢珠解锁,在上下接头力的作用下,向球窝内移动,上下结构解锁。脱离锁工作后,上下吊带分离,回收伞与机体分离。

8.2.2　回收伞的分类和选择

回收伞是一种可展式气动力减速器,通常按主伞伞衣的剖面形状、平面形状或其他特性来分类。按剖面形状,不同型式的降落伞可分为两大类：开缝织物伞和密实织物伞。

开缝织物伞主要指伞衣上有口或缝隙的回收伞,如图 8-10 所示。

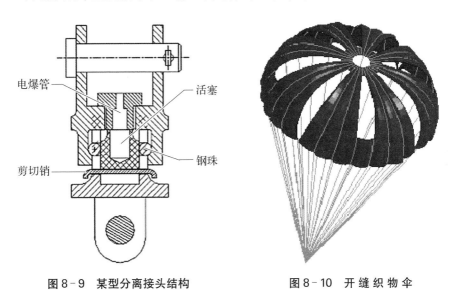

图 8-9　某型分离接头结构　　　图 8-10　开缝织物伞

根据织物结构形状又主要分为带条伞和环缝伞。

1) 带条伞

带条伞指伞衣由织物带子制成且各带子之间形成环形缝隙的回收伞。带条伞张开状态下为平面多边形,一般可近似为圆形。伞衣由同心圆带组成,充满后接近于半球形。带条之间有一定的缝隙,为制作方便,一般采用等宽度和等缝隙结构。带条的宽度以 60 mm 作为界限,分为窄条带和宽条带,如图 8-11 所示。

为改善伞衣充气时的气动特性,带条可设计为"锥形带条"和"变孔隙率锥形带条"。带条伞的伞衣幅是由平行于底边的水平带条和垂直于底边的垂直带条所组成的。水平带条产生阻力,垂直带条除产生阻力外还起到限定水平带条间距的目的。带条数目一般是根据伞衣直径、带条宽度和结构透气量来确定的,在伞顶孔和伞衣底边处都用加强带加强,伞衣幅呈三角形。

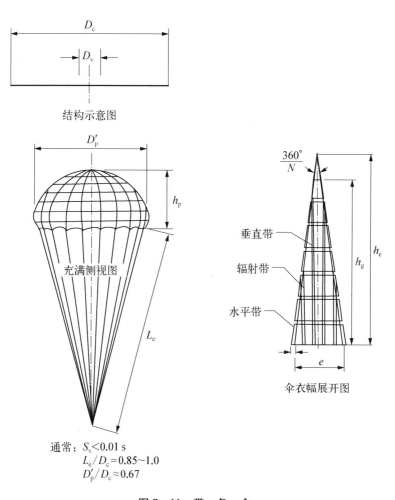

结构示意图

充满侧视图

伞衣幅展开图

通常: $S_v < 0.01\ s$
　　　$L_e/D_c = 0.85 \sim 1.0$
　　　$D'_p/D_c \approx 0.67$

图 8 - 11　带　条　伞

2) 环缝伞

环缝伞即宽带条伞,其伞衣由若干同心宽织物带组成,伞衣呈平面圆形。通常一具伞上有几圈带伞,外形似圆形伞上开了几圈环形缝,故称为环缝伞(见图 8 - 12)。

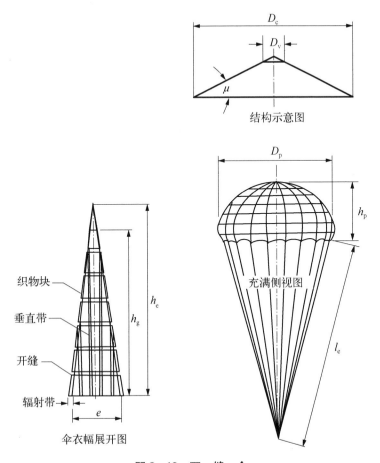

图 8-12 环 缝 伞

密实织物伞指伞衣由宽幅织物制成的回收伞,伞衣中无缝隙。根据伞衣侧方投影的形状,主要分为十字形伞、方形伞、平面圆形伞、底边延伸伞和锥形伞。

3）十字形伞

十字形伞指伞衣平面呈十字形的回收伞,由两个相同的矩形织物组成。两个矩形织物面彼此成直角相连,该表面的四个矩形呈中心对称,伞绳连接在四个矩形幅的外边缘,如图 8-13 所示。其特性值(L 和 W)与伞衣长、宽比值紧密相关,相邻矩形伞衣幅之间用扎绳或透气性较好的尼龙纱连接,以防止矩形伞衣幅翻转或伞绳缠绕伞衣。

4）方形伞

方形伞指伞衣平面形状呈方形或近似方形的密实织物回收伞,如图 8-14所示。

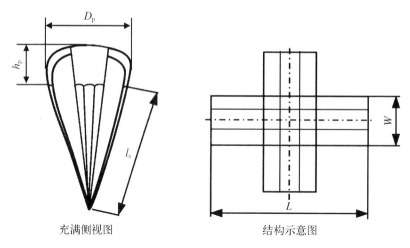

充满侧视图　　　　　　　　结构示意图

图 8‐13　十字形伞

图 8‐14　方　形　伞

5）平面圆形伞

平面圆形伞指伞衣平面形状呈圆形或近似圆形的密实织物回收伞,如图 8‐15 所示。

6）底边延伸伞

底边延伸伞指在平面圆形伞的基础上,将伞衣底边延伸形成一个折过来的圆形或锥形的密实织物回收伞,如图 8‐16 所示。

7）锥形伞

锥形伞指伞衣结构为锥形的密实织物回收伞,如图 8‐17 所示。

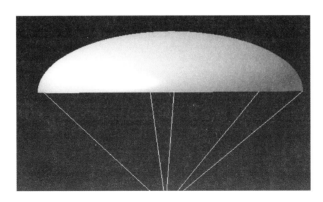

图 8-15 平 面 圆 形 伞

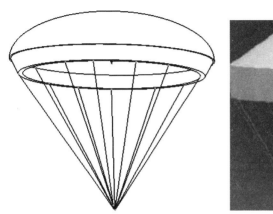

图 8-16 底 边 延 伸 伞

图 8-17 锥 形 伞

由于伞衣结构及形状的区别,各类回收伞拥有不同的特性,如表8-1所示。

表 8-1 常见回收伞特性

伞衣种类	伞 型	阻力系数	平均摆动角	常规的拉直速度限值
密实织物伞	平面圆形伞	0.75~0.80	10°~40°	500 km/h 以下使用
	锥形伞	0.75~0.90	10°~30°	500 km/h 以下使用
	底边延伸伞	0.75~0.90	10°~15°	550 km/h 以下使用
	十字形伞	0.6~0.78	0°~3°	500 km/h 以下使用
	方形伞	0.8~1.0	0°~20°	500 km/h 以下使用

伞衣种类	伞　型	阻力系数	平均摆动角	常规的拉直速度限值
开缝织物伞	带条伞	0.45～0.50	0°～3°	$Ma1.5$ 以下使用
	环缝伞	0.50～0.55	0°～3°	$Ma1.5$ 以下使用

开缝织物伞中的带条伞稳定性好、开伞动载小,常用作飞机阻力伞、稳定伞、高速大载荷的减速伞。但带条伞对带条间距均匀性和对称性有很高的要求,若未满足要求则使用过程中伞衣容易旋转;环缝伞稳定性较好,制造工序性比带条伞好,成本低,常用作阻力伞、牵引伞和回收伞。

密实织物伞中的平面圆形伞、锥形伞、底边延伸形伞、方形伞的阻力系数较高、摆动幅度较大,便于收口控制动载,广泛用于各种无人机回收伞。十字形伞稳定性好,制造工艺简单,但不便收口,动载较大,常用于空投武器和低速下降的高空探测器的减速装置。

根据无人机工况的不同,需选用不同类型的回收伞:密实织物伞伞衣为整体,阻力系数较高,在相同稳降速度要求下占用体积小,适合空间布局紧张的无人机;由于开缝织物伞存在伞衣缝隙,因此其开伞动载较小,适合于空间充裕、高速开伞的无人机。

8.2.3　回收伞主要特性选取

回收伞的工作过程一般分为三个阶段:拉直阶段、充气阶段、稳降阶段。针对不同阶段,主要特性选取体现在以下几个方面。

1) 开伞程序

开伞程序指开伞过程中拉直和充气的动作顺序。拉直方式大致可以分为先拉伞衣法与先拉伞绳法两种。

先拉伞衣法也称顺拉法。拉伞程序刚开始时,主伞系统连同伞包跟着回收物一起运动,在这一过程中连接带不断伸长。当连接带拉直时,用连接带或开伞拉绳把主伞衣从伞包中逐渐拉出,随后再按顺序拉直伞绳和连接带。采用长伞衣套或不采用伞衣套的人用伞时,其拉直程序一般采用如图 8-18(a)所示的拉伞方式。

先拉伞绳法也称倒拉法。拉直阶段刚开始时,主伞(减速伞)系统连同伞包跟着引导伞一起运动。当运动到连接带拉直时,用连接带从伞袋中先拉出伞绳,

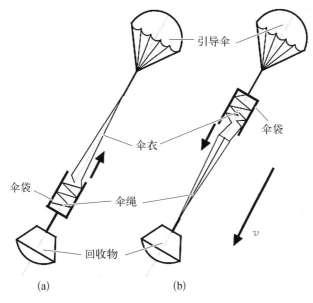

图 8-18 拉伞方式

再逐渐将主伞(减速伞)衣从伞包中拉出。伞袋回收伞一般采用如图 8-18(b)所示的拉伞方式。

2) 收口比

收口的作用主要体现在回收伞充气阶段:由于无人机在开伞过程中动载较大,因此为保护机体结构与机载设备的安全,需要对动载进行控制。

减小动载的通常做法是在伞衣底边设置一圈收口绳,控制进气量并使伞衣不完全充气,从而降低收口状态下的开伞载荷,如图 8-19 和图 8-20 所示。

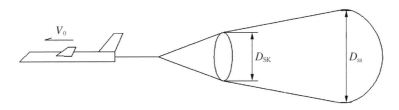

图 8-19 收口状态下充气

收口比即为收口绳长度 D_{SK} 与伞衣底边长度 D_{SS} 之比。工程经验证明,在大面积降落伞的伞衣底边采用合适的收口比,使主伞分两次充气张满,在开伞速度相同时,其最大开伞动载与一次充气张满相比,很大程度上可减小开伞动载。

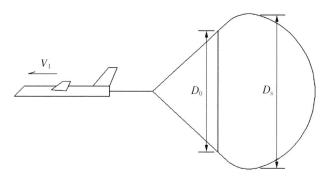

图 8‑20　收口解除后充气

3）主伞面积与稳降速度

回收伞与回收物系统在完全达到稳降速度后，回收伞受到的阻力与整个系统的重力相等。在竖直方向上，飞机做匀速运动下降，其动力学方程为

$$\frac{1}{2}\rho v^2 A_s C_D - m_c g = 0 \tag{8-2}$$

式中，ρ 为海平面空气密度；$m_c g$ 为全系统重力；v 为飞机要求的稳降速度；A_s 为回收伞面积；C_D 为阻力系数。

主伞的阻力特征面积可由稳降状态伞的阻力与飞机重力的平衡关系得到。在选定主伞面积后，可根据平衡方程计算选定主伞后的稳降速度。

8.2.4　回收伞试验验证

在无人机伞降回收系统设计阶段进行验证性试验的目的主要有两个：一是验证回收伞的性能，主要指主伞的性能与引导伞的性能；二是验证回收伞与无人机平台的适配性，主要指开伞程序是否可在特定无人机平台上可靠工作。

按照试验方法分类，回收伞试验主要有三种。

1）空投试验

空投试验的主要目的为验证主伞的性能，将回收伞与回收物（质量块模型或无人机）从运输机上空投，验证空降过程中系统是否能达到设计的稳降速度，如图 8‑21 所示。

2）开伞风洞试验

开伞风洞试验是指将安装好回收伞的无人机（或模型）安装于风洞中，依照无人机设计的开伞工况（含速度、迎角、侧滑角等）进行开伞试验。既可以验证特定工况下引导伞是否可将主伞包从伞舱中拉出，又可验证引导伞、主伞包是否可

图 8 - 21　某型无人机回收伞空投试验

安全越过无人机进气道、垂尾等部位,继而论证开伞程序是否设置合理。某型无人机回收伞开伞风洞试验如图 8 - 22 所示。

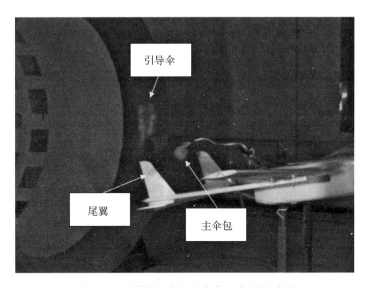

引导伞

尾翼

主伞包

图 8 - 22　某型无人机回收伞开伞风洞试验

由于风洞尺寸有限,而引导伞通常质量较小,故在试验过程中,风洞顶部与引导伞之间会有一定的作用力,使引导伞轨迹在竖直方向上有所降低。因此,风洞试验得到的引导伞轨迹高度是偏保守的。

3) 地面车载开伞试验

当某型无人机设计的开伞速度较低时,可采用地面车载开伞试验替代开伞风洞试验。即将安装好回收伞的无人机(或模型)以特定迎角、侧滑角固定于地面车辆之上,当车辆加速到设计开伞速度时,进行开伞试验。

8.3 缓冲装置

配合回收伞而采用机腹缓冲系统的目的是延缓回收着陆的冲击过载,吸收冲击能量,防止无人机内部设备和机体结构遭到损伤。无人机缓冲装置一般采用缓冲支架或缓冲气囊等形式。其中,缓冲支架制造成本低,可重复使用,但通常不能收放,常用于低速、小机动、隐身指标不高的小型无人机;缓冲气囊为消耗品,但在无人机飞行时可折叠收放于机身内,通常适用于高机动、高隐身指标的无人机。

8.3.1 缓冲支架

缓冲支架主要依靠支架上的弹性元件来吸收着陆过程的冲击能量,以达到保护机体及设备的目的,主要分为弹簧(含气体弹簧)式、扁簧式和滑橇式。

弹簧/扁簧式缓冲支架因其造价低且基本无故障而在小型无人机甚至小型有人机上得到了广泛的应用。某无人机缓冲系统由前缓冲支架和后缓冲支架组成,前缓冲支架采用摇臂式拉伸弹簧缓冲(见图8-23),后缓冲支架采用扁簧式缓冲(见图8-24)。

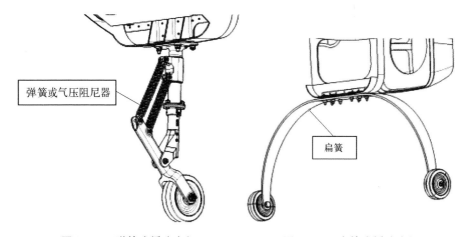

图8-23 弹簧式缓冲支架　　图8-24 扁簧式缓冲支架

滑橇式缓冲一般采用弓形梁结构,与地面接触的支架是朝下、朝外延伸的,类似于汽车的扭力梁悬挂,加大了接地宽度,有利于在不平的地面上安全着陆。

滑橇式缓冲支架一般在竖直方向上有阻尼装置,以缓冲着陆的冲击载荷。滑橇式缓冲支架如图8-25所示。

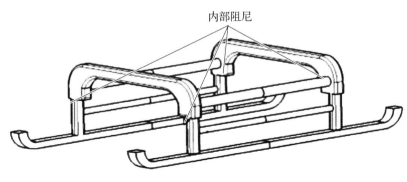

图8-25　滑橇式缓冲支架

8.3.2　缓冲气囊

缓冲气囊(后文简称"气囊")一般布置在机身腹部的前后段,气囊充气后以特定的形状紧贴于机身下表面及两侧。着陆时,气囊内的气体被压缩变形,吸收撞击能量并逐渐排出,在保护机体和侦察设备的同时保证整机不会出现反弹颠覆。

8.3.2.1　气囊分类及组成

气囊按照气源装置的不同,通常分为两类:充气式气囊和火工品气囊。

(1) 充气式气囊指需要外部气源装置供气才能张满的气囊。无人机在飞行时,气源储存于机身内的高压气瓶中;无人机接地前,电磁阀打开,高压气瓶给气囊充气张满。某型无人机气囊及气源装置组成如图8-26所示:

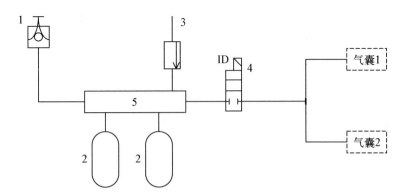

1—充气活门;2—气瓶;3—安全活门;4—气压电磁阀;5—阀块。

图8-26　某型无人机气囊及气源装置组成

充气式气囊根据内部结构的不同又分为骨架式气囊和膜片式气囊。

骨架式气囊结构示意如图8-27所示。气囊内部有类似骨架的空腔,外膜上有敞开的进出气口。充气时,气源装置向骨架空腔充气,使骨架张开,外部空气通过进出气口进入气囊,直到内外压力平衡;压缩时,气囊体积减小,气囊内部气体通过进出气口排出泄流,使系统冲击平缓。

图8-27　骨架式气囊结构

膜片式气囊结构如图8-28所示。气囊内部为完全空腔,一侧或两侧设置有泄流膜。充气时,气源装置通过管嘴向气囊充气使其张满;压缩时,气囊内的压力达到泄流膜的极值时,泄流膜破裂,气囊泄流,使系统冲击平缓。

(2)火工品气囊指不需要外部气源供气,依靠气囊内火工品气体发生器制气并充满的气囊,其结构示意如图8-29所示。无人机飞行时,气囊折叠于机身内部;当供电装置给气体发生器供电时,气体发生器内火工品激发,产生化学反应生成大量气体将气囊撑开。

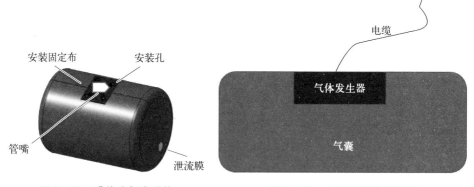

图8-28　膜片式气囊结构　　　　图8-29　火工品气囊示意图

火工品气囊安装简单,且无须布置气源装置与管路。但是,一方面,气体发生器产生的气体初始温度很高,又在很短的时间内冷却,会造成气囊内压强的极速变化,故而需要选用强度很高的气囊外膜,对制造工艺提出了较高要求;另一方面,在无人机接地过程中,气囊虽被压缩到较大程度,但由于高强度外膜的存在,气体无法泄流,会造成系统过载较大甚至反弹。因此,火工品气囊通常用作保护无人机关键部位的辅助气囊。

　　充气式气囊制造成本低,可泄流以保证系统过载不超过机体能承受的范围,比火工品气囊使用更广泛;但是,受到无人机使用环境(气压、温度)的影响时充气效果会有较大差异,故而每次飞行前都需要根据实际环境调整充气值。

8.3.2.2　气囊缓冲过程

　　气囊在充气张满至接地开始压缩、泄流的过程(见图8-30)中,不同种类气囊内部的压力变化过程有各自的特点。

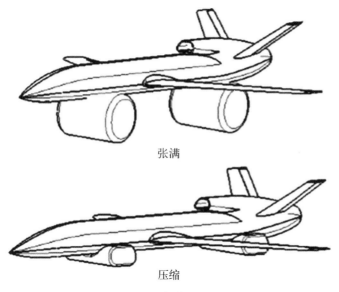

张满

压缩

图8-30　气囊工作过程

　　1) 膜片式气囊

　　膜片式气囊内部压力变化过程如图8-31所示。气源装置给气囊供气,当P_0大于等于外部大气压时,气囊张满;无人机与气囊系统接地时气囊被压缩,内部压力由P_0升高到P_1;当P_1大于或等于泄流膜破裂对应的压强值P_{max}时,泄流膜破裂,气囊开始泄流;泄流过程中,气囊继续压缩直至完全放气。

　　2) 骨架式气囊

　　骨架式气囊完全充满时,内部压力与外部大气压相等;气囊开始被压缩时,进出气口开始泄气,内部压力无明显升高,直至无人机底部完全触地,如图8-32所示。

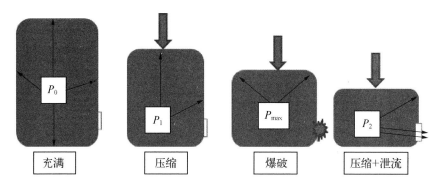

图 8-31 膜片式气囊内部压力变化过程

图 8-32 骨架式气囊内部压力变化过程

3）火工品气囊

火工品气囊内部压力变化过程如图 8-33 所示。气囊充满时,压力为 P_0,温度较高;气体在冷却过程中,压力降至 P_1;在压缩过程中,气囊压力 P_2 一直升高;当系统在竖直方向上的速度降至零时,气囊达到最大压力 P_{max},此时气囊开始反弹。

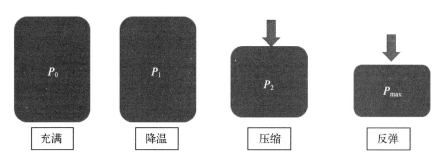

图 8-33 火工品气囊内部压力变化过程

8.3.2.3 气囊主要参数确定

在设计无人机缓冲气囊装置的过程中,首先需根据平台的具体需求选择气囊的种类与结构形式;其次根据工况选取气囊的体积、高度、泄流压力等参数;最后通过落震试验来验证设计参数的合理性并进行优化。

1) 气囊形式

根据无人机平台的情况,如需要气囊起支撑作用,则通常将气囊设置为双层气囊,如图 8-34 所示。外囊采用骨架式气囊或者膜片式气囊,内囊采用火工品气囊或者不泄流的高强度膜片式充气气囊。采用这种结构的无人机着陆后由气囊支撑,对着陆地面的适应性强。但不足的是,内气囊不泄流,在着陆缓冲时会出现一定频率和幅度的反弹颠簸,情节严重时会对机上设备或机体结构造成损坏。因此,在设计阶段须对内外气囊的充气压力、排气压力等进行多轮最优化设计,并通过试验来验证,保证反弹幅度和频率控制在允许的范围内,工作量大且周期较长。

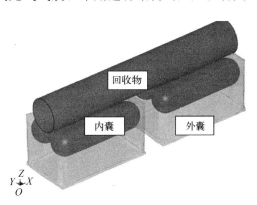

图 8-34 双层气囊示意图

如无人机不需要靠气囊起支撑作用,则气囊通常采用单层气囊,如图 8-35所示。着陆时气囊压缩排气吸收能量,经过一段时间后飞机完全停稳,气囊内的气体几乎完全排出,气囊干瘪,不起支撑作用。

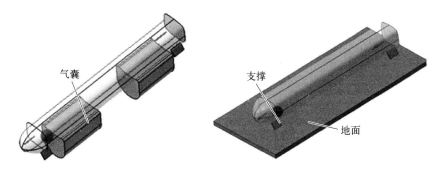

图 8-35 单层气囊示意图

由于双层气囊的研制成本较高、周期长,且反弹颠簸问题难以克服,故无人机一般采用单层气囊。

2) 气囊大小

采用伞降回收的无人机,通常稳降速度会控制在 5～7 m/s 之间。稳降速度一定时,气囊张开后的总体积主要受无人机总重量影响。

在初始设计阶段,根据工程经验初步确定气囊总体积,再根据平台布置情况及后续试验进行修正。如稳降速度小于 6 m/s,则取值 750～830 kg/m³;如稳降速度在 7 m/s 左右,则取值 850～1 300 kg/m³。

3) 气囊高度

设计初期一般采用工程经验进行估算,气囊高度满足式(8-3)。

$$L_i \geqslant \frac{v^2}{a_{\max} - g} \tag{8-3}$$

式中,L_i 为气囊高度;v 为稳降速度,$a_{\max}$ 为机体允许的最大加速度。

4) 气囊底面积

气囊底面积与气囊形状有关,如为方形气囊,则底面积即为气囊底面积;如为柱形气囊,则初步工程计算可按中轴面积的一半估算。

5) 泄流压力

初步工程计算采用式(8-4)。

$$P_{\max} \geqslant \frac{M(a_{\max} + g)}{A} + P_0 \tag{8-4}$$

式中,$P_{\max}$ 为泄流压力;P_0 为初始压力,$a_{\max}$ 为机体允许的最大加速度。

6) 排气口面积

进行初步工程估算时,排气口面积设置采用式(8-5)。

$$S = \frac{VA}{\sqrt{2(P_{\max} - P_0)\rho}} \tag{8-5}$$

式中,ρ 为空气密度;A 为气囊的理论底面积。

7) 气囊初始充气压力

根据工程经验,气囊初始充气压力增大对缓冲效果影响不大,过大的初始压力反而容易造成机体反弹,故理论最佳初始压力为 1 atm(1 atm=1.013×10⁵ Pa)。

8.3.3　缓冲装置试验验证

缓冲装置主要试验为落震试验。落震试验主要根据无人机系统在接地前具有的动能在落震试验台上模拟其接地过程,以验证缓冲装置的性能。

气囊落震试验如图 8 - 36 所示,将重量、系统重心位置、气囊安装位置相同的无人机模型安装于落震起吊台上,再根据无人机实际接地前具有的动能,确定模型起吊的高度,进行落震试验。根据试验数据判断气囊是否可达到预计的缓冲效果。

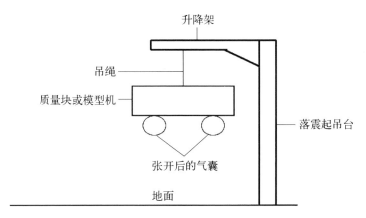

图 8 - 36　气囊落震试验示意图

采用伞降回收的无人机,在实际工况中,回收伞在缓冲过程中可降低系统动能,而落震试验通常不具备带伞试验的条件。因此,为更真实地获得气囊性能数据,需要根据回收伞在此过程中的功量关系,在试验时对系统落震过程中的初始动能进行修正。

8.4　伞降回收研制流程

伞降回收系统研制流程一般包括设计、分析、试制、试验、试飞等,如图 8 - 37 所示。

在整个研制流程中,关键点在于回收伞参数的多轮迭代,如图 8 - 38 所示。回收伞开始程序设计中减速级数设计主要采用倒推的方式进行。首先根据回收设计条件及要求确定主伞的阻力特征面积;其次根据不同伞型特点及适用环境对主伞进行选型,确定阻力系数,得到主伞面积;再次根据经验预估开伞条件(之后需进行多次设计迭代),计算开伞力,根据开伞力大小、初步结构设计要求、类似型号经验确定收口模式与收口比;最后根据设计收口比与收口时间,重新计算开伞力,评价设计是否合理,对主伞拉直、充气、稳降各阶段轨迹进行计算,得到轨迹、力、速度等曲线,根据计算得到的结果,判断是否满足回收要求。如果满足

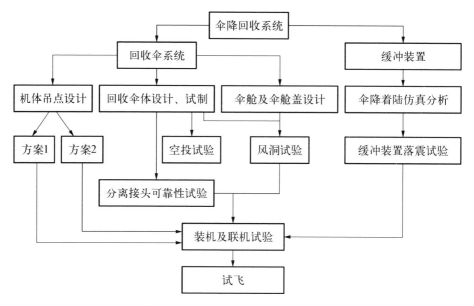

图 8-37　伞降回收系统研制流程图

要求则继续评价主伞设计方案,直到完全达到减速效能并满足结构要求;如不满足则增加一级或多级减速伞方案。

　　减速伞设计同样是确定伞的阻力特征面积。根据不同伞型特点及适用环境对减速伞进行选型,确定阻力系数,得到减速伞面积。结合选择的回收窗口进入条件,计算减速伞开伞力,满足结构设计要求后观察解算出的减速伞阶段开伞条件。如果最终结果不能满足回收单元设计要求,则需要从主伞设计开始,进行部分参数修正。如果能满足回收伞设计要求,则开始整个系统的设计优化,主要考察回收轨迹、回收效果及回收载荷是否合理,直到整个优化结束,回收伞的方案设计完成。

　　回收伞的性能又将作为缓冲装置的设计输入,对其设计、试验参数进行修正。

8.5　伞降回收应用

　　受具体场地条件的影响,无人机的回收方式不可能一概采用跑道滑跑降落,伞降回收方式为一种较好选择。这种回收方式无需跑道,适用于野外条件,且操作简单,整个过程自动完成,对操作人员要求比较低。

　　对小型无人机,采用伞降回收的模式,能够进行无损回收,实现无人机多次重复使用,降低使用成本,该模式从而得到了更广泛使用;对部分军用和科研无

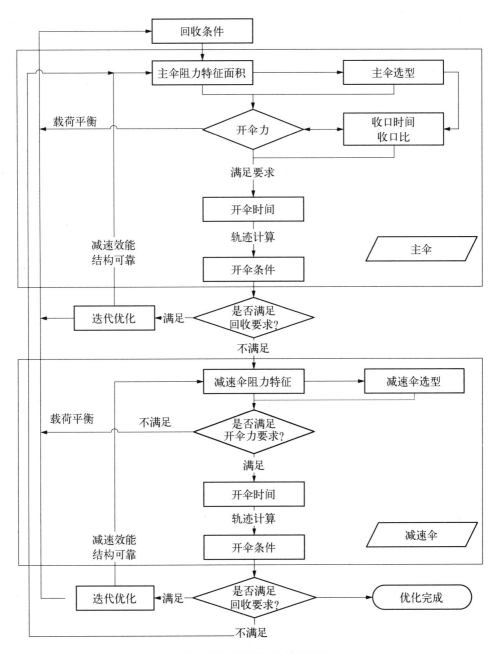

图 8-38　回收伞设计流程图

人机,在采用滑跑降落的基础上,增加伞降回收的应急备用降落装置,使无人机在特殊场合可以开展工作,拓宽其使用空间。也可为无人机高强度工作下的应急情况增加一重安全保证,提高其生存能力。

　　通常情况下,无人机需保持一定姿态进行开伞,故开伞速度通常大于飞机的最小开伞速度。在此状态下,开伞载荷较大,在回收伞拉力的作用下,一般在开伞过程中飞机有明显的抬头、摆动过程,加之流场的影响,导致姿态存在一段剧烈变化的过程(见图8-39),直到系统达到稳定速度。由于存在一定的不可控因素致使每次摆动时间存在差异,故开伞高度不宜太低。对回收精度要求较高的情况,需考虑在风场的影响下兼顾开伞高度与精度的平衡。

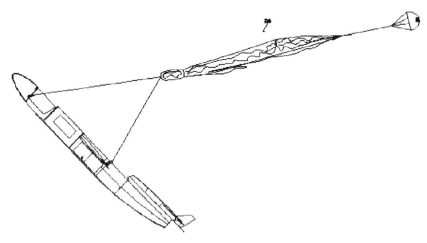

图8-39　开伞过程姿态变化示意图

　　对大型无人机,其重量较大、设备较多、飞机姿态对燃油等系统性能存在一定影响等,为保证回收的效果,开伞过程中不宜有太大的姿态变化及过载冲击。故而大型无人机通常将回收伞布置在机背并将缓冲装置布置于机身腹部,以保证无人机在开伞过程中无较大翻转。

　　某些小型无人机结构紧凑,为保证机腹有足够的空间搭载任务系统,在系统过载等指标允许的范围内,可将回收伞置于机腹、机背,设置缓冲气囊或直接用于缓冲。此类无人机(如加拿大的CL-89无人机)在回收时会上下翻转180°,使机腹在上、机背在下,使用机背前后的缓冲气囊着陆,吸收撞击能量,以保护机腹内的任务设备。类似地,英国的"不死鸟"无人机在回收开伞后翻转180°,机腹朝上、机背向下,将机背整流罩用于缓冲,允许其在着陆时被压扁,以吸收着陆撞击力,保护机腹的任务设备短舱。

　　伞降回收稳定性高、不受场地限制,但其缓冲方式决定了无人机回收后会有一定程度损伤。对中大型无人机而言,其维修成本高、等待时间长,这也限制了伞降回收在中大型无人机上的应用。所以小型无人机和航程不长的无人机可采用伞降回收,在任意区域降落,扩大使用范围。

参|考|文|献 ••••••••••••••••••••••••••••••••••••••

[1] Knacke T W. Parachute Recovery Systems Design Manual [M]. Santa Barbara：Para Publishing, 1992.

[2] Esgar J B, Morgan W C. Analytical study of soft landings on gas-filled bags[R]. NASA, 1960.

[3] Graham W A. MK82 ballute retarder system updated for advanced weapons program [C]//16th AIAA Aerodynamic Decelerator Systems Technology Conference and Seminar, 2001.

[4] Smith T. Ballute and parachute decelerators for FASM/quicklook UAV [C]. 17th AIAA Aerodynamic Decelerators Systems Technology Conferences and Seminar, 2003.

[5] Butler M C, Montanez R. How to select and qualify a parachute recovery system for your UAV[EB/OL]. (2008 - 02 - 25). www.butlerparachutes.com.

[6] Toni R A. Theory on the dynamics of a parachute system undergoing its inflation process [C]//3rd Aerodynamic Deceleration Systems Conference, 1970.

[7] Cliff E W, Sandy C, Welch J. Impact attenuating airbags for earth and planetary landing systems[C]// AIAA Space 2007 Conference & Exposition, 2007.

[8] Lee C, Rosato N, Lai F. An investigation of improved airbag performance by vent control and gas injection[C]//11th AIAA Aerodynamic Decelerator Systems Technology Conference, 1991.

[9] Denny R, Roland S J, Dunker S. Basic design of a repositioning event[C]//20th AIAA Aerodynamic Decelerator Systems Technology Conference and Seminar, 2009.

[10] E. G.尤因,T. W.纳克,H. W.比克斯比.回收系统设计指南[M].吴天爵,马宏林,吴剑萍,等,译.北京：航空工业出版社,1988.

[11] 戈嗣诚,施允涛.无人机回收气囊缓冲特性研究[J].南京航空航天大学学报,1999, 31(4)：458 - 463.

[12] 刘巍,寇保华,葛健全,等.降落伞充满稳定阶段流场数值模拟[J].中国空间科学技术, 2007,27(1)：61 - 64.

[13] 王利荣.降落伞理论与应用[M].北京：宇航出版社,1997.

[14] 《飞机设计手册》编委会.军用飞机总体设计(飞机设计手册第四册)[M].北京：航空工业出版社,2005.

[15] 洪煌杰,王红岩,郝贵祥.空降车-气囊系统着地缓冲过程仿真分析[J].装甲兵工程学院学报,2010,24(4)：33 - 36.

[16] 牛四波,王红岩,迟宝山.空投设备缓冲气囊的优化设计[J].装甲兵工程学院学报,2010, 24(5)：36 - 40.

[17] 尹汉锋,文桂林,韩旭.空投设备缓冲气囊的优化设计[J].系统仿真学报,2008,20(5)： 1325 - 1327.

[18] 徐诚方.气体参数对气囊缓冲特性的影响分析[J].航天返回与遥感,2014,35(4): 26-35.

[19] 温金鹏,薛江,张思才,等.固定排气口型气囊冲击减缓特性研究[J].振动、测试与诊断, 2008,38(2):387-393.

[20] 陈帅,李斌,温金鹏,等.软着陆气囊缓冲特性与参数设置的理论研究[J].振动与冲击, 2009,28(4):25-28,46.

9 挂 接 回 收

前面几章涉及的无人机回收方式都是指在回收阶段无人机减速并下降高度,经过缓冲吸能,然后直接落停在地面这一类回收形式。还有一类回收方式被称为挂接回收,无人机不是在地面回收,而是自主、精确地控制轨迹和速度,直接撞向设置在距地面(舰面)一定高度处的网、绳、架等拦阻装置,与该装置挂接,经该装置缓冲吸能后悬停。挂接回收在地面上方一定空间实施,避免了与地面撞击导致的机体和设备损伤,是一种安全、无损的回收方式。撞网回收、挂绳回收、授油式回收是挂接回收的不同呈现形式。

9.1 撞网回收

无人机撞网回收指在无人机下滑回收阶段,通过拦阻网将其拦停并实现回收,是一种理想的精确定点回收方式,特别适合小型固定翼无人机在狭窄回收场地或舰船上使用。

撞网回收系统一般由拦阻网装置、吸能缓冲装置和末端引导装置等组成,其核心技术在于如何引导无人机准确地飞向拦阻网,触网后如何柔和地吸收能量,从而平稳、准确地实现撞网回收。

根据拦阻网和阻网支架数量的不同,撞网回收方式一般有单网单杆、单网双杆、单网三杆和双网双杆四种。单网单杆和单网双杆的承受能力有限,一般用于体积小、重量轻的无人机回收,回收舰载无人机时一般采用单网三杆和双网双杆方式。图 9-1 所示为典型的舰载撞网回收系统(单网三杆)。拦阻网由弹性材料编织而成,网的两端还连接有能量吸收器。无人机撞入网中后,速度很快便减为零。

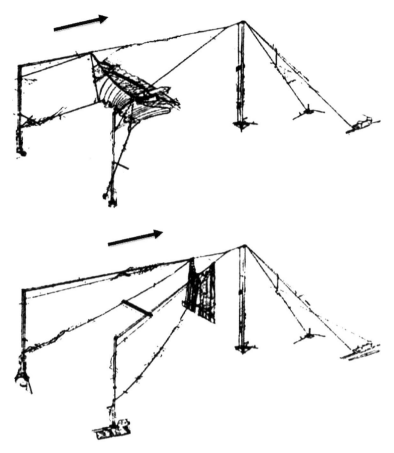

图 9-1　典型的舰载撞网回收系统(单网三杆)

涉及无人机撞网回收的两个关键性指标为末端引导精度和回收系统的吸能缓冲水平。拦阻网的拦阻面积不大,这就对末端引导提出了更高的要求,一旦引导偏差过大,无人机就无法准确飞入拦阻网。国内外对无人机的末端精确引导进行了大量的研究,主要采用雷达引导、电视跟踪引导、GPS 组合引导和激光引导等末端精确引导方法引导无人机入网。回收系统中用于吸能的主要有两部分:由拦网和立杆组成的网体、吸能缓冲器。缓冲过程既要保证无人机机体和其他部件不受破坏,又要求拦阻网不至于被冲坏。

撞网回收系统轻巧灵活、不受场地的限制、布设方便,在山区、舰船上均可架设拦阻网。然而这种回收方式也存在着不足:在中小型军舰上布设拦阻网时,舰体长度不大,其上方又布满了雷达、导弹、通信天线等大量的设备,网的面积有限,在天气和海况异常的情况下,舰体摇晃严重,如果末端引导控制不当,则无人机不易对准拦阻网。

20世纪90年代中期,研究人员结合国防科技预研项目,对基于电视跟踪器的全自动制导技术进行了研究,通过理论分析和仿真,提出了撞网回收全自动制导系统的方案,研究了全自动制导的控制规律,对系统误差的分布进行了分析,对影响系统精度的主要环节进行了建模仿真,并对基于电视跟踪系统的引导技术进行了半自动化和全自动化两种方案的设计,对引导控制规律进行了建模和仿真。此外,研究人员还对基于激光制导的引导技术进行了研究,提出了无人机撞网回收激光引导系统设计的初步方案。

21世纪初,研究人员在传统的光学仪器人工测距的基础上提出了双目视觉自动跟踪测距系统方案,引入电视图像自动跟踪和自动测距技术,实现了实时处理,提高了对空中机动无人机的测距精度和测量速率。

随着控制定位技术的发展,撞网引导技术方兴未艾,正在工程实践中得到应用和验证。

9.1.1 撞网回收过程

撞网回收过程由进场平飞段、下滑引导段、末端拉平段组成,如图9-2所示。

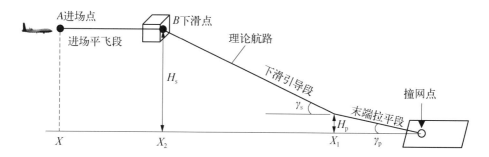

图9-2 无人机自动着舰理论航路

无人机自动回收阶段控制策略制订的原则如下:在纵向上保证无人机精确的跟踪高度,在横侧向上保证无人机无侧偏。回收阶段的拉平控制是自动回收控制的关键,拉平控制的目的是使无人机的姿态角、迎角、垂直速度和水平速度等满足指标要求。在舰上撞网时,拉平控制效果受舰艇尾部海面效应影响,风洞数据的偏差以及海面湍流的不确定性都会给拉平控制的设计带来麻烦。因此需要通过对无人机特性的分析、回收阶段的性能计算以及仿真进行验证。

三个阶段的控制策略如下:

进场平飞段:发动机处于巡航状态,纵向采用高度保持控制器,以将其稳定在进场高度,横侧向采用航迹跟踪控制。

下滑引导段:发动机处于慢车状态,纵向采用高度跟踪控制,以跟踪下滑高度剖面,横侧向跟踪航迹,消除侧偏。

末端拉平段:发动机处于怠速状态,纵向采用高精度的高度跟踪控制,并根据俯仰角需求来调整拉平所需舵面,进行"拉飘"控制,横侧向采用航迹跟踪控制。

无人机撞网回收时要实现精确撞网,必须设计一条引导无人机飞向网中心的轨迹线,称为理论航路。理论航路对末端拉平段轨迹线的设计要求严苛,常用的拉平轨迹线有指数轨迹线和直线轨迹线,最终采用哪种拉平轨迹还要根据无人机的飞行性能和无人机抵抗干扰时要求的鲁棒性来确定。

9.1.2 典型网体结构

9.1.2.1 单网三杆结构

单网三杆结构方案一般由 1 个垂直网和 3 根垂直支架组成(见图 9-1)。3 根垂直支架呈倒三角形布置,垂直网安装在前面的 2 根垂直支架之间,前后杆间连接缆绳较长。当无人机撞网后,网兜住无人机沿连接缆绳向后杆移动,在吸能缓冲装置的作用下使无人机迅速停止。

典型应用 1:美国海军的 USS 艾奥瓦(Iowa)战舰上的"先锋(Pioneer)"无人机使用撞网回收系统(ship pioneer arresting system,SPARS),其拦阻网尺寸约为 7.6 m×14.3 m(高×宽),无人机末端跟踪导航由人工无线电控制操作。

典型应用 2:美国洛克希德·马丁公司开发的"天鹰座/苍鹰(Aquila)"无人机使用由美国 AAE 公司研制的 Mobilenet 车载移动撞网回收系统(见图 9-3),拦阻网尺寸约为 4.6 m×8 m(高×宽),无人机末端自动跟踪导航系统的误差为 0.3 m 左右。

典型应用 3:以美国 Teledyne Ryan 航空制造公司研制的简化三轴参考系统(simplified three-axis reference system,STARS)为代表,由 3 根杆、回收橡皮绳、橡皮绳和阻尼器等组成。杆间连接缆绳较长,约为 15 m。当无人机撞网后,网兜住无人机沿连接缆绳移动,由橡皮绳及转动刹盘吸收无人机的动能。

9.1.2.2 双网双杆结构

双网双杆结构一般由 1 个垂直网、1 个水平网和 2 根垂直支架组成。垂直网安装在前面的 2 根垂直支架之间,水平网安装在 2 根垂直支架后方的水平底面。水平网也可用充气垫平台代替,气垫采用密封性良好的尼龙材料制成,气垫压力很低,受到冲击时有一个爆破口放气,以调节气垫压力。当无人机撞网

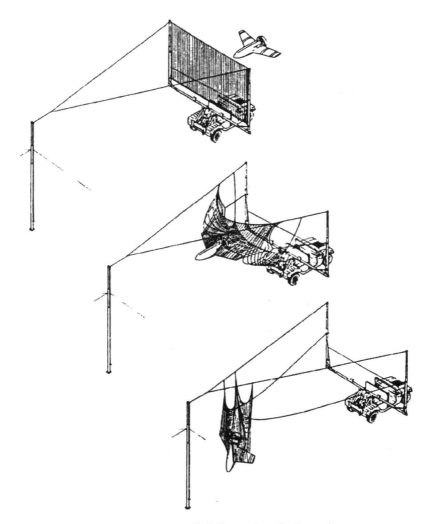

图 9‑3 Mobilenet 车载撞网回收系统(单网三杆)

后,飞行动能被垂直网带动阻尼器吸收,而水平网(或水平气垫)则用来接住无人机。

典型应用1:以南非的"秃鹫(Vulture)"无人机车载移动撞网回收系统为代表,其全部设备均装载在一辆10 t的汽车上,水平网采用充气垫平台。

典型应用2:以美国LMSC公司为"天鹰座/苍鹰"无人机制造的车载网回收系统为代表,主要由回收拖车、回收网和吸能缓冲器等组成。回收网采用竖网与水平网的组合方式,竖网两端分别支撑在固定于拖车的杆上,水平网固定在2辆拖车之间。无人机撞网后,飞行动能被吸能缓冲器吸收,而水平网则用来接住无人机。

9.1.2.3　单网单杆结构

单网单杆结构一般由1个垂直网和1根垂直支架组成。该垂直支架结构较为复杂，具有垂直网的安装框架，并且该框架可绕侧支杆旋转。当无人机撞网后，网兜住无人机，无人机冲击网架绕侧支杆旋转，框架中心的阻尼器产生阻尼作用，滞止网架转动。

典型应用："天鹰座/苍鹰"无人机的车载撞网回收系统由德国道尼尔（Dornier）公司制造。整个系统安装在一辆重约5 t的卡车上。车载竖网可以旋转，无人机撞网后，竖网兜住无人机实现回收。

9.1.2.4　单网双杆结构

单网双杆结构一般由1个垂直网和2根垂直支架组成，主要靠网体和支架的弹性变形对无人机进行吸能缓冲，不需额外的阻尼缓冲装置。

典型应用1：美国"银狐（Silver Fox）"无人机采用一种整体移动式单网双杆结构方案的陆基撞网回收系统，其特点是整个网架系统由汽车牵引向前运动，无人机与汽车同向运动飞入网内。该拦阻网受力后兜起成两层口袋状，无人机撞入网内后便掉落在网袋中。

典型应用2：美国"杀人蜂（Killer Bee）"无人机采用一种固定式单网双杆结构方案的陆基撞网回收系统，其特点是该无人机触网后由机翼外侧尖钩钩住网体实现回收。

9.1.3　网体设计与选择

9.1.3.1　网体结构型式的选择

选择网体结构型式时要考虑到无人机的进网速度与方向，因此网本身要有较好的安全措施。为此，可设计为复式多层网的结构型式，也就是整个网是由多个网重叠组成的。这种结构的优点是即使多层网中有个别网在工作过程中破损，整个网的形状也不会变，仍然可以保证安全地回收无人机。

网的密度取决于网体包裹无人机部件的大小。如果被包裹的部件比较小，如鸭式无人机的前翼，则这个密度就要大一些，以保证有足够多的竖带能包裹在不大的前翼上，使拦阻载荷分散；如果这个部件比较大，如无人机的机翼，则密度可小一些，也能保证有足够多的竖带包裹在机翼上。

网体材料的选择主要是对上下横带和竖带材料的选择，这取决于其受力情况。竖带是先受力的，而且在无人机进入方向偏差较大时很可能只有少数竖带受力，因此竖带应选择得比较强一些。下横带在无人机的进入姿态不大好或机件有故障时,也可能受到比较大的力;而上横带不会碰到它们所碰到的情况,它的受力状态好一些。

撞网回收末端对精度要求很高,有时需要在移动平台上进行引导回收,并且要具有一定的抗风性和抗干扰能力(湍流、阵风、舰船尾流,特别是雄鸡尾流)。将比例引导法应用到无人机移动撞网回收末端引导中的时候,必须综合考虑飞机性能、使用环境、传感器、外部干扰等因素,制订可行性强、操纵简单的使用方案,合理设计控制律和控制参数。

本章对移动撞网回收末端比例引导制导律和纵向、横侧向控制律进行介绍。对基于过载控制的比例引导制导律和基于姿态控制的积分型比例引导制导律、闭环过载控制和开环过载控制方法、横侧向倾斜控制方式和侧滑控制方式分别进行比较,针对实际情况选择撞网回收末端适合使用的制导与控制方法。对比例引导制导律设计的关键因素(如轨迹、法向/侧向过载、脱靶量等)进行分析。最后进行控制参数设计与控制律鲁棒性验证。

9.1.3.2 撞网回收末端引导方法

根据前文的阐述,在撞网回收末端,也就是比例引导段,利用比例引导法引导无人机命中拦阻网。比例引导法是无人机速度矢量的旋转角速度与目标视线的旋转角速度成正比的一种引导方法,其引导关系方程为

$$\dot{q} = Kq \tag{9-1}$$

式中,$\dot{q}$ 为目标视线 r 的旋转角速度;q 为速度矢量场的旋转角速度;K 为比例系数。其运动关系示意图如图 9-4 所示。

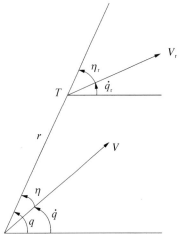

实现比例引导法的制导与控制回路如图 9-5 所示。ALIGN 测量给出了飞机与拦阻网的相对位置和相对距离信息,制导回路将其转化为控制指令,传递给控制回路,通过控制回路的放大变换及限幅,将控制信号转化为舵面操纵信号。

图 9-4 比例引导法运动关系示意图

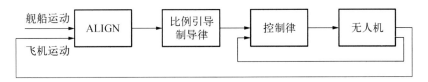

图 9-5 比例引导法制导与控制回路示意图

1) 比例引导制导律设计

在末制导段,无人机在制导系统的参与下自主控制飞行,制导系统根据事先选定的引导方法,不断地改变无人机在空间的运动轨迹,跟踪并最终命中拦阻网。制导律的选择不仅影响无人机的飞行轨迹,而且直接影响撞网脱靶量。

从控制系统的角度看,无人机有两个基本回路,即内回路(控制回路)和外回路(制导回路)。控制回路有两种常用的结构,即过载控制结构和姿态控制结构,与这两种控制结构相匹配的末制导律分别为比例引导制导律和积分型比例引导制导律。为了获得较高的撞网精度,选择哪种控制结构和与其相匹配的末制导律是值得研究的,下面就这两种方法进行比较分析。

(1) 基于过载控制的比例引导制导律。

过载控制的一般结构如图 9-6 所示。

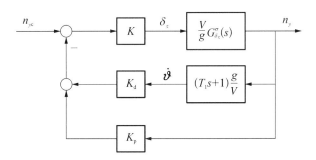

图 9-6   过载控制结构图

从图 9-6 可以看出,典型的过载控制一般由法向过载主反馈回路和角速度阻尼回路两部分组成,过载控制回路的输入指令是法向过载制导指令 n_{yc},而其输出是无人机响应的法向过载 n_y。其中的加速度信号和角速度信号分别由线加速度计和角速度陀螺两个传感器来提供。

适当地选择参数 K_p 和 K_d,既可以提高过载控制的响应速度,又可以改善其阻尼特性。需要指出的是,过载控制需要加入重力补偿指令 n_g。n_g 不受飞行速度、大气密度 ρ 等多项飞行参数的影响。

采用基于过载控制的比例引导制导律的制导回路如图 9-7 所示。

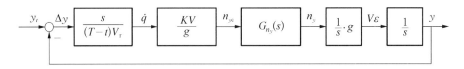

图 9-7   基于过载控制的比例引导制导律的制导回路

在图 9-7 中，n_{yc} 和 n_y 分别为法向过载制导指令和无人机响应的法向过载；K 为比例引导系数；V_r 为无人机与拦阻网相对速度；$\dot{q}$ 为目标视线 r 的旋转角速度；T 为末制导时间。过载控制的输入、输出皆为法向过载信号，而比例引导制导律给出的制导指令也是法向过载指令。

（2）基于姿态控制的积分型比例引导制导律。

图 9-8 给出了姿态控制的一般结构，并将姿态控制引入制导外回路所需的对轨迹角的变换。

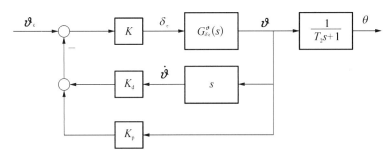

图 9-8　姿态控制结构图

可以看出，与过载控制结构不同的是，姿态控制回路的主反馈为姿态角信号，其输入指令是姿态角指令，而输出是无人机响应的姿态角，从而引出制导所需的轨迹角。这里由惯导设备解算出姿态角信号。

采用基于姿态控制的积分型比例引导制导律的制导回路如图 9-9 所示。

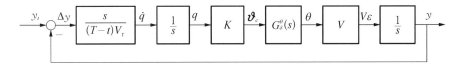

图 9-9　基于姿态控制的积分型比例导引制导律的制导回路

如果有足够的末制导时间使瞬变过程衰减，那么由侧向速度偏差导致的脱靶量可以趋于零。末制导时间至少要不小于系统动力学滞后时间常数的 10 倍。实际情况中，由于存在目标机动、风干扰、线性噪声和角噪声等影响，所以希望由侧向速度偏差带来的脱靶量衰减过程越快越好。这一制导律已被国内外广泛使用，尤其是用在空地导弹上，而导弹攻击移动目标和无人机跟踪移动舰船撞网回收过程具有相似性，因此在这里做了借鉴。

2）纵向控制律设计

上文已经阐述了与撞网回收末端所使用的制导律（即比例引导制导律）相

对应的在纵向和横侧向内回路采用的过载控制结构。下面先研究纵向控制律方案。

经典的内回路控制回路使用的是闭环控制方法,用来跟踪制导律给出的法向过载指令,其中的加速度反馈信号由线加速度计来提供,但是,在演示验证样机的实际使用中往往会由于发动机的机体振动,使加速度信号有严重的噪声,直接影响控制精度。为此,给出了一种开环控制方法。

$$\delta_z = K_z^{ny}(n_{yc} - n_y + n_g) \tag{9-2}$$

法向过载和操纵舵面在小范围内的近似线性关系可以使法向过载指令通过增益系数直接给到操纵舵面(升降舵),这是一种开环控制方法。为此必须知道升降舵偏转角与法向过载之间的关系。法向过载和升降舵面偏转角之间的关系为

$$\delta_z = \delta_{z0} + K_z^{ny} n_{yc} \tag{9-3}$$

式中,K_z^{ny}为法向过载到升降舵的增益系数;δ_{z0}为配平舵面偏角。这种开环控制方式环节少、响应快、参数简单,便于工程实现。只要增益和阻尼合适,在小扰动控制效果上就与闭环过载控制类似。而且开环方式并没有将加速度信号接入闭环,避免了加速度计受机体振动影响。

据此,本书给出了无人机撞网回收末端纵向控制律方案。在纵向上,根据俯仰角速率的反馈,无人机通过升降舵偏转产生迎角,从而直接产生法向力纵向分量,快速跟踪俯仰角的变化,通过加入俯仰角速率的反馈来改善纵向阻尼。纵向控制结构如图 9-10 所示。

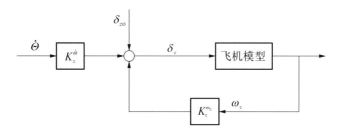

图 9-10 纵向控制结构图

无人机撞网回收时,如果入射角过大,则可能造成有效范围变小、拦阻网无法充分吸能、飞机结构损坏等不利影响,所以要对入射角进行约束。而且,考虑到比例引导末端距离短,视线角速率变化会急剧增大,会出现较大舵面,纵向或横向入射角都有可能出现较大的值。所以可以在末端趋于不稳定之前切断比例

引导律,使飞机保持平飞状态撞网,前提是不稳定时间很短,对脱靶量的影响可以忽略不计。

3）横侧向控制律设计

横侧向控制回路也是提供制导回路所需的侧向过载。同理,在横侧向上,考虑到加速度计受机体振动影响,也利用开环控制方式将侧向过载直接给到操纵舵面(方向舵)。此外,考虑到横侧向滚转可以使升力面倾斜,可以提供比方向舵更大的侧向过载,因而需进一步研究基于滚转控制的比例引导。

（1）BTT 倾斜控制方式。

对常规无人机来说,横侧向机动的常规方法是使副翼偏转,产生一个滚转角。此时升力的水平分量产生侧向过载。倾斜控制方式有个特点:当速度不变时升力不变,侧向过载与滚转角有着非常明确的关系。另外,滚转为一阶环节,其响应快、控制精度相对较高,不像俯仰角(短周期模态)为二阶环节那样控制有振荡、延时较大。在无人机转弯过程中外翼上的气流比内翼上的气流流得快,从而会产生侧滑角。为抵消侧滑需要操纵方向舵,这是无人机上使用较广泛的协调转弯法。由于倾斜控制方式会导致无人机升力减小,因而需要增加升降舵使升力增大,使得升力的垂直分量等于飞机重力,以保持纵向力的平衡。

但是,用倾斜控制方式进行机动有两个主要缺点:

首先,在达到要求的倾斜角之前不能实现完全机动,这个过程包含一个滚转角的控制回路,过程缓慢。对某些跟踪快速运动的系统来说,这是不允许的。

其次,这种机动方法不精确。如果升降舵和副翼同时偏转,那么在要求的机动垂直平面内飞机就会运动;如果一直等到倾斜完成再开始产生机动,就会出现附加的延迟;而且垂直机动和水平机动会发生耦合。

（2）STT 侧滑控制方式。

侧滑控制方式是在无人机本身姿态保持不变的情况下,通过方向舵偏转产生侧滑角,间接产生侧力,并且无人机本身不发生滚转。垂直机动和水平机动单独完成,无人机的机动动作可视为两种机动单独作用的结果,横侧向和纵向没有耦合,控制精度相对较高。但是,当完成高机动动作时,由于侧滑角度较大,给无人机带来的阻力也较大,这样就在无人机的尾部产生了一个不对称的涡流,直接结果就是给无人机带来了很大的不稳定性,从而使无人机易失控。从某种意义上说,侧滑转弯制约了无人机机动性能的进一步提高。

BTT 倾斜控制方式和 STT 侧滑控制方式的对比如表 9-1 所示。相对于倾斜控制方式来说,侧滑控制方式瞬间机动性好,能直接给出侧向过载,无延迟,适合快速跟踪目标,而且横侧向和纵向解耦,横侧向机动不影响纵向,控制精度高。一般在最后冲刺的末端还是应以侧滑控制方式为主,特别是对目标高速移动的情况。所以,在撞网回收末端横侧向控制中,选择 STT 侧滑控制方式给出侧向过载。

表 9-1   BTT 倾斜控制方式和 STT 侧滑控制方式的对比

	原　理	优　点	缺　点
BTT 倾斜控制方式	飞机平飞—副翼偏转—产生滚转力矩—倾斜角改变—升力矢量倾斜(侧力)—飞机改变航向	● 产生的侧力大 ● 产生的侧力稳定	● 存在时间滞后 ● 初始力变化与希望的航迹变化恰恰相反 ● 横侧向和纵向耦合、控制复杂,难以实现精确操纵
STT 侧滑控制方式	飞机平飞—方向舵偏转—飞机产生侧滑或滚转—侧力板产生作用于重心附近的侧力—飞机改变航向	● 产生同等大小的侧力时,比常规控制法姿态的改变要小 ● 侧力产生快,时间延迟小	● 侧力的产生不直接,必须由侧滑或滚转间接产生 ● 减小了飞机的稳定性

据此,本节给出了无人机撞网回收末端横侧向控制律方案。

根据视线偏航角速率的反馈,无人机通过方向舵偏转产生侧滑角,从而直接产生侧力,快速跟踪视线偏航角的变化。通过加入偏航角速率的反馈来改善横侧向的阻尼。同时副翼通道用来保持无人机水平,避免飞机大机动时滚转方向不稳定,使得垂直机动和水平机动互不干扰。横侧向控制结构如图 9-11 所示。

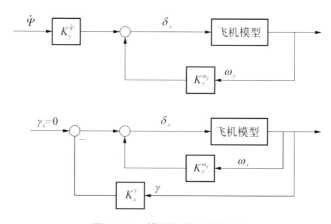

图 9-11   横侧向控制结构图

4) 侧力板方案

由前文可知,利用侧滑控制方式来产生横侧向过载是考虑到比例引导段需要更大的瞬间机动来提高跟踪精度。采用侧滑控制方式能产生更大的瞬间机动,但本身能产生的侧向过载有限,要使末端飞行包线更大、提高系统的抗侧风能力,就必须增强无人机的侧向机动能力。针对于此,在不改变机体控制面的情况下加侧力板是一个最为实用的工程方案,而且以色列的"哈比"无人机也有使用案例,如图 9-12 所示。本节研究了在机体上增加侧力板的原理和可行性。

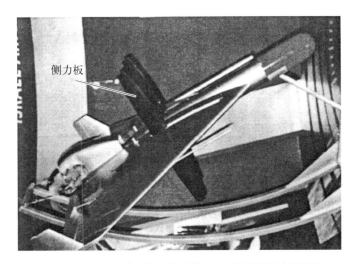

图 9-12 "哈比"无人机使用的侧力板(图片源自网络)

所谓侧力板,是一种安装在飞机重心附近、可以展开的上下左右对称的四个面。其工作原理如下:在飞机进入比例引导段之前,侧力板闭合于翼根处,不会影响飞机结构和外形,也不会产生附加气动力;当飞机进入比例引导段时,侧力板打开,但相对机体固定不动,若飞机有侧滑和滚转,则侧力板可以产生作用于重心附近的侧力,达到改变航迹的目的,否则侧力板不起作用。

侧力板的特点是能够间接地产生侧力。首先需要飞机侧滑或者滚转,侧力板才产生更大的侧力。侧力的产生伴随着姿态的改变,但相对于常规控制来说,在产生同等大小的侧力时,用侧力板方法姿态的改变更小,侧力的产生更快,时间延迟也小。而相对于未加侧力板而言,在同等大小的侧滑角或滚转角条件下产生的侧力更大,机动性更强。这种方法可以完全应用常规控制时的操纵系统和伺服机构,结构简单。

9.1.3.3　比例引导制导律影响因素

设计比例引导制导律需要对轨迹、需用法向/侧向过载、命中点需用法向/侧向过载、脱靶量等关键因素进行研究。通过研究这些关键因素给出轨迹设计原则,一方面可以在设计阶段作为指导;另一方面,通过仿真和试飞调参过程可以判断轨迹是否为最佳,进而指导调参,最终满足脱靶量要求。

1) 直线轨迹

在设计和使用时,希望无人机尽可能地沿着直线轨迹飞行。

理想轨迹就是把无人机看作一个可操纵的质点,认为控制系统是理想工作,且不考虑飞机绕质心转动及外界的各种干扰,由此所求得的飞行轨迹称为理想轨迹。实际轨迹是无人机在真实情况下飞行时重心运动的轨迹。

无人机和目标速度矢量在垂直于目标线方向上的分量相等,即无人机的相对速度要始终指向目标。直线轨迹要求无人机速度矢量的前置角始终保持其初始值,同时比例导引过程中直线轨迹的实现和需用法向过载及比例系数的选择有关。

2) 需用法向/侧向过载

飞机的机动性能可以用切向过载和法向/侧向过载来表征,它们分别表示飞机改变飞行速度的大小和方向的迅速程度。法向/侧向过载越大,飞机所能产生的法向/侧向加速度越大,在相同速度下无人机改变飞行方向的能力就越大,即无人机飞行包线越大。

在设计比例引导制导律的时候,当需用法向/侧向过载小于可用法向/侧向过载时,无人机的控制能力没有达到饱和,能够按照比例引导轨迹飞行。而需用法向/侧向过载收敛才能带来直线轨迹,达到脱靶量要求。这里,需用法向/侧向过载是指飞机沿轨迹飞行所需要的法向/侧向过载,可用法向/侧向过载是指操纵舵面偏转到最大时,平衡状态下无人机能提供的法向/侧向过载。

9.1.3.4　比例引导控制律参数设计

上文已经阐述了所使用的控制方案,即使用开环过载控制,要求瞬间机动快、无延迟,以实现对目标的快速跟踪。本节将介绍比例引导控制律参数设计。

飞机的一般运动是由其质心运动和绕其质心的转动所组成的。"瞬时平衡"假设认为飞机在整个飞行期间的任一瞬间都处于平衡状态,即飞机操纵机构偏转时,作用在飞机上的力矩在每一瞬间都处于平衡。

飞机平衡飞行时,所能产生的法向和侧向过载与该瞬时 α、β 呈线性关系。

但是,飞机的迎角、侧滑角不能无限增大,因为随着迎角、侧滑角的增大,飞机的静稳定度通常是减小的,甚至在大迎角、大侧滑角情况下飞机会变成静不稳定的,这时控制系统设计比较困难,因为自动驾驶仪不能在各种飞行状态下都得到满意的效果。所以,必须将迎角、侧滑角限制在比较小的数值范围内,才使得力矩特性曲线是近乎线性的。飞机的极限法向和侧向过载是指迎角、侧滑角达到临界值时所对应的法向和侧向过载。

9.1.3.5 撞网回收关键技术

无人机撞网回收系统的工程研制是一项系统工程,必须解决好诸如无人机吸能缓冲技术、无人机末端精确引导技术、系统动力学仿真技术和系统试验验证等相关关键技术。

1) 吸能缓冲技术

无人机以一定的初速撞网后直至停止运动,无人机动能被拦阻网体、立网支架和吸能缓冲装置等吸收。无人机吸能缓冲应有两个基本要求:① 缓冲平均过载和瞬时过载峰值应满足无人机机体及其他部件、拦阻网体等的承力特性,缓冲过程不应造成无人机、拦阻网装置局部损坏;② 被吸收的大部分无人机动能不应被释放出来作用于无人机而造成二次损伤。从国外一些无人机撞网回收系统的结构组成看,微小型无人机(回收重量一般在 40 kg 以内,如美国"银狐"和"杀人蜂"无人机)撞网回收时的动能可完全通过拦阻网体和立网支架的弹性变形来吸收,而其他回收重量较大的无人机动能则主要依靠专门的吸能缓冲装置来吸收。

在拦阻网装置和吸能缓冲装置设计中,应考虑被拦阻网体、立网支架等吸收的能量转换为弹性势能而会被再次释放出来,因此吸能缓冲装置应吸收绝大部分的无人机动能且不会再次释放。其中,涡轮阻尼装置是一种满足上述要求的吸能缓冲装置,它能将吸收的能量转换为工作介质(液体)的内能而不会反弹。国内某无人机拦阻网回收系统采用两个涡轮阻尼装置,成功回收了 120 kg、入网速度为 28 m/s 的无人机,无人机纵向缓冲平均过载不超过 $3g$,涡轮阻尼装置吸收的动能为无人机总动能的 95% 左右。无人机在网内运动的承力部位(如机头、机翼前缘、机翼与机身固定接头等)应根据过载变化特性采取局部加强措施,以确保无人机回收造成的损伤较小。无人机在网内运动的过载变化特性可以通过系统的动力学分析建模和仿真计算获得。

2) 系统仿真及试验验证技术

无人机撞网回收系统的工作过程为一种瞬态动力学过程,系统总体参数及各个组成部分的性能参数往往较难通过常规的工程设计方法来确定,因此系统设计必须通过系统动力学仿真和试验验证相结合的手段进行。系统动力学仿真技术是开展撞网回收系统辅助设计分析的重要手段,一般在系统结构初步设计完成后,采用大型瞬态非线性有限元分析程序进行建模和计算,以分析结构设计的合理性和可靠性。通过系统仿真可研究各种复杂入网工况和网体、涡轮阻尼装置的缓冲性能,不仅可节约经费、缩短周期、降低风险,而且可获得试验难以测得或无法测得的数据,如无人机冲击过载变化、网带及刹车带张力变化、涡轮阻尼装置转速变化特性等。同时,系统仿真可模拟某些试验无法满足的试验条件(如边界入网工况等),对设计修改后的结构性能可做出快速评估和检验。试验验证主要包括两个方面内容:① 通过部件级试验将某些部组件的关键特性摸清(如涡轮阻尼装置的转速-扭矩特性、网带弹性模量等),作为系统动力学仿真的计算依据;② 通过一些典型工况的系统级试验(含无人机或模型配重),验证系统动力学仿真模型的有效性。

9.1.4 典型案例介绍

无人机撞网回收研究始于 20 世纪 70 年代末,美国的 Baumgartner 和 Brister 开展了"天鹰座/苍鹰"无人机撞网回收试验研究。1986 年,美国的 *Aviation Week & Space* 周刊对"天鹰座/苍鹰"无人机撞网回收系统进行了详细介绍,美国的维齐(Veazey)和泰勒(Taylor)分别在第四届和第七届国际无人机年会上对采用撞网回收方式的无人机系统进行了分析。据不完全统计,美国的"天鹰座/苍鹰""银狐""杀人蜂"和 BQM - 147A"敢死蜂(Exdrone)",以色列的"侦察兵(Scout)",南非的"秃鹫(Vulture)"和国际合作的"先锋"等无人机都成功地使用过撞网回收系统。按系统拦阻网和立网支架数量的不同来划分,目前国外无人机撞网回收的典型结构方案有四种:单网三杆、双网双杆、单网单杆和单网双杆方案。其中,单网三杆和双网双杆结构方案在舰载无人机撞网回收方面应用较多,单网单杆和单网双杆结构方案适用于尺寸较小、重量较轻的无人机撞网回收。

对撞网回收的无人机末端精确引导技术的研究和应用主要有雷达引导、激光引导、GPS 组合引导和电视跟踪引导等。其中,基于激光引导的典型应用为瑞士空军使用的目标定位和跟踪传感器(object positioning and tracing sensor,OPATS)自动引导系统;基于 GPS 组合引导的典型应用为美国的 Piccolo 自动着舰系统,该系统用于"银狐"无人机的自动着舰撞网回收。

9.2 挂绳回收

无人机挂绳回收是另一种定点回收方式,地面引导装置探测并引导无人机按预设轨迹精确飞抵拦阻绳位置,机上的拦阻钩钩住拦阻绳,拦阻绳驱动与之相连的缓冲装置吸收冲击动能,无人机随即停挂在拦阻绳上,实现拦阻回收。

挂绳回收系统结构紧凑、安装灵活、维护方便,可实现双向拦阻。并且在整个回收过程中,无人机的运动被限制在一定空间内(舰面回收时不挤占舰船甲板空间),对气象要求低,特别适合小型固定翼无人机在狭窄回收场地(如山区)或舰船上使用。

9.2.1 挂绳回收过程
挂绳回收有两种形式:一种是横绳式,另一种是垂绳式。

9.2.1.1 无人机横绳式回收过程
横绳式回收类似航母舰载机的回收方式,只不过拦阻绳通过两根立杆架设在空中。无人机返回时,对准拦阻绳上方水平飞过去,机腹放出拦阻钩,拦阻钩钩住拦阻绳并锁紧。这种回收装置的架设不受地形的影响,在陆地和舰上均可布置,因此被称为全地形回收。但是,横绳式回收方式对无人机在垂直方向对准拦阻绳的精度要求很高,且在无人机上安装类似舰载战斗机用的拦阻钩增加了操作机构的复杂性,对飞机载荷能力也有影响。

如图 9-13 所示,横绳式回收系统一般由拦截缆线装置、回收吊架装置和安

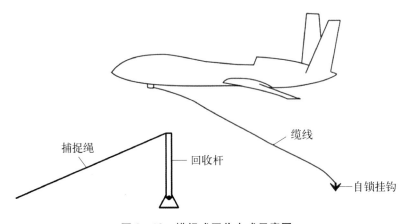

图 9-13 横绳式回收方式示意图

装在无人机上的自锁挂钩装置等组成。无人机在地面或机载设备的引导下,逐渐降低高度、减小速度,然后直接飞入预定的回收窗口,通过拦阻安装在无人机上的自锁挂钩锁定在缆线上。横绳式回收的关键是准确引导无人机飞向预定的回收窗口,并在挂钩撞击缆线并锁定后及时停车,从而平稳、准确地实现回收。挂绳回收所用引导方式和设备与撞网回收引导方式相似。

9.2.1.2　无人机垂绳式回收过程

垂绳式回收如图 9-14 所示,回收过程由安装在无人机翼尖前缘的翼尖钩和竖立的垂绳回收装置配合完成:无人机由回收引导系统精确引导向回收垂绳飞行,当任意一侧机翼前缘触及回收绳时,运动惯性将导致飞机绕回收绳倾转,同时回收绳沿机翼前缘由翼根向翼尖滑行,滑入回收钩内并被锁止装置锁定,从而完成对无人机的捕获。由于垂绳式回收方式的回收窗口较大,回收过程中对无人机垂直方向和水平方向的控制精度要求不高,易于回收,因此特别适用于小型固定翼无人机。

图 9-14　垂绳式回收(图片源自网络)

图 9-15 给出了无人机垂绳式回收方式示意图。垂绳式回收系统由捕获装置(无人机翼尖小钩和固定支架回收绳)、吸能缓冲装置(橡筋绳阻尼器)和引导装置组成。无人机挂绳回收的整个过程可分为对准撞绳、滑行锁定和回旋摆动三个阶段,如图 9-16 所示。第一阶段,无人机在引导装置的指引下,实现精确对准并由机翼根部前缘撞上回收绳,此阶段若未实现精确对准,则无人机可复飞后再次导引撞绳;第二阶段,在引导装置指引下,机翼撞绳后回收绳沿机翼前缘滑行到前缘翼尖(图 9-15 中 H 点沿 EF 移动到 F 点),翼尖小钩钩住并锁定回收绳,此时无人机发动机停车;第三阶段,在回收动能作用下,无人机悬挂在回收绳上做幅度逐步衰减的回旋摆动,吸能缓冲装置在此摆动过程中吸收无人机的大部分动能。当无人机摆动幅度小到一定程度时,即认为无人机回收过程结束。

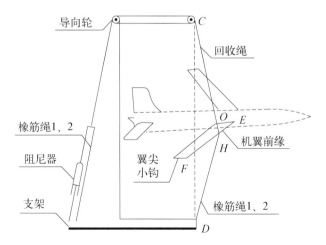

O—无人机质心；E—前缘翼根；F—前缘翼梢(翼尖小钩安装点)；
H—前缘撞绳点；C、D—支架端点(回收绳挂点)。

图 9-15 垂绳式回收方式示意图

第一阶段   第二阶段   第三阶段

图 9-16 某型无人机挂绳回收过程(图片源自网络)

　　垂绳式回收方式已在美国"扫描鹰"无人机和 RQ-21A"整合者"无人机上得到应用。"扫描鹰"无人机从 2005 年第一次在两栖运输船坞舰克利夫兰号上部署至今，已先后部署到阿里伯克级导弹驱逐舰马汉号等四艘导弹驱逐舰上。未来将重点发展用于中大型舰载无人机的挂绳回收技术。

　　两种挂绳回收方式的对比如表 9-2 所示。

　　由表 9-2 可见，垂绳式回收方式优点突出，它对无人机机体的改动少，仅需安装翼尖小钩，在重量和体积方面付出的代价相对较小，更易实施。

表 9-2　两种挂绳回收方式对比

	横 绳 式 回 收	垂 绳 式 回 收
飞机进场速度/(m/s)	30～60	30～60
飞机降落速度/(m/s)	≤3	≤3
回收场地/m	2×2	2×2
进场导航精度要求/m	制导精度≤2	测高精度≤3 位置精度≤3
回收特殊要求	飞机航向与船只航向一致	飞机航向与船只航向一致
舰改造程度	较大	较小
机上增加设备	机腹下加装拦阻钩	翼尖加装回收钩
技术难点	垂直方向的控制 精度要求很高	进场需高精度导航 回收机构阻尼系统难设计
回收失效、可预见损失程度	较大	较小

9.2.2　挂绳回收设计关注重点

挂绳回收在进场时需要高精度导航,为了提高回收率,保证回收安全可靠,其导航方式的选择、机上拦阻钩及地面回收装置的设计是需要重点关注的环节。

9.2.2.1　机上拦阻钩的设计

机载拦阻钩作为挂绳回收的必备装置,具备四个特点:① 拦阻钩外形便于拦阻索滑入拦阻钩滑槽内;② 拦阻钩的锁紧机构必须能够卡死拦阻索,防止无人机在绳索上下滑动;③ 拦阻钩的结构强度必须能够承受无人机和拦阻索之间的相互作用力;④ 拦阻钩尽量选用轻质材料,减小无人机的总重,现有的国内外固定翼无人机配装的拦阻钩都未设计自锁机构,无人机撞绳后,都是依靠拦阻钩与绳索之间的摩擦力阻止飞机滑落。该方式存在飞机滑落的风险,飞机滑落事故在已进行的回收试验中已经发生多次。

如图 9-17 所示的某拦阻钩模型为利用 CATIA 的零件设计与装配设计模块进行的设计,其中自锁机构主要由四组弹簧、两组连杆、制动块、制动销等组成。其设计原理如下:法兰轴(14)一端处于滑槽外,另一端接触长连杆(8),连杆另一端与钩连杆(9)连接,钩连杆另一端挡住滑块(18)。当拦阻索滑入拦阻钩的滑槽内时,利用两者之间的作用力推动法兰轴向后运动,带动长连杆、钩连杆转动,钩连杆释放滑块,在弹簧(19)的作用下,滑块急速向前滑动,直至锁紧拦阻索并由卡销(15)锁紧滑块。图 9-18 所示为拦阻钩自锁机构在两种运动位置(分别为初始状态和锁紧状态)的结构样式。

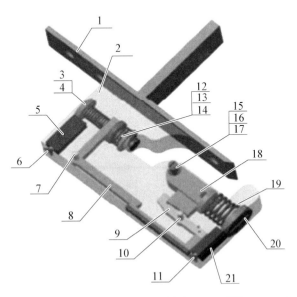

1—机翼连接体;2—拦阻钩壳体;3—M12法兰堵头;4—φ5弹簧;5、21—后、前挡块;
6、11—M2×6沉头螺钉;7、10—销轴;8—长连杆;9—钩连杆;12—φ8弹簧;
13—M12圆柱堵头;14—法兰轴;15—卡销;16—M3圆柱堵头;
17—φ3弹簧;18—滑块;19—φ10弹簧;20—M12圆柱堵头。

图 9-17　拦阻钩三维模型

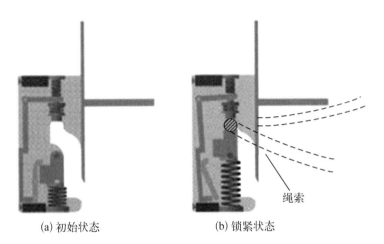

(a) 初始状态　　　(b) 锁紧状态

图 9-18　拦阻钩自锁机构在两种运动位置的结构样式

9.2.2.2　挂绳回收装置

该挂绳回收系统由拖车平台、阻拦回收装置、液压传动系统、电气控制系统构成,其三维模型如图9-19所示。

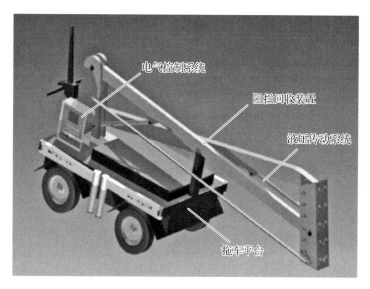

图9-19　挂绳回收系统三维模型

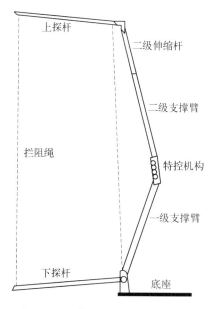

图9-20　挂绳回收装置结构简图

挂绳回收系统一般由底座、一级支撑臂、特控机构、二级支撑臂、二级伸缩杆、上下探杆、拦阻绳构成。底座安装在平板拖车的台面上,一、二级支撑臂、二级伸缩杆依次安装。特控机构的作用有两方面:一是连接一级和二级支撑臂,维持整体系统的结构形式;二是通过自身的变形,吸收一部分无人机回收时传递给整体系统的动能。上探杆连接到伸缩杆顶端,由多股绳提供预紧力,避免探杆在重力作用下产生弯曲,下探杆连接到底座上。上下探杆的端部均安装定滑轮,作为导向轮固定拦阻绳和橡筋绳。上下探杆采用刚性较好的碳纤维材料,探杆采用可拆卸结构,即每节之间增加连接轴,试验完毕后每节可分别取下。挂绳回收装置结构简图如图9-20所示。

如图 9-21 所示为挂绳回收装置的典型范例,根据某型号固定翼无人机需求,需满足如下设计要求:

(1) 最大回收重量:30 kg。

(2) 无人机进场最大加速度:≤8g。

(3) 无人机进场着钩高度:≤15 m。

(4) 系统展开尺寸(长×宽×高):≤10 m×4 m×15 m。

(5) 系统折叠尺寸(长×宽×高):≤5 m×2 m×2 m。

(6) 系统总重(不含底座):≤2 000 kg。

(7) 系统展开时间:≤20 min。

(8) 系统撤收时间:≤15 min。

(9) 要求样机设备能适用四级风速,温度满足北京地区的试验要求,使用寿命为 10 年,使用回收次数为 500 次,展开待机时间为 4~6 h。

(10) 支架机构应做成类似于拖车的形式,能移动,平台需要支腿,要求能在不平的地面环境中对设备进行调平。

(11) 探杆展开应呈矩形,要求长为 15 m、宽为 6 m、翼展为 5 m。

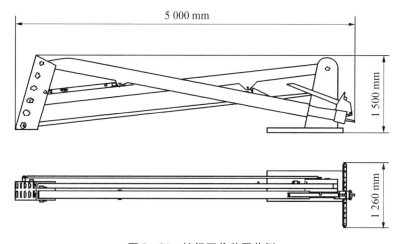

图 9-21 挂绳回收装置范例

为满足以上设计要求,该挂绳回收装置的参数如下:一级支撑臂长度为 4 500 mm,主体采用 200 mm×100 mm×5 mm 的优质低碳钢矩形管制作;二级支撑臂长度为 4 400 mm,主体采用 220 mm×120 mm×10 mm 的优质低碳钢矩形管制作;二级伸缩杆长度为 3 600 mm(伸缩行程为 3 000 mm),主体采用 200 mm×100 mm×5 mm 的优质低碳钢矩形管制作;一、二级支撑连接机构采用低碳钢钢板焊接制作,有效长度为600 mm;上下探杆均采用碳纤维管,上探杆长度为6 000 mm,下探杆长度为7 000 mm;支撑一级支撑臂的液压缸的耳环孔中心距为1 400 mm,行程为1 100 mm;支撑二级支撑臂的液压缸的耳环孔中心距为1 400 mm,行程为600 mm;二级伸缩液压缸行程为3 000 mm;支架总质量为2 000 kg。

支架完全展开后,一级支撑臂与水平地面夹角为70°,二级支撑臂与一级支撑臂夹角为145°,上下两探杆和与其相连接的支撑臂的夹角都为110°,此时拦阻绳所形成的矩形框能满足高15 000 mm、宽6 000 mm的要求。

挂绳回收装置折叠后的整体尺寸为5 000 mm×1 260 mm×1 500 mm,如图9-21所示。

挂绳回收装置具有以下优势:

(1) 支撑臂、底座均采用优质碳素钢型材制成,各支撑臂之间及支撑臂与液压缸之间通过销轴连接,从而保证所有转动副都能灵活转动。

(2) 支架整体表面喷塑,能满足长期暴露在野外的防锈要求。

(3) 支架展开和收回过程简单、安全、可靠,各臂架均设置机械限位装置,避免过度翻转等事故隐患。

(4) 支架及其电气、液压系统均集成在拖车上,方便整体运输。拖车上设置有牵引机构,通过牵引车可以将拖车方便地拖运至所需位置。

(5) 支架和探杆采用可拆卸设计,探杆采用碳纤维结构,重量轻,并且可实现四级伸缩,拖车上设置有专门储存箱,方便储存探杆和拦阻索。

9.2.2.3　挂绳回收引导技术

挂绳回收的引导方式与撞网回收类似,可采用雷达引导、激光引导、GPS组合引导和视觉引导等方式。

1) 雷达引导技术

雷达引导技术是通过雷达向无人机发射进场引导信号、下滑斜率和中心偏差信息,并不断精确地测量着陆过程中无人机的位置以及提供位置的坐标变换、指令控制和着陆跑道位置坐标,实时向无人机发送着陆坐标数据,然后无人机根据接收到的坐标数据做出调整,保持无人机沿着预设的下滑轨迹实现挂绳回收。雷达引导技术可用于在能见度差、云层较低的复杂气象条件下引导无人机挂绳回收,且对机载设备要求不高。

2) 激光引导技术

激光引导技术是在无人机接近回收点时,开始利用激光反射接收传感器连续实施测量,将偏航角、俯仰角和距离等无人机位置数据实时传输给地面控制站,再由控制站引导无人机按照既定航线实现全自动精准回收。该技术经过严酷的环境测试,全程无须任何人工干预,成功地解决了以往雷达和无线电着陆系统成本高、可靠性相对低的问题。目前,激光引导系统也是欧洲军用无人机的首选,瑞士的"别动队(Ranger)"是世界上第一型采用激光引导着陆的无人机。多国军队几千次的自动着陆经历足以证明,无人机激光引导技术是可靠、精确、易操作的,拥有效费比良好的无人机自动回收系统。

3)GPS 组合引导技术

GPS 组合引导技术即 GPS(全球卫星定位系统)辅助惯性制导。由于 GPS本身的精度和易受地形、天气影响的缺点,一般采用 DGPS/INS 相结合的导航技术。GPS/INS 组合制导能够充分发挥两者各自的优势并取长补短:利用 GPS的长期稳定性与适中的精度来弥补 INS 的误差随时间传播或增大的缺点,利用INS 的短期高精度来弥补 GPS 接收机在受干扰时误差增大或遮挡时丢失信号等缺点,进一步突出捷联式惯性导航系统结构简单、可靠性高、体积小、重量轻、造价低的优势。并借助惯导系统的姿态信息和角速度信息提高 GPS 接收机天线定向操纵性能,使之快速捕获或重新捕获全球定位卫星信号,同时借助全球定位系统连续提供的高精度位置信息和速度信息,估计并校正惯导系统的位置误差、速度误差和系统其他误差参数,实现对其空中传递对准和标定,从而可放宽对其精度提出的要求,使得整个组合制导系统达到最优化。

4)视觉引导技术

视觉引导技术通过安装在无人机或地面上的摄像机,实时测量无人机与降落地点的相对位置和速度,进行导引律解算,进而控制无人机的飞行速度和方向,最终引导无人机飞向目标降落点,实现准确回收。利用视觉信息导引无人机回收的主要任务是研究从序列图像中恢复目标运动和位置信息的各种估计算法。其基本原理如下:在无人机不断接近回收杆直至最后入场的过程中,利用安置在地面上的双摄像机系统持续获取目标图像,再通过两轴伺服转动平台(转台)控制摄像机以追踪目标,利用转台角度信息确定目标空间方位,并将数据传送至无人机的导航计算机,从而实现视觉导航回收的目的。

9.3 授油式回收

空中授油式回收方式目前正处在研究验证阶段。2015 年 9 月 16 日,美国

国防高级研究计划局(Defence Advanced Research Projects Agency，DARPA)
公布了"小精灵"项目的跨部门公告,寻求关于小型无人机空中发射和回收、经济
上可承受的机体平台等领域的创新性方案。DARPA 认为,在没有可靠陆基或
海基着陆点时,空基回收将是小型、大作战半径无人机后勤最简易和成本最低的
解决方案,还具有对无人机性能影响最小和再次发射迅速等优势。因此,"小精
灵"项目的主要目标被定为探索小型无人机集群空中发射和回收的可行性,并最
终以试验进行验证。按照 DARPA 的设想,"小精灵"无人机集群将在敌防区外
由包括运输机、轰炸机和战斗机在内的各类平台发射,在渗透到敌防区之后针对
特定目标共同执行情报监侦、电子攻击或地理空间定位等作战任务。任务完成
后退出敌防区,并由 C‐130 运输机完成空中回收,其中小型无人机空中回收作
为该项目重点研究、验证的关键技术内容。

9.3.1　适用范围和对象

　　根据授油式空中回收技术的研究现状,这种回收方式主要适用于集群作战
且智能化程度相对较高的小型无人机的空中回收。此种空中回收方式类似于空
中加油锥形管的回收系统,对回收无人机的尺寸和重量均有较大限制。目前授
油式空中回收方式仅应用在"小精灵"项目上,"小精灵"无人机如图 9‐22 所示。
在该项目中无人机的最优性能目标如下: ① 作战半径为 926 km;② 作战半径

图 9‐22　"小精灵"无人机(图片源自网络)

处可巡逻 3 h；③ 设计载重 54.5 kg；④ 最大速度不小于马赫数 0.8；⑤ 最大发射高度超过 12 192 m；⑥ 推进系统可在当前技术基础上设计全新型号，也可使用现役发动机或其改型机；⑦ 载荷所需功率为 1 200 W；⑧ 载荷类型为模块化设计的射频和光电/红外系统，并可实施基地级更换；⑨ 设计寿命为使用 20 次；⑩ 出厂单价（不包括载荷）低于 70 万美元。"小精灵"作战系统的最优性能目标如下：① 大型平台能发射超过 20 架无人机；② 在 30 min 以内回收 8 架或更多无人机；③ 成功回收率大于 95%；④ 发射或回收平台因搭载"小精灵"无人机实施分布式空中作战而坠毁的概率低于每飞行小时 10^{-7} 次；⑤ 回收后再次发射的时间不超过 24 h；⑥ 发射或回收平台的改装成本（不包括指挥和控制系统）不超过 200 万美元。

9.3.2　典型方法及基本流程

授油式空中回收概念与软式空中加油类似，仅将锁入锥套的燃油喷头更换为无人机。图 9 - 23 所示是 2018 年 4 月 18 日，Dynetics 公司公布的 C - 130 回收"小精灵"无人机的概念图及无人机与接头、回收装置组合的风洞模型。

无人机在燃油、弹药补给或未使用时存放于安装在机翼下方的吊舱中。一架大型有人机可安装多个无人机发射与回收吊舱。无人机授油式回收示意如图 9 - 24 和 9 - 25 所示。

吊舱的设计充分考虑无人机的外形尺寸，锥套的设计与无人机具有类似的气动特性。为防止螺旋尾流、机翼尾流及其他湍流的影响，有人机锥套需在这区域之外与无人机进行对接。因此需在母机周围定义对接安全区，以防止母机气流对回收无人机编队的威胁。

母机机翼下安装的吊舱通过打开后门发射、回收无人机，回收时母机吊舱与无人机相互接近。在初始进近阶段，无人机通过数据链接收母机发送的位置、速度和航向，实时计算可能的风险点，评估并决策实时的飞行路径。母机直线前行，实时预测接近成功概率，控制无人机接近路线。在精密对接阶段，精密引导系统使用安装于锥套的红外光源及安装在无人机机头探针上的红外照相机进行实时相对定位，引导无人机针头与有人机锥套的对接锁定。对接成功后，绞线盘将被锁定的无人机拖入吊舱，为下次使用提供补给。

可为吊舱回收设计专用无人机，无人机机头处的探针是发射与回收专用装置。为适应不同的无人机，探针和存储吊舱需根据无人机外形进行适应性设计。无人机可在吊舱处直接发射，或通过绞线盘放出一段距离后再发射。在无人机拖放过程中需避免吊舱与母机接触，在不良条件下可通过减速拖放增加安全性。

图9-23　"小精灵"无人机回收概念图及无人机与接头、
回收装置组合的风洞模型(图片源自网络)

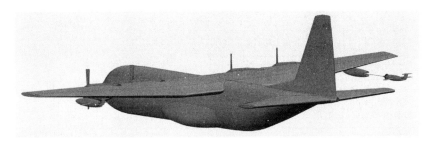

图 9-24 无人机授油式回收示意图 1(图片源自网络)

图 9-25 无人机授油式回收示意图 2(图片源自网络)

为实现无人机的空基发射与回收,无人机及有人机均需做适当改进,相关系统组成及能力要求如下:

(1) 无人机改进载荷,以支持推进、控制等常规操作;具有高级别协同的自主分布式控制能力;安装用于回收的红外传感器、数据链及卫导传感器等;安装用于发射及回收的探针。

(2) 有人机具备分布式控制多架无人机协同作战的能力;并安装发射与回收系统,包括存储吊舱、锥套、绞线盘、燃料/弹药补给系统、相对导航系统等;升级显示器以支持无人机存储、发射、回收、补给等过程的可视化操作和监视,如图 9-26 所示。

9.3.3 关键技术

授油式空中回收主要包括以下关键技术:

1) 高精度数字飞控技术

针对保持紧密编队队形、高精度对接、近距防撞与避碰等需求,采用气动稳定性建模、高精度鲁棒控制及飞行管理设计风洞试验等方法,确保有人机、无人机严格按照预定航迹飞行,有效抑制机间相对气流、风干扰等因素的影响。高精度数字飞控技术主要包括如下内容:

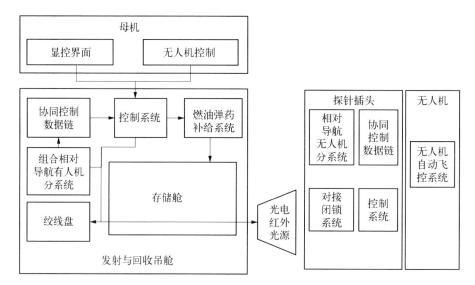

图 9‑26　无人机存储、发射、回收、补给等过程示意图

（1）编队队形及航迹设计技术。

（2）近距编队保持及防撞飞行控制技术。

（3）空基回收对接飞行控制技术。

（4）空基发射飞行控制技术。

2）多源导航架构设计及信息融合技术

针对空基无人机发射与回收需求，研究可用的远距、中距、近距的多源组合相对导航技术，设计组合导航系统，为空基发射、空基无人机控制及编队飞行、空基回收提供持续可靠的高精度相对导航能力。经分析可知各阶段需满足的条件。编队汇合阶段，加油机位于受油机 30 m 外，引导手段采用 GPS+INS；尾随接近阶段，加油机距受油机 10～30 m，引导手段采用 GPS+INS+视觉；准备对接及脱离阶段，加油机距受油机＜10 m，引导手段采用 INS+视觉。其间可采用数据链相对导航进行辅助，主要技术如下：

（1）红外相对导航技术。

（2）差分卫导相对导航技术。

（3）基于数据链的相对导航技术。

（4）多源导航架构设计。

（5）多源导航信息融合处理技术。

3）平台载荷改进及设计

针对机载卫导系统易被干扰的情况，研究基于数据链的导航系统抗干扰技术。通过采用数据链相对导航技术、基于数据链的卫导干扰实时检测技术等来弥补卫导信息的缺失，提高导航系统的可靠性，从而提升导航系统的抗干扰性能。

（1）有人机显控改进。增加对无人机发射与回收流程及状态的监控、对无人机分布式控制流程及状态的监控。

（2）有人机收发吊舱设计。吊舱内安装数据链、燃油弹药补给、相对导航系统、控制系统、绞线盘等，空余部分用于存放无人机。存储仓的后门设计需利于无人机回收。图9-27显示了无人机回收存放过程。

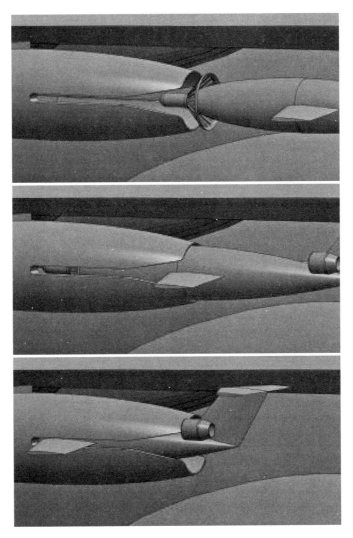

图9-27　无人机回收存放过程示意图

　　(3)有人机锥套设计。锥套保持稳定,由无人机接近并锁入对接孔。锥套中的红外光源作为引导源,通过电池或电缆供电。锥套如图9-28所示。

　　(4)无人机探针设计。无人机发射与回收控制系统的相关载荷安装于无人机探针内,于探针最前端安置红外摄像机,于摄像机后部安置相对导航系统、控制系统、数据链系统,前端中部为对接闭锁系统(见图9-29)。无人机为探针提供电源,支持数据链系统获取有人机发送的位置及速度信息,再基于无人机本机获取的导航信息进行自动飞行控制。在最后阶段,有人机控制系统将发送校正数据,引导无人机接近。

红外
光源

锥套

图9-28　锥套示意图(图片源自网络)

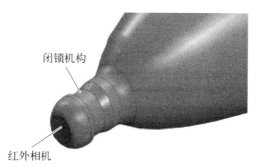

闭锁机构

红外相机

图9-29　探针示意图(图片源自网络)

　　(5)无人机小型引擎设计。

　　(6)无人机小型载荷分布式模块化集成设计。

　　(7)小型化协同控制通信系统设计。

参|考|文|献

[1] Zhang Y, Zhao S S, Wang Y S, et al. Study on guidance law of UAV net recovery system [J]. Journal of China Ordnance, 2007, 3(1): 64-67.

[2] 张怡,张玉琢.无人机撞网回收末制导系统的研究[J].西北工业大学学报,1997,15(4): 607-612.

[3] 杨致明.小型无人机的截获回收技术[J].无人机,2004(3):45-46.

[4] 杨致明,何洁莹,周同礼.无人机撞网回收系统研究的历史和现状[R].南京:南京航空航天大学,1999.

[5] 文桂林,文登,尹汉锋,等.某无人机撞网回收系统动力学仿真[J].湖南大学学报(自然科学版),2011,38(10):34-38.

[6] 裴锦华.无人机撞网回收的技术发展[J].南京航空航天大学学报,2009,41(Z1):6-11.

[7] 李光超,马晓平.无人机伞降回收运动分析[J].飞行力学,2007,25(4):25-28.

[8] 李若兰.小型舰载无人机撞网回收控制技术研究[D].南京:南京航空航天大学,2014.

10 "侧臂"共轨式发射/回收一体化系统

"侧臂（Side Arm）"共轨式发射/回收系统（以下简称"侧臂"系统）如图 10 - 1 所示，是一种无人机发射/回收一体化装置，可以发射或回收 500 kg 的无人机，该系统由起重机臂、发射轨道和滑动回收器三部分组成。无人机通过轨道弹射系统发射，在无人机准备降落时，轨道捕获系统将安装在无人机后机身上的挂钩挂在轨道上，迅速减小飞行速度并将其摆动到网中，直至倒钩的无人机停止运动。

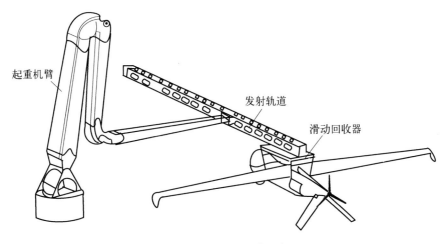

图 10 - 1 "侧臂"系统概念图

"侧臂"系统是一种飞行器拦截系统，能够在无人机飞行时迅速将其"捕获"。作为一个独立的装置，其可以通过安装在舰艇、卡车以及其他固定的地面上的设施发射和回收 500 kg 的无人机，如图 10 - 2 所示。该系统旨在打造一种便携式的设施,可满足无人机进行水平发射和回收任务的要求。"侧臂"系统的体积足够小,因为它的发射和回收设备可以组合到一个可以折叠运输的滑轨中。系统展开后占用空间极小,非常便于运输、安装及使用。

图 10 - 2   "侧臂"系统的安装环境(图片源自网络)

10.1   背景

"侧臂"项目是 DARPA 和美国海军空军研究办公室(ONR)的合作项目战术侦察节点(tactically exploited reconnaissance node,TERN)的一部分。TERN 项目旨在开发无人机,并探索从小型舰上发射和回收常规固定翼无人机的相关技术。

2016 年 12 月,"侧臂"系统顺利通过了 400 lb(约 181 kg)的洛克希德·马丁公司的 Fury 无人机系统测试,如图 10-3 所示。当时,极光飞行科学公司(Aurora Flight Sciences)是"侧臂"的测试方。为了增加测试难度,极光飞行科学公司加快了无人机的飞行速度,但"侧臂"还是迅速将 Fury 无人机系统"捕获"。

图 10-3 "侧臂"系统用于某型无人机的发射和回收测试(图片源自网络)

DARPA 在原型测试中使用了 400 lb(约 181 kg)的无人机,这也是"侧臂"系统的初始设计目标。虽然 DARPA 最初的目标是回收 900 lb(约 408 kg)的无人机,但现在,"侧臂"的能力已经超出原计划:其已经能够顺利回收 1 100 lb(约 500 kg)的无人机了。这一级别的无人机一般为中空长航时无人机,可大大提升该机部署单位的情报、监视和侦察范围,有效增强其态势感知能力。

国内也同样在发展无人机"侧臂"发射/回收技术。2018 年 11 月 6 日,在珠海航展中心举行的第十二届中国国际航展上,中船海空装备围绕其海上特色携带了 6 型无人机参展,针对不同吨位海上平台的需求,提出了"侧臂"共轨式(见图 10-4)、天钩垂索、自主着舰等 3 种有着舰船特色的海上无人机回收系统。

目前无人机的"侧臂"发射/回收方法还在发展完善阶段,该方法有承重限制,不能回收 MQ-9"收割者"或"全球鹰"等大型无人机,但是可以回收多数中小型、侦察用无人机,比如"扫描鹰(Scan Eagle)"。这也是驱逐舰、滨海战斗舰与导弹巡逻艇所使用的无人机规格。

"侧臂"系统旨在通过便携的低成本套件让飞机能够安全地实现快速设置和受控减速。这种套件具有灵活性,不受当地基础设施干扰,并且可以与现有及未

图 10‑4   中船海空装备研制的无人机"侧臂"系统(图片源自网络)

来的战术无人机兼容。而且,这种回收方法安全稳定、非常灵活,其体积足够小,可以放在普通的 20 ft(约 6.1 m)集装箱中,通过火车、卡车、船舶、C‑130 运输机、CH‑47 重型直升机等交通工具进行运输,其运行和维护团队仅需 2~4 人。"侧臂"系统有助于无人机完成情报、监视和侦察等任务,并能在大范围的海上或陆地平台上使用。

10.2   "侧臂"系统组成

"侧臂"系统是一种无人机发射/回收一体化系统,其回收轨可以迅速地将无人机直接从飞行中捕获并实现回收,而不会使飞机受损。"侧臂"系统的出现给无人机的发射和回收提供了一种新的思路和技术。类似于航空母舰的降落系统,它是一个在下方安装了拦截索和弹性网的短轨,当无人机通过轨道下方时,无人机上的捕捉钩扣到拦截索上,拦阻网就会精准地拦停无人机,这套设备体积小、精准度高,既是回收装置也是发射装置。

"侧臂"系统(见图 10‑5)具体由起重机、滑轨和滑动回收器组成。

起重机包含可转动的基座、可伸缩的支臂和连接支臂的铰链关节;基座内有一套锚固系统,以实现"侧臂"系统在甲板上的快速铺设和移除;可伸缩的支臂和铰链能保证迅速调整滑动回收器的位置,以最大限度地抵消高海况条件

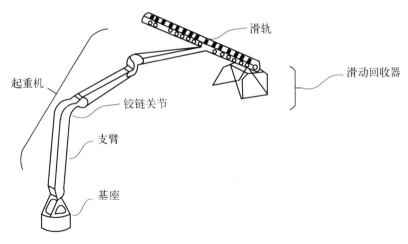

图 10-5 "侧臂"系统组成

下舰船出现的晃动。此外,系统移除时起重机的几个支臂可以折叠,从而减小占用空间。

滑轨安装在起重机支臂的末端,可保证滑动回收器在轨上运动。滑轨的末端安装有停止装置和安全装置,它们的功能正好相反。在回收过程中,如果无人机挂上滑动回收器后运行到滑轨末端时仍有较小的速度,则停止装置能够防止无人机滑出滑轨。如果该速度较大,则安全装置将确保无人机滑出滑轨,以防损坏"侧臂"系统和舰船。

总的来说,"侧臂"系统可分为固定装置和滑轨起降系统,即起重机充当特定环境条件下起降系统的固定装置,用于滑轨的悬空固定;而滑轨则通过一系列配套组件保证无人机的发射与回收作业。

滑动回收器是实际开展无人机回收的装置,如图 10-6 所示。其包括支柱 a、支柱 b、绳索 a、绳索 b、绳索 c、第一绳索管理器和第二绳索管理器。绳索 a 由支柱 a 支撑并最终通过滑轮连接到第一绳索管理器上。绳索 b 由支柱 b 支撑。绳索 c 通过滑轮与整个滑动回收器和第二绳索管理器相连接。绳索管理器内含能量吸收器和绞车等装置。

为了匹配"侧臂"系统,在中空长航时无人机的机身上需要安装收放机构、主钩和辅钩(见图 10-7)。收放机构可使主钩在无人机巡航时折向机身以降低阻力,而在接近舰船时向上竖起准备挂上绳索 a。另外,收放机构内还包括阻尼和能量吸收装置,以降低回收时的冲击力。辅钩位于无人机的机头位置,在回收时它将挂在绳索 b 上,从而避免无人机在向甲板转移时发生晃动。

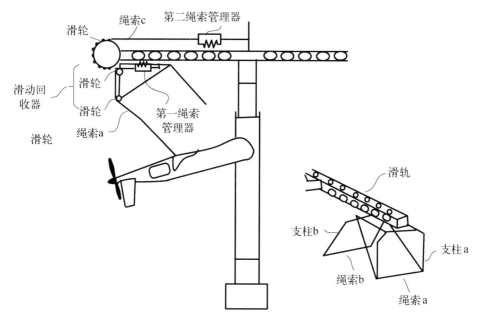

图 10 - 6　滑动回收器及相关组件

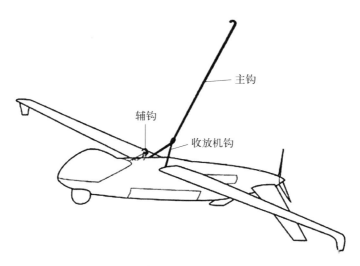

图 10 - 7　无人机上的可收放机构示意图

10.3　工作原理与流程

　　"侧臂"系统整体结构较为紧凑,外形类似吊车,整套系统由起重机、滑轨和滑动回收器三部分组成。其中,起重机负责将无人机从甲板、机库等狭小空间牵引出来,与滑轨配合后还可实施弹射。"侧臂"通过弹射系统发射无人机。在无人机准备降落时,无人机身上的某种装置开始接收"侧臂"信号并随之减速,随后顺利通过滑轨降落到"侧臂"的滑动回收器中。

该系统的最大作用在于可在有限的距离内安全回收无人机。据分析,其回收流程类似航母舰载机的拦阻着舰工作原理,不同之处在于无人机在机身背部安装有拦阻钩,在机鼻部安装有倒刺。返回的无人机首先由机背拦阻钩钩住位于吊臂一端张开的拦阻索,之后滑轨内部的液压机构迅速对其实施减速。为避免损伤无人机头部可能安装的精密传感器,吊臂另一端安装有柔性材料制成的拦阻网,无人机机鼻的倒刺可辅助该装置实现完全制动。

在海上回收时,位于舰船和无人机上的精确定位装置保证主钩对准绳索 a。在主钩挂上绳索 a 后,无人机将会同时产生两个方向的运动,即由于惯性继续向前的运动和受主钩拉力作用的向上摆动。无人机在向前运动过程中,受到向前的冲击作用,滑动回收器将沿着滑轨向前滑动,绳索 c 随即被拉长,第二绳索管理器将吸收冲击力并产生阻力,阻止滑动回收器和无人机继续前移。在向上摆动过程中,绳索 a 上的张力、第一绳索管理器以及无人机收放机构产生的阻力对共同冲击力进行吸收。当无人机的辅钩挂上绳索 b 后,由于惯性将继续向上摆动,而随着绳索 b 被拉长,其产生的阻力将使无人机停止向上摆动。最终无人机在各阻力的作用下停止前移和摆动,回收过程结束。无人机回收过程示意如图 10-8 所示。

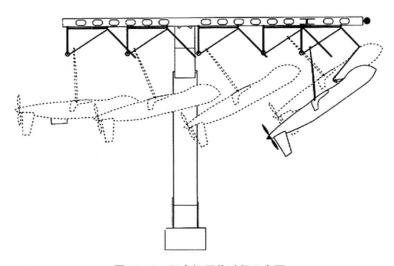

图 10-8 无人机回收过程示意图

　　"侧臂"系统的主要构成及功能如图 10-9 所示。其中的滑轨起降系统在回收时采用两级拦阻、双索固定的方式,即绳索 a 与第一绳索管理器为第一级拦阻系统,绳索 c 与第二绳索管理器为第二级拦阻系统。绳索 b 主要用于辅助绳索 a 对无人机的姿态进行固定。

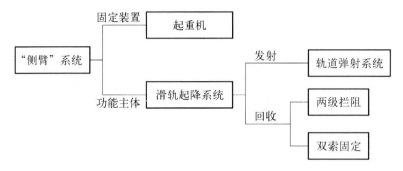

图 10-9　"侧臂"系统的主要构成及功能

　　"侧臂"系统可以通过调节绳索管理器的参数适应不同重量的无人机。而位于舰船侧边的回收方式,不仅使无人机避开舰尾乱流,也可使无人机避免因回收失败而直接撞舰。除了回收功能外,"侧臂"系统也能利用滑轨,采用火箭助推方式发射无人机,从而实现多功能使用。

10.4　关键技术

　　从"侧臂"系统的工作原理和使用过程来看,其可能面临的关键技术主要如下。

　　1)"侧臂"系统构型设计技术

　　设计"侧臂"系统构型时,应考虑使用柔性材料制作拦阻网吸收回收过程中的冲击力及其他缓冲机构的设计。"侧臂"系统瞄准的是解决舰船在有限舰面空间内,中空长航时无人机的发射与回收问题,涉及发射时的弹射及回收时的能量吸收等。从目前的发展方向来看,当前的系统架构是对传统海上无人机发射与回收方式的再创新,其核心思想是将传统无人机的导轨发射/撞网回收方式进行升级改进,进而部署到中小型舰船上,完成中空长航时无人机的发射与回收。从原理上看,其发射与回收作业过程与"扫描鹰"所使用的 Super-Wedge 气动弹射发射架和"天钩"系统比较相似。

　　2)无人机的高精度导航和制导系统

　　"侧臂"系统要求无人机配备高精度导航和制导系统,保证无人机与着陆装置间的精确对接。无人机着陆的成功率受风浪引起的舰船摇晃和天气影响严重,从控制无人机减速到无人机与着陆装置对接只有 2~3 s 的时间,这对无人机的控制系统设计提出了很高的要求。

3) 无人机回收时的精确空中挂索技术

DARPA 在 TERN 项目中的对象是一种最大有效载重可达 450 kg 的中空长航时无人机。考虑到"侧臂"系统的工作方式,这种中空长航时无人机可能无须配备轮式起降系统。因此,若将该机的有效载重系数(最大有效载荷/对应状态下的起飞重量)设定为 0.4 左右(高于 MQ‐1/9),那么从技术参数上可以推测,这种中空长航时无人机的最大起飞重量将达 1 t。

由于"侧臂"系统的适用对象可能为最大起飞重量达 1 t 的无人机,因此其难以直接通过等比例放大 SkyHook 系统来达成目的。形象地说,为了回收翼展为 1 m 的无人机可以接受悬臂达 10 m 的回收装置,但这并不意味着为了回收翼展为 10 m 的无人机可以接受悬臂达 100 m 的回收装置。如果上述说法成立,那么势必要通过合理划设回收作业速度区间,提升无人机在复杂海况(5 级)下低速飞行的能力与品质、精确引导与控制等一系列措施,来确保无人机能够在既定的飞行速度区间内实现精确空中挂索。

4) 挂索减速过程中的飞行姿态控制技术

从工程角度来看,要实现复杂海况下低速挂索过程中的姿态控制绝非易事。实际上,挂索后无人机减速过程中的姿态控制与绳索阻尼控制系统密切相关。与有人机的航母拦阻着舰相比,舰载机在拦阻着舰过程中舰面可以承受飞机垂直方向的冲击载荷,因而飞机一般沿 3.5°~4° 的下滑线不拉平进场着舰,且拦阻系统的主要功能是从水平方向上对飞机进行减速。而"侧臂"系统在无人机挂索后,绳索需要同时承担多个方向上的冲击载荷,且随着无人机速度的降低,舵面控制系统的效率急速下降。因此如何保证无人机能够以预期的姿态减速并完成辅钩挂索可能是回收作业中的一大难点。

参|考|文|献 ••

[1] 洪达,郑震山,周磊.美国侧边吊臂发射回收无人机的特点及应用前景[J].科技导报,2022,40(5):132-137.

11　结　束　语

正如本书所述,无人机的起飞、回收方式多达十余种,起飞时多采用外部能源助其加速,快速达到起飞速度;回收时多采用柔性缓冲组件吸收其动能和势能,迅速终止其运动。各种起飞、回收方式都力图使起飞和回收行为在一个较小的空间内快速完成,如何选择合适的起降方式,不仅直接决定了无人机的使用维护特性,还会对飞机的结构、系统带来附件的约束。

表 11-1、表 11-2 分别对无人机的各种起飞、回收方式的优缺点进行综合对比分析,并提出了各种方式的适用范围,供无人机设计人员选择起降方式时参考。

表 11-1　各种起飞方式优缺点及适用范围

起飞方式	优　点	缺　点	适用范围及场景
地面滑跑起飞	● 起飞过载小 ● 无需发射装置 ● 对机载成品的冲击小	● 对跑道的依赖性较高 ● 起落架会增加无人机重量及系统复杂性	中大型无人机陆基起飞
舰面弹射起飞	● 跑道较短 ● 高出动率	● 结构增重 ● 对机载成品冲击大	中大型无人机舰面起飞
空中投放	● 气动布局及参数完全按巡航阶段优化 ● 飞行包线大	● 需对载机进行改装 ● 依赖机场保障	中小型无人机及无人机集群空基发射
动能弹射	● 无需跑道 ● 便于机动作战和运输转移	● 对发射重量有限制 ● 过载大,对成品有冲击	中小型无人机陆基起飞

续 表

起飞方式	优 点	缺 点	适用范围及场景
车载起飞	• 无需专用跑道 • 无人机重心设计调整自由度大 • 过载小	• 需对车辆进行改装 • 需增加固定释放机构	小型无人机陆基起飞
垂直起飞	• 不依赖跑道 • 安全性高	• 航程、航时、最大飞行速度低 • 起飞抗侧风能力差	中小型无人机陆基/舰面起飞
水下发射	• 隐蔽性高 • 机动性强	• 留空时间短、航程短 • 需进行水密设计	小型无人机海基发射
尾座起飞	• 系统可靠性高 • 无动力损失	• 控制系统复杂	中小型无人机陆基/舰面起飞
炮射	• 发射时生存力高	• 需采用折叠翼布局，增加系统复杂度	小型无人机陆基起飞

表 11-2 各种回收方式优缺点及适用范围

回收方式	优 点	缺 点	适用范围
地面滑跑着陆	• 起飞过载小 • 无需发射装置 • 对机载成品的冲击小 • 再次出动准备时间短	• 对跑道的依赖性较高 • 起落架增加无人机重量及系统复杂性	中大型无人机陆基回收
舰面拦阻回收	• 跑道较短 • 高出动率	• 结构增重 • 对机载成品冲击大	中大型无人机舰面回收
垂直降落	• 不依赖跑道 • 安全性高	• 航程、航时短，最大飞行速度低 • 回收抗侧风能力差	中小型无人机陆基/舰面回收
伞降回收	• 可实现一定范围内的定点着陆	• 机体可能损伤	中小型无人机陆基回收
挂接回收	• 对回收场地空间需求低	• 机体可能损伤 • 控制精度要求高	中小型无人机陆基/舰面/空基回收
空中回收	与空中发射方式相结合时可减少无人机再次出动的时间	对回收无人机的尺寸和重量均有较大限制	中小型无人机及无人机集群空基回收

对起降装置而言,模块化和通用化是其重要的衡量指标,模块化有利于生产制造和产品演进,通用化有利于多型飞机共用一套起飞回收装置。

对起降技术而言,精确引导技术是发展重点。空中或地面回收的成败都依赖于该技术提供的信息支撑。

一型无人机可因使用环境的不同,配置不同的起降方式,也可因起降方式的需要改变无人机的总体布局,如固定翼与垂直起降方式组合而成的复合旋翼布局。

参|考|文|献

[1] 鲍传美,刘长亮,孙烨,等.无人机发射技术及其发展[J].飞航导弹,2012(2):56-60.

缩 略 语 表

缩 写	全 文	中 文
ACLS	automatic carrier landing system	自动着舰系统
APCS	approach power compensator system	进场动力补偿系统
CCD	charge coupled device	电荷耦合器件
CGI	computer graphics interface	计算机图形接口
CNIR	communication, navigation, identification, reconnaissance	通信-导航-识别-侦察
CTS	captive trajectory system	捕获轨迹法
DALLAS	deck approach and landing laser system	甲板进场着陆激光系统
DARPA	Defence Advanced Research Projects Agency	美国国防高级研究计划局
FADS	flush air data sensing	嵌入式大气数据传感器
FLOLS	Fresnel lens optical landing system	菲涅耳透镜光学着舰系统
FMC	flight management computer	飞行管理计算机
ICLS	instrument carrier landing system	仪表着舰系统
IMC	integrate management computer	综合管理计算机
INS	inertial navigation system	惯性导航系统
LSO	landing signal officer	着舰指挥官
MCLS	microwave carrier landing system	微波着舰系统
MEMS	micro-electromechanical systems	微电子机械系统
MOVLAS	manual optical visual landing aid system	人工光学可视助降系统
NATC	Naval Air Test Center	美国海军航空试验中心
OBD	system on-board diagnostic system	车载诊断装置
OPATS	object positioning and tracing sensor	目标定位和跟踪传感器
PID	proportional, integral and derivative	比例-积分-微分
RTO	refuse take off	拒绝起飞
SISO	single input single output	单输入单输出

SPARS	ship pioneer arresting system	先锋无人机舰载撞网回收系统
STARS	simplified three-axis reference system	简化三轴参考系统
SUV	sport utility vehicle	运动型实用汽车
TACAN/ASR	tactical air navigation system/air surveillance radar	塔康/空中监视雷达
TERN	tactically exploited reconnaissance node	战术侦察节点
VMC	vehicle management computer	飞行器管理计算机

索　引